VOYAGE

DANS LES DÉPARTEMENS

DE LA FRANCE,

Enrichi de Tableaux Géographiques
et d'Estampes;

PAR les Citoyens J.' LA VALLÉE, ancien capitaine au 46°. régiment, pour la partie du Texte; LOUIS BRION, pour la partie du Dessin; et LOUIS BRION, père, auteur de la Carte raisonnée de la France, pour la partie Géographique.

L'aspect d'un peuple libre est fait pour l'univers.
J. LA VALLÉE. *Centenaire de la Liberté.* Acte Ier.

A PARIS,

Chez Brion, dessinateur, rue de Vaugirard, N°. 98, près le Théâtre François.
Chez Buisson, libraire, rue Hautefeuille, N°. 20.
Chez Desenne, libraire, galeries du Palais-Royal, numéros 1 et 2.
Chez l'Esclapart, libraire, rue du Roule, n°. 11.
Chez les Directeurs de l'Imprimerie du Cercle Social, rue du Théâtre-François, N°. 4.

1792.

L'AN PREMIER DE LA RÉPUBLIQUE FRANÇAISE.

Nota. Depuis l'origine de l'ouvrage, les auteurs et artistes nommés au frontispice l'ont toujours dirigé et exécuté.

Ouvrages du Citoyen JOSEPH LA VALLÉE.

Le Nègre comme il y a peu de Blancs.	3 vol.
Cecile, fille d'Achmet III.	2 vol.
Tableau philosophique du règne de Louis XIV.	1 vol.
Vérité rendue aux Lettres.	1 vol.
Serment civique, comédie en 1 acte.	1 br.
La Gageure du Pélerin, en deux actes.	
Départ des volontaires villageois, comédie en 1 acte.	
Voyage dans les 83 Départemens.	20 n°s.

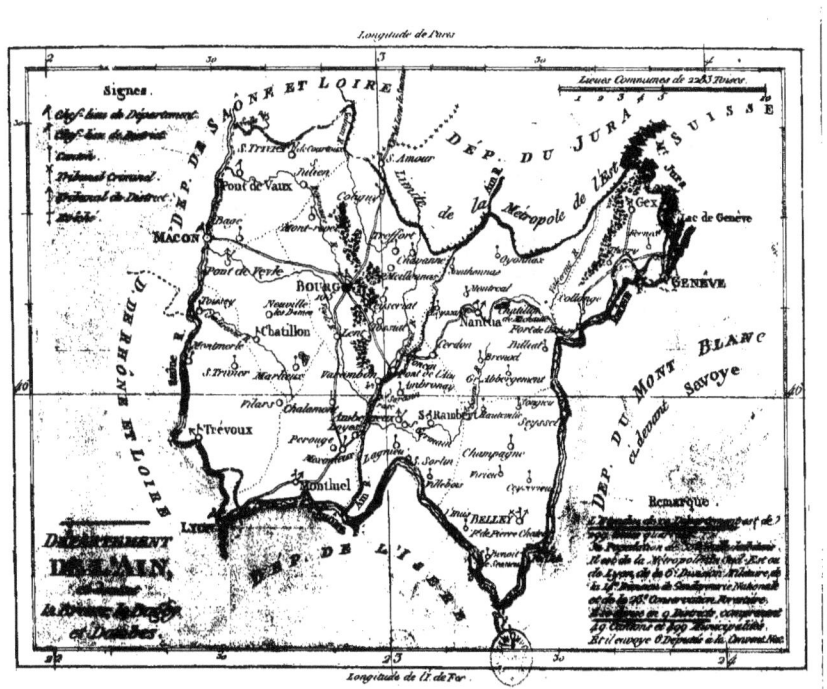

VOYAGE
DANS LES DÉPARTEMENS
DE LA FRANCE.

DÉPARTEMENT DE L'AIN.

Quatre grandes époques marquent l'histoire du département où nous voyageons, et quatre époques fatales à la liberté du monde : le passage d'Annibal en Italie, la conquête des Gaules par César, les prétentions de François premier au-delà des Alpes, et l'affermissement de Henri IV sur le trône. Ainsi, la fertilité de ce pays, connu jadis sous le nom de *Bresse*, cette fertilité que la nature n'accorde à l'homme que pour lui faire goûter la douceur d'ensemencer son champ en paix, et de le moissonner en liberté, cette fertilité fut la cause première des larmes que l'ambition de quatre conquérans coûtèrent au monde. Etoit-ce donc pour concourir à la désolation de la terre que le Créateur épancha la corne d'Amalthée sur quelques points de l'univers ? Et devoit-il permettre que quelques tyrans forçassent l'abondance, qui porte la vie, à devenir l'auxiliaire du glaive qui porte la mort ? Hommes ! ne vous plaignez pas. Il vous dut cet affront, quand vous fîtes l'outrage à l'éternelle vérité d'encenser le mensonge de la souveraineté d'un homme. Dès que vous fîtes tant que de trafiquer la liberté, il fallut bien que la nature vous vendît ses trésors que vous aviez cédés, sans la consulter, à des maîtres qu'elle ne vous avoit pas donnés.

Sans les rafraîchissemens de la Bresse, Annibal, épuisé, n'eût peut-être jamais franchi les Alpes : l'Italie n'eût pas regorgé de sang : le courage de Rome, irrité par les dangers, n'eût pas renvoyé la guerre en Afrique, et la flamme n'eût pas calciné jusqu'aux fondemens de Carthage. Sans les greniers de la Bresse, César se seroit peut-être vu forcé à renoncer à la conquête des Gaules; le cœur de ce superbe romain ne se fût pas enflé par les victoires, et la liberté du monde ne se fût pas ensevelie sous les cadavres de Pharsale. Sans l'opulence de la Bresse que l'avarice de Louise de Savoie dévoroit en idée, François premier n'eût pas traîné les Français sous le coûteau des perfides Italiens. Sans la fécondité de la Bresse, Henri IV n'eût pas rallumé la torche des combats, à l'instant où l'état à l'agonie, et par lui et pour lui, lui crioit : Henri ! laisse-moi mourir en paix. Que de générations éteintes, parce qu'un coin du monde fut doté du germe de la vie ! Est-ce donc la fertilité de la terre qu'il faut maudire ? Non, c'est la fertilité du cœur humain pour l'adulation : c'est cette éternelle moisson de souplesse qu'il offrit, depuis la création jusqu'à nous, au premier audacieux dont la main semoit l'obéissance. On parle des replis du cœur humain, et nul ne les explique ; les tyrans seuls les ont réduits à leur juste valeur : depuis six mille ans, ils prouvent que ces replis ne sont autre chose que des sillons perfides où l'esclavage se sème, se développe, et s'enracine pour jamais.

Ce département renferme les quatre pays connus jadis sous les noms de *Bresse*, du *Bugey*, de *Gex* et de *Dombes*. Des pâturages superbes font sa principale richesse. Il fournit également des grains de tout genre, du blé en abondance dans de certains cantons, des vignes dans d'autres, des lins, des chanves, etc. Les légumes y sont délicieux. L'on y rencontre des bois assez pour sa consommation ; et cependant, au sein de cette opulence, il semble que la nature ait voulu se délasser de son faste par des aspects plus sévères, en y semant par intervalles des montagnes arides et pelées, dont le front chauve garantit la verdure et l'émail des vallons de la chaleur du midi, ou de l'âpre haleine des vents du nord. Pourquoi faut-il que tant de bienfaits de la nature soient empoisonnés par une malheureuse insalubrité, dont le poison lent corrompt les sources de la vie dans la plus belle race d'hommes, peut-être, que possède la France ? Une taille superbe, de belles figures, les formes nerveuses, robustes, parfaitement ensemble, tels sont les hommes de la Bresse, ou, pour mieux dire, du département de l'Ain. Un caractère de bonté s'unit aux graces de la physionomie, et l'espèce de pâleur que le retour semestral des fièvres tierces et quartes répand sur leur teint, ajoute un sentiment d'intérêt plus doux aux traits que les maladies habituelles dévirilent.

Cet air fébrile, endémique à la majeure partie de ce département, est occasionné par les exhalaisons de quelques étangs qu'on honore du nom de lacs, et qui, dans le vrai, ne sont en partie que des marais fangeux. Par quelle fatalité l'homme, en général si opiniâtre dans toutes ses entreprises, et dont la fortune, le plaisir ou la gloire sont le mobile, l'homme, dont le goût et le génie ont, pour ainsi dire, moucheté la terre de maisons délicieuses et de jardins enchanteurs : l'homme, dont la patience, au besoin, applanira les montagnes pour jouir une minute par année, peut-être, d'une optique plus agréable sous le toit qu'il habite, par quelle fatalité, dis-je, l'homme, instruit qu'un cercueil sera le terme de tant de soins, n'a-t-il presque jamais rien fait pour purifier le climat qu'il habite. Heureuse apathie ! la mort est dans toutes les facultés de l'homme ; elle n'est absente que de sa mémoire.

Le marquisat de Saluces, que la France possédoit en Italie, ayant été envahi par Emmanuel de Savoie, Henri IV s'en vengea, en s'emparant de la Bresse et du Bugey ; tel étoit l'ordinaire usage des souverains. Ils se dédommageoient d'un vol par un vol. Disons le mot. Ils ne se voloient ni l'un ni l'autre, car jamais un pays n'a pu raisonnablement être le bien d'un homme, mais ils prenoient, chacun de leur côté, ce qui étoit à leur convenance ; ils se voyoient, l'un et l'autre, obligés de sortir de leurs états, Henri pour aller dans le marquisat de Saluces, et Emmanuel dans la Bresse. Il leur parut plus naturel de posséder ce qui se trouvoit à leur portée. Aussi leur querelle ne fut qu'un prétexte pour couvrir d'une apparence de justice le désir d'avoir ce que

Porte de la Ville. Bourg en Bresse

ni l'un ni l'autre n'auroient pas voulu se céder. Les guerres des rois n'étoient que des jeux d'enfant, ou la préface de quelque usurpation. Par le traité de Lyon, le marquisat de Saluces resta au duc de Savoie, et la Bresse au roi Henri. Des gens raisonnables demanderoient si une semblable échange ne pouvoit pas se faire à l'amiable ? Mais ces gens raisonnables là ne connoissent pas les rois ; ils ne savent pas que, pour les hommes de cette espèce, un contrat de vente ne vaudroit rien, si le sang des hommes n'en étoit pas le timbre.

Par ce traité de Lyon, la Bresse, le Bugey, etc. long-tems au pouvoir des dauphins de Viennois, échus par alliance aux ducs de Savoie, passèrent définitivement à la France.

Bourg est le chef-lieu de ce département, qui jadis avoit une sorte de représentation nationale. Tous les trois ans, la *noblesse*, le *clergé* et le *tiers-état* (1) s'assembloient dans des lieux différens pour y traiter de leurs affaires. Ces affaires n'étoient que de plates minuties : car quelles affaires peut avoir un peuple esclave ? Il n'en a qu'une, et c'est de recouvrer la liberté : mais c'est la dernière de toutes qu'il traite.

Bourg est une jolie ville, située sur le penchant de collines agréables, qui s'abaissent doucement sous les côtes du mont S. Claude. Ces collines, dont l'exposition est au couchant, sont chargées de vignes, et leur aimable opulence répand la gaieté sur les entours de Bourg, qui domine de là sur une plaine, dont l'horizon est la Saone. Eloignée des routes commerçantes et des rivières navigables, Bourg a

A 4

peu de ressources pour le commerce, et des couvens sans nombre l'appauvrissoient encore. Quelques foires y apportoient un peu d'argent dans le cours de l'année, et cet argent servoit à faire aller quelques foibles manufactures de gros draps, de toiles dites de Mayenne, de chapeaux, de dentelles grossières. Ses tanneries ont de la réputation, et c'est à Bourg que les négocians de Lyon et de Grenoble viennent se fournir de peaux, que l'on a l'art d'y blanchir parfaitement.

Cette ville, heureusement pour elle, n'a jamais marqué dans la guerre. François premier la prit, sans qu'elle souffrît beaucoup de ce siége. Par un destin assez bizarre, il étoit réservé à cette ville de ne pouvoir conserver un évêque, tandis qu'ailleurs on a tant de peine à se défaire de ces *messieurs*. A la prière de Charles III, duc de Savoie, le fameux Léon X y créa un évêché; mais ce pape, plus habile à immortaliser des voluptés que des apôtres, révoqua bientôt après le *monseigneur* de Bourg. Il s'en repentit ensuite, et de nouveau épiscopisa la ville de Bourg. Mais les ouvrages de ce trop célèbre Léon X n'étoient pas plus infaillibles que lui, et Paul III *démitra* Bourg pour la seconde fois. Oncques depuis, crosses et mitres ne s'y sont vues, et la malédiction de Dieu n'a point, à cause de cela, frappé sa terre de stérilité. Si cela ne prouve rien contre la religion, cela prouve du-moins que l'on peut très-bien vivre sans évêque. *Belley*, petite ville du même département, est bien loin de cette opinion. Son évêché remonte au cinquième siècle, et elle tire grand honneur de cette vétusté sacerdotale : aussi, comme les miracles sont par-tout où le peuple aime les prêtres, Belley se flatte d'avoir toujours eu des évêques saints de père en fils.

Le territoire de *Bourg-en-Bresse* nourrit de nombreux bestiaux, et l'on fait un commerce de chevaux assez considérable dans ses environs. C'est non loin de là qu'un homme assez singulier, et rare parmi les *grands seigneurs*, vivoit avant la révolution. Cet homme étoit un nommé *Montrevel*, noble depuis Adam, parent des Savoyards, des Autrichiens, de Marie Antoinette, et au besoin du grand' Mogol, car cet homme avoit la passion d'être le parent des rois, comme d'autres ont celle de l'être d'honnêtes gens. En bien ! avec ces goûts *royaux*, cet homme abhorroit les cours, et n'en approchoit jamais. On prétend qu'il disoit un jour, avec amertume, à sa mère, moins noble que *haut et puissant seigneur* Montrevel le père de notre original : *vous nous avez fermé la porte des chapitres*. Il est vrai, répondit-elle, *mais aussi je vous ai fermé la porte de l'hôpital*. Cette femme avoit, par sa fortune, relevé cette maison de Montrevel. Notre baroque seigneur n'avoit jamais rien voulu faire, parce qu'il étoit trop grand seigneur. Cet homme, vraiment unique, détestoit les cours, et avoit la fureur d'en avoir une. Colonel un moment, il avoit fui bientôt le métier de la guerre, où son orgueil blessé lui avoit fait entrevoir des maîtres, et, rendu à lui-même, étoit venu, loin des *rois* et des villes, professer la philosophie d'Epicure. Aimable par le besoin de société, populaire par la nécessité de vivre auprès de ceux que ses pareils regardoient avec tant de mépris, son despotisme, attribut inné de la grandeur, s'étoit porté sur d'autres objets : les chevaux et les chiens étoient ses esclaves. Il avoit un tribunal chez lui pour juger les fautes de ces messieurs, et un châtiment prompt tomboit sur le cheval coupable d'un faux pas, ou sur le chien criminel d'un aboiement incongru. Il ne manquoit à la bizarrerie de ce Montrevel, pour la rendre complette, qu'un peu de férocité, non de cette férocité européenne qui s'éteint sur le tombeau d'une victime, mais de cette férocité asiatique, habile dans l'art de prolonger ses jouissances. Timur Kan buvoit, dit-on, dans le crâne de Bajazet, et Montrevel portoit une culotte faite de la peau d'un homme qu'il avoit tué, dit-on, dans un duel. Eternel épouvantail des huissiers qu'il rossoit, des prêtres qu'il méprisoit, et des jeunes filles qu'il pourchassoit, cet homme jouissoit cependant d'une sorte de considération, parce qu'il avoit six cents mille livres de rente, et que cela suppose six cents mille plaisirs pour les oisifs des provinces de l'ancien régime, où les *gentilshommes* à quinze cents livres de rente trouvoient l'économie de leurs choux à venir féliciter monseigneur sur son adresse à la chasse du lapin, qui, par reconnoissance, les félicitoit sur le bon appétit qu'ils avoient. Depuis que nous voyageons, mon cher Concitoyen, nous n'avons trouvé qu'un seul pendant à ce Montrevel : c'est le Baqueville, dont les biens étoient dans le département de Seine inférieure, que toute la France a connu, animal rare en son espèce, qui se démit une patte

Chateaux de Challe — Environs de Bourg en Bresse

en voulant faire le métier qu'Icare savoit si mal, et qui, comme Montrevel, grand inquisiteur des chevaux, en fit pendre un pour avoir refusé de manger du mauvais foin. Autrefois, si Montrevel et Baqueville eussent été de simples *roturiers*, et que, dans leur sagesse, ils eussent fait pendre leurs chevaux, ou porté des culottes de peau d'homme, le gouvernement ou le parlement auroient aussi décrété, dans leur sagesse, que ces grands justiciers habiteroient les cachots de bicêtre; mais Montrevel et Baqueville étoient nobles à trente-six karats, et parlemens et gouvernement se sont bien gardés de leur rien dire. Eh ! combien de grands seigneurs fut-il de par la France, pour qui leurs parchemins étoient bien plutôt des arrêts de défense, que des titres de noblesse ?

Une des plus agréables vues que nous ayons rencontrées dans nos courses, est celle de Chailli, ou, pour mieux dire, des environs de Chailli, château de ce Montrevel. Vous en jugerez ; il n'est pas éloigné de Bourg, où la curiosité nous a peu retenus, et où nous ne sommes restés que le tems nécessaire pour en faire dessiner la perspective.

Un homme célèbre, mais plus encore peut-être le fléau du génie que le flambeau des bons écrivains, honora Bourg de son berceau. C'est *Vaugelas* ; ce Vaugelas, si vanté par ceux dont l'esprit froid calcule le mérite des phrases sur le plus ou le moins de coups de lime que la main de l'ouvrier littéraire y donna. Les puristes sont les tyrans de la République des lettres. Semblables aux despotes qui passent en revue les sabres dont ils n'ont pas la force de se servir ; ils ne voient que la tache de rouille empreinte sur la lame, sans songer que l'acier dont elle est faite est un chef-d'œuvre de la nature. O filles de Mnémosine ! si vous cachâtes dans mon sein une étincelle de cette flamme qui vous dévore : si le besoin de mêler mes chants aux sons sublimes de vos harpes d'or devint l'aliment de ma vie, filles de mémoire ! qu'un voile vous dérobe à mes regards, si jamais je pèse le mot, tandis que la pensée s'envole. Laissons brûler la lampe du génie ! les Dieux l'ont allumée, n'essayons pas d'y mettre une mèche de soie ; en la changeant elle pourroit s'éteindre. C'est pour les cœurs insensibles et glacés, c'est pour les écrivains dont la muse est un cercueil, à mettre les mots sous la pierre qui polit le marbre avant de les confier au papier qui fléchit sous leur poids; mais je te le demande, amour sacré de la patrie ! je te le demande, ô liberté ! quand je parle de vous, quand j'écris vos noms, divinités de mon ame ! laissez-vous à cette ame le tems de broyer les expressions. O douleur ! je ne puis écrire qu'un mot à-la-fois, et je le chercherois, quand ma pensée en a déja enfanté mille ! et qu'importe Vaugelas ? qu'importe la pureté du langage, quand il est question d'un sentiment. Que j'écrive purement, mais que mon cœur soit mauvais, je peindrai mal l'amour et l'amitié. La pureté du cœur esquisse le tableau, la sensibilité l'achève ; la langue est négligée, et le tableau fait verser des larmes. Ainsi donc, au milieu des flammes que l'Etna exale de son sein, lorsque j'entendrai la lave bouillonnante rouler au loin les grais qui redondent sur le sol desséché par les cendres ; et qu'au milieu des ruines de Catane, mon génie, agrandi par les désordres de la nature, je consulterai le Créateur sur les passions qui consolent l'homme des dangers dont il entoura sa vie, j'irois, en retrouvant les traces d'Anfinomus et d'Anapias, choisir les mots pour transmettre aux humains le souvenir de leur piété filiale ? Non, non : mes yeux se rempliront de larmes ; des sanglots étoufferont ma voix, ma main saisira les crayons. C'est ici, dirai-je, que ces enfans chargèrent leurs parens sur leurs épaules pour les dérober aux feux dévorans. Là gisoient les trésors que leur ame généreuse délaissa pour la nature. Plus loin est la place où des enfans ingrats, dédaignant leur exemple, périrent en fuyant la voix suppliante de leurs pères. Plus loin encore, je vois la cabane hospitalière où leurs bras affoiblis déposèrent leur fardeau précieux; cette cabane où la mort, amenée par la fatigue, ferma leur paupière religieuse, où leur dernier regard caressa la nature, et rendit graces aux Dieux. Quel homme alors, en lisant les caractères tombés au hasard de ma plume, osera me reprocher l'oubli de Vaugelas? je le plaindrois. Hélas ! les vertus d'Anfinomius, le courage d'Anapias seroient loin de son cœur (2).

Ce Favre de Vaugelas, doué cependant d'assez de mérite pour que Molière n'ait pas dédaigné de le plaisanter, né à Bourg, *gentilhomme* par état, avant d'être écrivain par besoin, plutôt que par goût, écrivit sans philosophie, parce qu'il écrivit sous les yeux des grands, que les grands dispensoient la fortune, et que la fortune assassine le génie. Richelieu, qui jugeoit bien les hommes, parce que son aptitude à la tyrannie lui avoit appris à les craindre, Richelieu ne le crut propre qu'à faire un dictionnaire, et lui fit une pension pour entreprendre celui de la langue française. Cette époque de la vie de Vaugelas nous rappelle un mot de lui, mot charmant, s'il n'avoit pas été dit pour flatter le premier des derniers des hommes. Vous n'oublierez pas, dans votre dictionnaire, le mot *Pension*, lui dit l'insolent cardinal. Ni celui de *Reconnoissance*, répondit le courtisan.

Après avoir vu *Belley*, petite ville, ci-devant capitale d'un petit pays appelé le *Bugei*, *Nantua* est la première cité de ce département, dont l'activité nous ait paru mériter l'attention du voyageur et l'observation du philosophe ; Nantua prouve que l'homme n'a qu'à vouloir pour faire. Ce principe vrai, mais trop peu connu, ou, pour mieux dire, trop peu senti, détruiroit bientôt les murmures trop communs dans l'homme sur le sort qui le persécute : le sort n'est bien souvent que la paresse, et sur cent qui se plaignent de leurs malheurs, il y a à parier que quatre-vingt-dix-neuf n'ont pas voulu être heureux. Les miracles ne sont point un effet hors de la nature, ils sont dans la volonté de l'homme, ou, pour mieux dire, il n'est point de miracles, et s'il est des opérations qui aient porté ce nom, c'est qu'il fut quelques hommes qui usèrent de l'étendue de leur volonté, tandis que tout le reste demeure au-dessous. Les fondateurs de religions, toujours trompeurs, se servirent presque tous du nom d'une chose pour en exprimer une autre. Ainsi, les fondateurs du catholicisme disent, *avec un grain de foi vous transporterez les montagnes.* En se servant du mot *foi*, ils disoient une sottise. S'ils avoient dit, *avec un grain de volonté vous transporterez les montagnes*, ils auroient dit une vérité. Mais le mot *foi* donnoit une tournure métaphysique à une chose purement physique, et il leur importoit de faire croire aux hommes que la faculté de puissance leur venoit du ciel, et non d'eux-mêmes; car, sans cela, leur système de religion écrouloit tout d'un coup; au-lieu que l'homme, agissant par la foi, qui n'est autre chose qu'une volonté puissante, et obtenant de cette volonté des résultats étonnans dont il rapportoit le mérite à la foi, l'erreur tournoit au profit de la fourberie sacerdotale.

Nantua, assise sur le sol le plus infertile, le plus désavantageux pour les débouchés, le plus triste même par son aspect, est cependant la ville la plus riche, la plus vivante, la plus gaie de ce département. Pourquoi? parce que la volonté de l'homme s'y est déployée dans toute son étendue. Cette ville n'a qu'une seule rue, et cette rue seule vaut mieux, pour l'industrie, que bien des villes de la République d'une lieue de circonférence. Dans cette rue se trouve l'abrégé des manufactures et des fabriques qui, éparses sur la surface de la République, font une partie de ses richesses. A côté du ruisseau où le tanneur prépare le meilleur cuir de la France, ou du magasin où le chamoiseur amollit avec art les peaux pour le vêtement de l'homme, des mains plus délicates façonnent le velours, le nankin, la mousseline, la toile. Plus loin, l'active rotation des rouets dévide la soie et le coton dont se tisseront les vêtemens du sybarite, tandis que, sous le même toit, se cousent dans des atteliers immenses les souliers destinés aux défenseurs de la patrie. Enfin, pas un oisif dans Nantua ; tout le monde travaille, tous sont heureux, et tous sont patriotes, car le travail est souvent le père de l'amour de la patrie.

Une richesse nouvelle, un bienfait nouveau de la nature, peut-être même un effet étonnant de l'esclavage et de la flatterie, ou du moins un monument éternel du raffinement des grands, a frappé nos regards dans ce département, et nous allons vous parler d'une récolte, fille du luxe, moisson dont le spectacle, depuis le commencement de notre voyage, ne s'étoit pas encore offert à nos regards. Que l'âpreté des saisons ait invité l'homme à dépouiller les animaux pour se couvrir de leur fourrure : que l'art d'Arachné, frappant à chaque minute sa vue, sur le chaume des campagnes, le long des poutres de sa chaumière, ou sous la voûte obscure du caveau où fermentent les grappes de Silène, il ait essayé de croiser les filamens du chanvre, et que la toile soit née des combinaisons de l'esprit avec la patience, cela se conçoit : mais que, poursuivant le foible insecte dans sa carrière, il l'ait accompagné jusqu'au cercueil léger où sa délicatesse s'enferme pour mourir avec volupté ; qu'il ait conçu que de ce cercueil on

pouvoit

pouvoit extraire le type d'un vêtement : que, barbare dans ses expériences, il ait plongé dans l'eau bouillante des milliers de ces petits cercueils où l'insecte attend une infaillible résurrection, dont le dogme, pour s'établir, n'a coûté à ces petits animaux, plus sages que l'homme, ni conciles, ni livres, ni disputes, ni hérésies, ni mensonges, ni théologie, ni fondations; qu'il ait enfin roulé sur un fuseau les fils imperceptibles autant qu'innombrables dont l'insecte s'est couvert pour attendre la mort, et que, du rassemblement de ces fils soit sorti le plus admirable des tissus, c'est ce que l'on conçoit à peine.

O mortel! si j'admire ta patience, si je me prosterne devant les opérations de ton génie, réponds-moi, si tu l'oses. Frappé de ce grand caractère de divinité empreint sur l'existence du ver-à-soie, chenille en été, cadavre pendant l'hiver, papillon au printems, qu'avois-tu besoin de t'approprier le duvet où la nature se cache avec l'insecte pour opérer sa régénération? Quel bien as-tu retiré de ton travail opiniâtre? Sont-ce les membres du pauvre, refroidis par la bise, que ta découverte a réchauffés? L'éclatante texture de ton étoffe nouvelle a-t-elle couvert le sommeil de l'homme vertueux? Non, ton génie s'exerça pendant vingt ans, quarante ans peut-être, à dévêtir un insecte pour revêtir un roi. Tu ravis à un misérable ver son linceuil de mort pour façonner ces draps de velours où la courtisanne infâme vend l'aspect de ses appas empoisonnés au vieillard impudique, qui les paie de l'impôt qu'il met sur ton industrie. Quels biens sont sortis de la soie! les cordons dont on étrangle les visirs; les chapes dont

B

le pontife se surcharge pour mentir aux humains : les manteaux dont les tyrans se cuirassent pour éloigner de leur cœur la modeste vertu, et les téméraires poignards. O mortel! étoit-ce donc la peine de sécher sur cette découverte, et doit-on tant vanter cette soie, qui n'a servi qu'à revêtir le crime !

Nantua, arrosée par les eaux d'un lac qui porte son nom, est située aux pieds de ce mont S. Claude, dont nous avons parlé dans le département du Jura. Elle avoit aussi un chapitre noble : où ne s'en trouvoit-il pas ? Dans l'église de ce chapitre ou de ce prieuré, nous avons éprouvé un moment de douceur: l'aspect des stales, où des moines ignorans, orgueilleux et fanatiques ne viennent plus s'asseoir, et là vue du tombeau de Charles-le-Chauve. Nous nous sommes dit : il est donc aussi une mort pour les méchans. Charles-le-Chauve ! Vingt-huit ans de règne, c'est-à-dire, vingt-huit ans de crimes, voilà donc ton histoire! tes os sont en poussière : mais ces papes qui te poursuivirent, dont l'orgueil pesa sur ta tête méprisable que la couronne n'ennoblit pas : ces Normands, dont les armes t'accablèrent tant de fois, qui t'abreuvèrent de défaites et d'opprobres, sont-ils immortels? Non, comme toi, ils gisent dans le cercueil. Rois, pontifes, conquérans, tout meurt ! Il est donc aussi une mort pour les méchans !

Les truites de Nantua le disputent à celles du lac de Genève. Mais comme la réputation n'est souvent qu'un jeu du hasard, et non l'enseigne du mérite, ces truites sont restées dans le *tiers-état*, et n'ont pas eu, comme leurs rivales, l'honneur de voyager en poste pour venir figurer sur la table des rois ou d'un commis des fermes. Cette obscure destinée ne les rend pas moins bonnes, ainsi que tout le poisson que l'on pêche dans cet étang de Nantua.

En remontant le Rhône, qui côtoie ce département, nous sommes parvenus jusqu'aux portes de Genève. Dans ce voyage, vraiment délicieux par la multitude de paysages charmans qui se rencontrent sur la route, nous nous félicitions de ne pas l'avoir entrepris six mois plutôt. Six mois plutôt, nous disions-nous, en jetant un œil mouillé des larmes du plaisir sur la rive du Rhône opposée à celle que nous parcourions ; six mois plutôt, nous eussions encore vu cette rive esclave ; nous eussions vu les tristes habitans de la Savoie nous contemplant avec envie, se dire : voici des hommes libres qui passent, et nous ! nous gémissons encore sous les tyrans. Quand viendra le jour....! Il est venu, ce jour heureux. Il n'est plus de Savoie, il n'est plus d'esclaves au-delà du Rhône, et le Cénis, en élevant sous le dôme des cieux sa cîme majestueuse, semble se plaire à nous cacher ceux qui restent encore dans les campagnes de l'Italie.

Nous nous sommes arrêtés à Gex, petite capitale du petit pays qui jadis portoit son nom. Un fort, non loin de là, défend le passage de la *Cluse*, passage célèbre, jadis clé de la France, désormais inutile par les bienfaits de la liberté. Ce passage de la *Cluse*, ou l'*Ecluse*, est un de ces jeux de la nature. D'un côté, le Jura s'élève presque à pic à une hauteur prodigieuse ; de l'autre, dans un précipice épouvantable, le Rhône roule avec fracas son onde, qui semble descendre plutôt que sortir du lac de Genève. Un sentier étroit, qui serpente entre cet abyme et cet escarpement, est dominé par le fort, où cent hommes, postés, suffiroient pour arrêter la plus formidable des armées.

C'étoit dans ces cantons qu'un des plus grands hommes que la France ait produits, dégoûté des grands qu'il avoit recherchés, devinés, connus, et méprisés, apporta son génie, et son cœur qui valoit peut-être mieux encore. Si vous aviez vu *Ferney*, cette expression ne vous étonneroit pas. L'esprit de Voltaire est dans tout l'univers, mais les ouvrages de son cœur ne sont qu'à Ferney. Vous en croirez à mon témoignage, Citoyen ! je suis le seul des admirateurs de Voltaire qui n'ait pas eu pour lui cet engoûment aveugle qui loue tout et ne blâme rien. Voltaire ne fut jamais pour moi le grand Lama, dont on révère jusqu'aux immondices. J'en ai parlé dans tous mes écrits avec cette franchise que l'homme de bien se doit à lui-même, et cette franchise me fit refuser, par quelques journalistes, le titre de philosophe, que la postérité m'accordera. Je ne la trahirai point encore aujourd'hui, cette franchise, première vertu de l'écrivain, base du caractère auguste que tous les lettrés devroient avoir. Si l'âge m'eût rendu contemporain de Voltaire, j'aurois été son ami, je m'en sens digne ; mais, sûr de ma propre estime, avant de rechercher la sienne, ce n'est pas, l'encensoir à la main, que j'eusse mendié ses faveurs, c'eût été par le langage de la vérité. Je lui aurois dit: vous haïssez les prêtres, et vous avez raison ; mais la haine du prêtre vous mène à celle du Dieu, et vous avez tort. Vous êtes le premier génie de l'univers, et vous avez tout le manége des demi-talens : vous êtes fait pour subjuguer l'opinion du monde, et vous vous conduisez comme un chef de parti : nul, mieux que vous, ne connoît le cœur humain, et le premier intrigant vous maîtrise. Vous êtes au-dessus de tous les hommes, et vous portez envie au dernier des prosateurs : vous êtes assez grand pour me savoir gré de ma véracité, mais vous serez assez petit pour me sacrifier à vos flatteurs : soyez Voltaire ! venez dans ma bibliothèque : voyez ces milliers de volumes descendus de votre cerveau, et calculez les préjugés que vous avez étouffés : suivez-moi dans Ferney, voyez cette ville enfantée par vos bienfaits, et ses habitans prenant votre nom pour la providence : gravissez avec moi le Jura, et contemplez la liberté, empreinte par vos mains sur le front de son peuple : rappelez-vous Toulouse et les Calas : rappelez-vous enfin ce que vous êtes, et dites-moi s'il est permis quelquefois à Voltaire d'être homme comme les hommes.

Graces à Voltaire, cette petite ville de Ferney est une des plus jolies de ce département. En 1764, ce n'étoit encore qu'un village. Un grand homme y paroît, l'habite, et les miracles de la lyre d'Amphyon se réalisent. Mais non, c'est à la philosophie, c'est sur-tout à la bienfaisance, sa première et la seule de ses vertus, peut-être, qui n'ait jamais reçu d'atteinte, que ces prodiges sont dus. Ferney, comme Versailles, ne s'est point accru du pressurement des sueurs du peuple : il s'est élevé paisiblement sous les regards et l'influence d'un sage. C'est l'arbuste modeste qui devient cèdre sous les rayons du soleil.

De toutes les vues que présente Ferney, nous avons préféré de vous consacrer celle du tombeau que Voltaire s'étoit fait bâtir. Quand un grand homme n'existe plus, les lieux qu'il habita ne parlent plus à l'ame : sa tombe seule est éloquente. Voilà, dit-elle à tous, le terme où vous toucherez. Je puis être pour vous un temple ou un cachot : si vous aimez la gloire, cherchez à me faire respecter quand vous ne serez plus. Les hommes mettent mon éclat au marbre dont on m'environne : les sages le trouvent dans la poussière que je renferme. Vous le voyez, je suis simple, les Girardon, les Pigale, ne m'ont pas ciselée : quelques pierres rustiques, voilà mon ensemble : et cependant vous ne m'abordez qu'avec un respect religieux (3) ? c'est que l'urne de Voltaire est ici. Pendant votre vie, travaillez pour l'estime de votre tombe, et non pour la vôtre.

Par un contraste assez plaisant, si des flots de lumière se sont répandus de Ferney sur l'univers, le hasard a placé dans le même département la source d'où des fleuves d'erreur se sont débordés sur la terre, et cette source est Trévoux. C'est là que des prêtres, eh ! quels prêtres ! des jésuites, s'érigèrent en tribunal pour juger les opinions humaines, et mirent a verge du pédantisme dans les mains du préjugé, pour fustiger la philosophie. Le journal et le dictionnaire de Trévoux ont grevé pendant un demi-siècle la raison humaine. Ils mirent, si j'ose m'exprimer ainsi, le bon-sens à la question, et le forcèrent à confesser le mensonge, pour réparer le crime de l'amour de la vérité. Jésuites, journal, dictionnaires poudreux in-folio ; armes narcotiques échap-

Tombeau de Voltaire, a Ferney.

pées au scalpel de Boileau ; écrits pesans d'écrivains mortifères, vous n'êtes plus ! A peine la génération qui commence sait-elle votre nom, et je vois, à travers l'épaisseur des siècles, celui d'Arouet écrit sur la porte de l'éternité. Ecrivons pour la vérité : c'est émousser la faulx de la mort.

Sévère (4) disputa le monde à Albinus, sous les murs de Trévoux. Il s'agissoit de la pourpre romaine. La chose étoit d'*importance* pour deux tyrans. La pourpre ! et voilà donc ce qui, pendant huit cents ans, anima les uns contre les autres, ces Romains, si fiers, qui, pendant huit cents ans, avoient combattu pour qu'il n'y eût plus de *pourpre* dans le monde ; et pourquoi Sévère disputoit-il l'empire à Albinus ? pour le laisser à Caracalla, au monstre qui devoit assassiner son frère, et souiller les trois parties du monde de ses débauches et de ses crimes. Eh ! ce sont pour de tels hommes que les hommes se battent !

Albinus avoit des vertus ; qu'avoit-il besoin d'être empereur ! Il fut ami de Marc-Aurèle, n'en étoit-ce pas assez pour sa gloire ! Sévère abusa indignement de sa victoire ; il força le vaincu à se donner la mort, et non content de cette vengeance, il fit fouler son corps aux pieds de son cheval, et l'envoya à Rome, pour servir de pâture aux chiens du cirque. Ouvrez l'histoire, vous y trouverez partout Sévère peint comme un grand homme ; on pourroit mettre en question qui, des historiens ou des rois, a fait le plus de mal au monde.

L'embranchure de trois routes qu'Agrippa avoit fait ouvrir dans les Gaules, et dont le tronc aboutissoit à Lyon, fut l'origine de Trévoux. Quelques baraques construites pour le repos des voyageurs commencèrent cette ville qui, maintenant, s'élève agréablement en amphithéâtre sur la rive orientale de la Saone. Les guerres des ducs de Bourbon contre les ducs de Savoie, firent long-tems le fléau de cette ville, que d'un autre côté la proximité de Lyon empêchoit de s'agrandir.

Le pape Clément VII, Médicis de famille, y créa un chapitre dont Trévoux se seroit bien passé. Ce pape, soit dit en passant, fit toujours tout à contre-tems. Il fut conçu trop tôt, puisque sa mère le portoit dans son sein, avant d'être mariée, et il vint au monde trop tard, puisque son père, assassiné dans la conjuration des Pazzi, ne put le légitimer; il étoit poltron, et se fit chevalier de Malthe; il étoit libertin, et voulut être cardinal; il étoit sans religion, et voulut être pape. Il s'associa avec François I*er*. et Henri VIII, contre Charles-Quint, et nomma sainte ligue sa société avec les deux plus grands débauchés que le trône ait possédés. Il n'avoit pas la première notion de l'art de la guerre, et s'avisa de soutenir le siége de Rome avec ses diacres et ses enfans de chœur, contre le plus grand général de son siècle, *le connétable de Bourbon*. Il donna une douzaine de Mupthis à aumusse, à la ville de Trévoux qui n'en vouloit pas, et refusa à Henri VIII une jolie femme. Ainsi, Trévoux maudit Clément de ce qu'il lui donnoit trop, et Henri VIII de ce qu'il ne lui donnoit pas assez; l'Angleterre rompit avec le pape, parce qu'en honneur, le pape avoit rompu avec la raison.

Enfin, la dernière sottise de Clément VII fut de donner Catherine de Médecis à la France, et d'assurer, *foi d'honnête pape*, qu'elle étoit la meilleure créature du monde.

Cette pauvre ville de Trévoux étoit destinée sans doute à être gratifiée par des bâtards. Aussi vraiment ne lui firent-ils que des présens illégitimes. Si le bâtard Clément VII (5) lui avoit fait cadeau d'un chapitre, le bâtard duc du Maine lui fit don d'un parlement, et comme deux gratifications semblables étoient bien dans le cas de ruiner une ville, la bâtarde Montpensier lui fit présent d'un hôpital en cas de besoin. Aujourd'hui il n'y a plus ni chapitre, ni parlement. Comme les temps changent, il ne faut pas s'en plaindre ; c'est que, sans doute, on a prévu qu'il n'y auroit plus de rois abâtardis pour faire des bâtards, pour abâtardir l'humanité.

Le peu de villes qui nous restent à parcourir avec vous ne méritent pas davantage votre curiosité qu'elles n'ont satisfait la nôtre. Châtillon de Charlaronne, Châtillon de Michaille, Pont-de-Vaux, Pont-de-Velle, Seysel, Montluel, Saint-Rambert et ses fameuses reliques, ne nous ont pas plus étonnés que la prérogative que le *prince de Dombes* avoit de se faire ouvrir les deux battans chez *le roi* : chose que les bonnes femmes du pays, un peu courbées pour être à la hauteur de nos principes sur les *grands*, ne nous ont pas laissé ignorer.

Ambournay ne seroit guère plus curieux, si la fondatrice d'une abbaye que l'on y voyoit avant la révolution, n'avoit pas mis dans son acte de fondation, qu'elle léguoit tous ses biens aux enfans de Saint Benoît, à condition qu'ils lui ouvriroient ou lui feroient ouvrir les portes du paradis à son décès. L'extrait de toutes les vieilles chartes des abbayes seroit bien l'histoire la plus falote que l'on auroit jamais écrite.

Ce département n'offre de même que bien peu de monumens précieux aux arts, si l'on en excepte l'église de Brou, bâtie aux portes de Bourg, par Marguerite d'Autriche, pour la sépulture de son mari Philibert II, duc de Savoie ; quoique cette église soit petite, l'architecture en est riche et d'un meilleur goût que le temps ne le suppose. Elle fut commencée en 1515, et finie treize ans après. Les trois mausolées que l'on voit dans le chœur n'ont pas peut-être la forme élégante que nos arts actuels y donneroient ; mais ils ne manquent pas d'une certaine majesté sombre et religieuse, propre au sujet. Les figures des écuyers que l'on voit aux coins de celui de Philibert, et celles des pleureuses qui semblent appuyées sur celui de Marguerite de Bourbon sa mère, sont pleins de mérite, et d'une vérité parfaite. L'on y remarque encore avec raison le piédestal d'une statue de Saint-André, sculpté à jour avec une délicatesse infinie ; mais cette curiosité est d'un mauvais goût, par l'inconvenance de poser une statue énorme sur un pied qui n'annonce pas la force de le porter. La sculpture des formes du chœur plaisent aux yeux des connoisseurs.

Une chose rare, et dont l'on chercheroit vainement un exemple dans ce que jadis on appeloit une province, c'est qu'il n'y avoit qu'une abbaye dans la Bresse ; en récompense, il y en avoit six dans le Bugey. Le clergé de cette province étoit soumis à la taille sous l'ancien régime, et cette condition blessoit fortement son orgueil. Mais il s'en dédommageoit par le faste et l'importance qu'il mettoit dans les assemblées des *prétendus* états de la Bresse, qui se tenoient tous les trois ans, et où il primoit superbement. L'évêque de Belley en étoit président né. Ce *Monsieur* étoit prince du Saint Empire, et ce titre venoit aux évêques de Belley, d'un certain *Anthelme*, dont les plaisanteries avoient amusé un Frédéric *Barberousse*, empereur, qui n'étoit rien moins qu'amusant pour les *papes* sur-tout, à qui il s'avisa de dire *insolemment*, que ce n'étoit point d'eux qu'il tenoit l'empire. Les *bons* papes trouvèrent cela mauvais, et ce fut là l'origine de cette fameuse querelle entre le sacerdoce et l'empire pour les investitures ; querelle sanglante qui dura des siècles, arma toute l'Europe, divisa tous les esprits : et pourquoi ? parce qu'un prêtre orgueilleux vouloit qu'un empereur lui baisât les pieds, lui tînt l'étrier pour monter sur sa mule, et promenât *sa paternité* sur son ânon, dans l'église de Saint-Pierre de Rome. Pitoyables marionnettes ! et voilà ces hommes qui se sont crus dignes de faire, depuis mille ans, le sort des humains, et dont les successeurs se sont imaginés, au dix-huitième siècle, pouvoir encore raisonner comme on raisonnoit du tems de Barberousse.

O mes *chers* prêtres ! c'étoit bien l'âge d'or pour vous ! La liberté alors étoit punie comme un crime. La pauvre ville de Milan, pendant les altercations de Barberousse et d'Alexandre III, crut l'instant favorable pour secouer le joug, et recouvrer la liberté. Semblables à deux loups qui se déchirent quand ils se rencontrent, mais s'unissent pour courir sur un troupeau qu'ils apperçoivent dans la prairie prochaine, nos deux scélérats oublièrent une minute leur animosité, pour tomber sur Milan. Cette ville fameuse fut détruite de fond en comble ; on passa la charrue sur le terrein qu'elle occupoit, et l'on y sema du sel ; et voilà l'honnête homme d'empereur qui poignardoit des hommes qui vouloient la liberté, et qui faisoit un évêque de Belley, prince du Saint Empire, parce qu'il lui faisoit de mauvaises chansons. Les papes opprimoient les rois, les rois opprimoient les peuples, et les peuples croyoient aux saints. Voilà pourquoi l'on a tant mis de gens dans le paradis. C'étoit une excellente ressource d'oppression que la sanctification de tant de gens. Quand le peuple murmuroit, on lui disoit : Intercédez un tel saint, il vous ouvrira la porte du paradis. C'est bien peu de chose que de souffrir quelques minutes sur la terre, pour obtenir une béatitude éternelle. Alors le bon peuple souffroit patiemment ; et comme on multiplioit ses maux à l'égal des grains de sable de la mer, on multiplioit les saints à l'égal des feuilles de l'automne, afin que chaque mal eût son saint.

Nous ne quitterons pas ce département sans vous parler d'un homme justement célèbre, qu'il a produit ; c'est *Ozanam*, mathématicien célèbre et géomètre estimé. L'algèbre d'Ozanam paroissoit à Leibnitz préférable à toutes celles que l'on avoit copiées sur Descartes et ses commentateurs. Ozanam, malgré l'étude des sciences exactes qui communément dessèche le cœur, conserva toute la vie une gaieté aimable, une générosité tendre, des mœurs et des passions douces ; il se vit père de douze enfans, et sa sensibilité fut profondément attaquée, en perdant presque à la fois, et les doux fruits de son amour, et l'épouse chérie dont il tenoit ces trésors. Il n'aimoit point les disputes de religion ; il se contentoit de croire, ou du moins de dire qu'il croyoit. Il prétendoit que c'étoit aux docteurs de Sorbonne à disputer, au pape à prononcer, et aux mathématiciens à aller au paradis en ligne perpendiculaire.

Nos *Apicius* modernes nous traiteroient de voyageurs sans connoissances, et nous refuseroient le titre d'observateurs, si nous avions vu ce département sans parler de ses volailles célèbres. Mais nous leur dirons que nous voyageons pour les hommes, et pour voir des hommes, bien plus que pour prononcer sur les mêts que revendiquent les tables des Lucullus. Nous avons bien assez d'occasion d'indignation contre l'espèce humaine, et nos sybarites, s'il en reste quelques-uns dans la république, nous pardonneront de fuir l'occasion de les multiplier : les volailles de Bresse, leur graisse, leur succulence, produiroient sur nous cet effet. Comment voir de sang-froid le pauvre engraisser des animaux qui ne seront pas la nourriture du pauvre, et les engraisser sur-tout avec la nourriture du pauvre. Comment songer, sans amertume, que ces animaux seront dévorés sur la table du riche, par les mêmes hommes qui refuseroient un morceau de pain peut-être à la main qui prépara ce raffinement à leur sensualité. Convenez qu'il vaut bien mieux ignorer les chapons de Bresse, malgré leur renommée, que d'ajouter une nuance de plus à l'humeur que certains hommes donnent au philosophe.

Peut-être la révolution nous délivrera-telle de ces certains hommes d'autrefois, dont la profession étoit de manger. J'ai connu dans ma jeunesse des villes où les repas étoient d'une importance majeure. Rouen sur-tout étoit dans ce cas. Le souvenir des dînés et des soupés étoit une véritable affaire; on ne vivoit pas précisément pour manger comme l'avare de Molière, mais pour se souvenir qu'on devoit manger.

Un des inconvéniens du département de l'Ain, c'est la difficulté d'y voyager. Eloigné des routes majeures qui partent du centre de la république, pour cerrespondre avec l'Europe; ne se trouvant intermédiaire d'aucunes grandes villes; Lyon même qui touche sa frontière, n'ayant aucune de ses avenues qui débouche par le départemeut de l'Ain, ses relations avec Paris et le reste de la France, sont lentes et doivent entraver encore le foible commerce qui s'y fait. Le voyageur dont l'aisance ne s'étend pas à la propriété d'une voiture, éprouve mille obstacles pour le parcourir; l'on n'y rencontre pas une seule voiture publique. Indépendamment de la perte réelle que cette négligence qui prend sa source dans l'ancien gouvernement, fait éprouver à l'opulence du pays, qui n'a besoin que de développement et de circulation pour le mettre de pair avec les plus riches de la France, c'est que l'esprit public en souffre, que les décrets des législateurs y arrivent toujours plus tard, et qu'il est possible ainsi que ce département ne soit jamais à l'ordre du jour; que les lumières enfin n'y viennent, pour ainsi dire, que par ricochet, par l'embarras d'y multiplier les papiers-nouvelles. Il y a peu de départemens dans ce cas ; mais n'y eût-il que le département de l'Ain, il faudroit s'occuper de remédier à un inconvénient funeste pour toute la république, puisque cela intéresse une partie de nos frères, et une portion du souverain. Jadis cette ignorance des grandes villes étoit un bonheur pour les *Bressans* : leurs mœurs y gagnoient ; maintenant elles y perdroient. Ces hommes sont bons pour la liberté. Voisins de la Suisse, accoutumés depuis long-temps à voir, sinon la liberté, du moins son effigie ; héritiers d'une sorte de fierté pastorale que leur inspire l'amour pour leurs champs, ils sont près de l'énergie républicaine, mais ils sont plutôt Troglodites que Spartiates.

NOTES.

(1) On va juger par ce qu'en dit Piganiol, de l'*aimable liberté* et de l'*inestimable* avantage dont le *tiers-état* de la Bresse et du Bugey jouissoit dans ces simulacres d'états. Le jour de leur assemblée dépendoit du gouverneur. Ainsi le caprice d'un seul homme pouvoit hâter ou différer la volonté nationale. Les députés des communes se rendoient à *Bourg*; et la veille de l'assemblée générale, on en tenoit une particulière chez le bailli d'épée, où on leur prescrivoit les propositions qu'ils devoient faire le lendemain.

Le jour de l'assemblée, les lettres du gouverneur que l'on lisoit avec pompe, désignoient ceux qu'il désiroit pour syndics généraux, pour conseillers de province, et pour secrétaires. En conséquence on alloit au scrutin, et sans contredit, les noms des créatures de M. le gouverneur étoient toujours ceux que le sort amenoit. Ensuite on permettoit aux députés de demander ce qu'on leur avoit ordonné de demander; et on ne manquoit pas de le leur accorder, parce qu'ils demandoient l'agrément de donner de l'argent au *roi*, et qu'on vouloit bien leur faire l'honneur de recevoir. Cette grace accordée, les syndics du *tiers-état* portoient les cahiers au gouverneur et à l'intendant de Bourgogne pendant la tenue des états de cette province. Ce gouverneur et cet intendant avoient l'*humanité* de leur permettre de se rendre à Versailles, où ils présentoient *à genoux* au *gracieux souverain*, ces mêmes cahiers où ils le supplioient de trouver bon qu'ils se ruinassent pour lui.

Dans ce temps-là, l'hymne, *aux armes, citoyens!* n'étoit pas encore composée.

(2) *Anfinomus* et *Anapias* ont été célébrés par Aristote, Sénèque et Strabon, comme des modèles de la piété filiale. Dans une antique éruption de l'Etna, qui détruisit Catane en Sicile, ces deux frères, loin de songer, comme les autres, à sauver leurs richesses, ne songèrent qu'au salut de leurs vieux parens, qu'ils portèrent plusieurs lieues sur leurs épaules, pour les dérober aux flammes. Ce trait rendit leur mémoire si sacrée, que Syracuse et Catane se disputèrent l'honneur de leur avoir donné le jour.

(3) Voltaire avoit fait bâtir ce tombeau; mais le destin qui cachoit encore dans les feuillets de son livre le plan du panthéon français, avoit arrêté que ce grand homme auroit une sépulture plus auguste.

(4) *Sévère*. Lucius Septimius Severus, africain, empereur romain, punissoit Albinus d'un crime qu'il avoit commis lui-même; car il avoit fait révolter les légions d'Illyrie, pour enlever l'empire à Didierus Julianus, qu'il fit périr, ainsi que Niger et tous les sénateurs de leur parti, en arrivant à Rome. Je vous envoie la tête d'Albinus, mandoit-il au sénat, pour vous apprendre que je suis irrité, et jusqu'où peut aller ma colère. Il fit jeter la femme et les enfans d'Albinus dans le Tibre. Fourbe, dissimulé, menteur, perfide, parjure, avide, colère et cruel; tel étoit cet homme que l'histoire a dit grand.

(5) Clément VII. Julien de Médicis. Entr'autres qualités pontificales, il possédoit l'avarice à un suprême degré. On parloit devant lui d'un Italien qui passoit vingt jours sans manger. Que n'ai-je des soldats comme cela! s'écria-t-il.

VOYAGE

DANS LES DÉPARTEMENS

DE LA FRANCE,

PAR UNE SOCIÉTÉ D'ARTISTES

ET DE GENS DE LETTRES;

Enrichi de Tableaux Géographiques et d'Estampes.

L'aspect d'un peuple libre, est fait pour l'univers.
J. LA VALLÉE, *centenaire de la liberté*. Acte Ier.

A PARIS,

Chez Brion, dessinateur, rue de Vaugirard, N°. 98, près le Théâtre François.
Chez Buisson, libraire, rue Hautefeuille, N°. 20.
Chez Desenne, libraire, galeries du Palais-Royal, numéros 1 et 2.
Chez les Directeurs de l'Imprimerie du Cercle Social, rue du Théâtre-François, N°. 4.

1792.

L'AN QUATRIÈME DE LA LIBERTÉ.

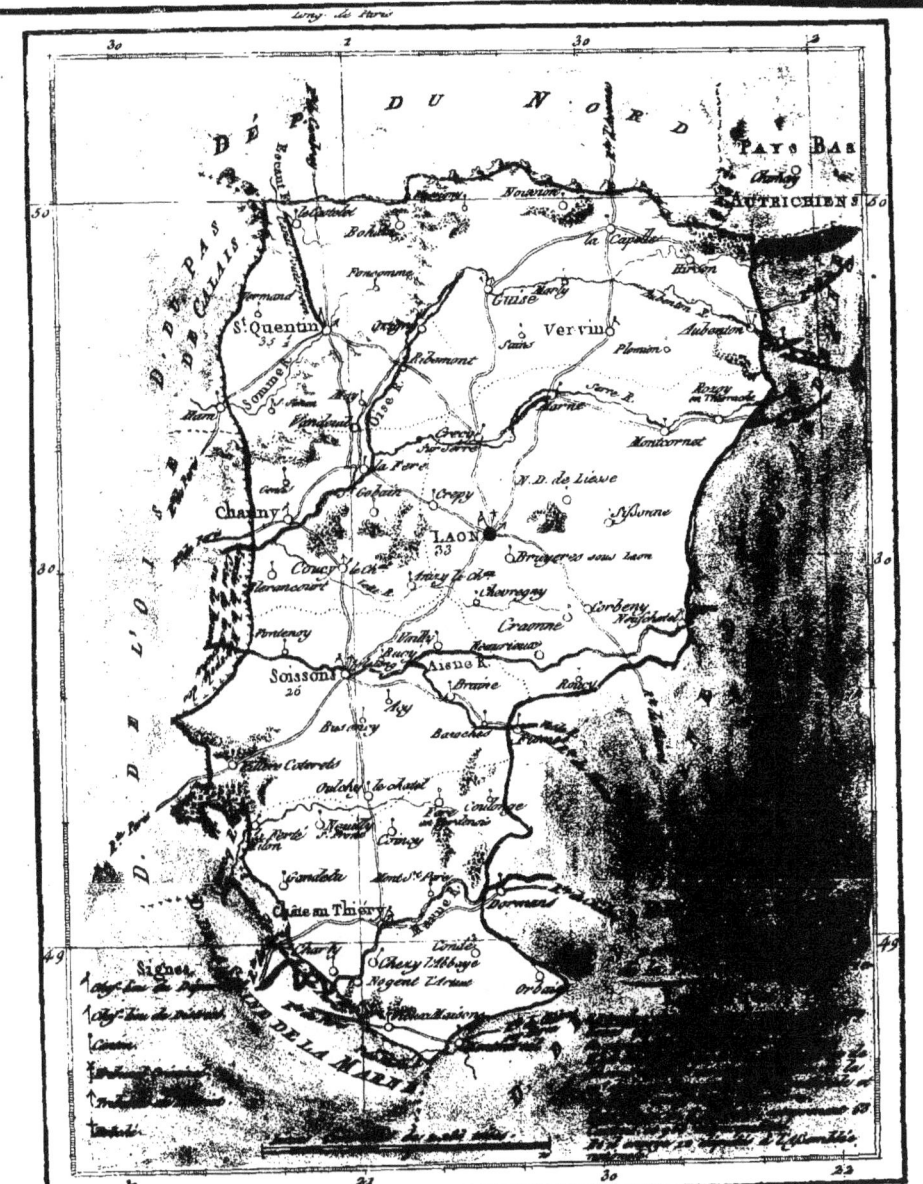

VOYAGE

DANS LES DÉPARTEMENS

DE LA FRANCE,

PAR UNE SOCIÉTÉ D'ARTISTES,

ET DE GENS DE LETTRES.

DÉPARTEMENT DE L'AISNE.

Autrefois, Monsieur, il sembloit que les Nations fussent le mobilier des Princes : ils les léguoient en héritage, ou les distribuoient de leur vivant. Le Tartare Gengis partagea le monde entre ses enfans, Charlemagne l'Europe entre les siens. Tenoient-ils cet exemple de Clovis, qui fit quatre royaumes de la France pour doter chacun de ses fils? Non : c'est du fond de leur cœur qu'émanoit ce grand outrage à l'humanité, de ce mépris suprême que tout conquérant, Prince ou Roi conçoit pour les hommes en général. Mais d'où naît ce mépris? L'origine en est simple. A leurs yeux, l'espèce humaine n'a que deux classes, l'une armée, qui égorge, et l'autre désarmée, qui se laisse égorger. Si la classe armée est esclave, et que la classe désarmée se taise, de quel œil les Rois doivent-ils regarder les hommes? Il n'est point de tyran qui, en commandant un crime, ne se soit dit à lui-même : si l'on m'en ordonnoit autant, je n'obéirois pas. Voilà le principe de leur dédain pour tout ce qui est peuple (*). Les Rois ne savent pas qu'être moins que Dieu, et vouloir être plus qu'Homme, c'est être brigand.

Ce département est un de ces quatre empires échus en partage aux enfans de Clovis. On le nommoit royaume de Soissons. Le *fameux* de *Bièvre*, qui s'est fait un nom dans les calembourgs, (car avec le titre de marquis il lui falloit bien un nom,) appeloit les Rois de Soissons des hommes de *pois*. Ce mauvais jeu de mots prenoit sa source dans la quantité de légumes farineux que produit ce département. Il y a quelques années que l'on eût dit que l'esprit de la société se sentoit de la désorganisation du corps politique. Il est sûr que si l'on en juge par la célébrité de M. de Bièvre, cet esprit avoit le hoquet de la mort.

(*) L'histoire des voyages, tom. XVII, nous apprend qu'un prêtre Hollandois, ayant donné une bouteille d'eau-de-vie à un Prince Indien, ce Despote, pour lui faire honneur, et lui marquer sa reconnoissance, lui donna le spectacle d'un combat. Bientôt la terre fut couverte de morts et de mourans. Le prêtre, effrayé, le conjura de faire cesser cette épouvantable scène. « Ce sont mes sujets, » lui répondit le Prince Indien, leur perte est *de peu* » *d'importance*, et je suis charmé de vous faire *ce petit* » *sacrifice* pour vous marquer mon estime. »

La même histoire nous apprend que dans l'île de Ceylan, les grands seigneurs se font précéder d'un domestique, un fouet à la main, qu'il fait claquer pour avertir le peuple de se tenir à l'écart.

Les légumes sont en effet la majeure partie des productions de ce département : et Paris les consomme presque en entier. Des chanvres, des lins, des noix, des plumes d'oie, quelques vins de médiocre qualité, et du bois de chauffage, composent le reste de ses richesses. Il en possède une autre source qui n'est pas en valeur : ce sont les bois de construction, dont le défaut de débouchés empêche de tirer parti. Si le canal projetté et commencé même, pour communiquer de l'Oise à la Meuse eût été fini, cette facilité pour exporter à peu de frais ces bois de construction, eût versé des trésors dans ce département. Mais les mains vénales qui jadis tenoient les rênes de l'ancien régime, étoient trop rapaces pour laisser jouir une province d'un bienfait dont le résultat eût desséché l'une des branches de leur monopole. C'étoit en multipliant et nécessitant les marchés avec l'étranger, que les ministres d'autrefois s'engraissoient. En conséquence, le canal est demeuré imparfait. Il attend que la liberté achève de l'ouvrir. Elle le fera : elle veut non la richesse pour personne, mais l'aisance pour tous.

Le sol de ce département est varié, et n'offre pas par-tout un aspect agréable. Du côté de *Vervins*, *Rosoi*, *Moncornet*, le climat et la terre s'y ressentent du voisinage des Ardennes. Le ciel y est âpre, le territoire plus inculte, les chaumières plus mornes et plus pauvres. En général, Monsieur, j'ai remarqué presque par-tout, dans mes voyages, que les forêts répandent autour d'elles la tristesse sur la nature, tandis que les montagnes lui prêtent au contraire une imposante majesté. Et par le caractère des habitans des unes et des autres, on peut juger de la destination de l'homme, ou, pour mieux dire, de son élévation naturelle. Dans les bois, ou voisin des bois, il est sombre, froid, paresseux, sauvage, communément timide, et plus facilement féroce. Dans les montagnes, il est fier, superbe, généreux, agile, robuste, industrieux, invincible et clément. D'où l'on peut conclure que l'homme est né pour être vu de l'univers, que tout ce qui le cache, dégrade son être, et détériore ses vertus et ses facultés intellectuelles : et que s'il est plus parfait dans les montagnes, ce n'est pas parce qu'elles le séparent des vices des humains, mais parce qu'elles le rappellent à son élévation primitive.

A mesure que l'on avance vers Laon, le paysage devient plus riant, et le territoire plus fertile. Au-delà de Soissons, la splendeur de Paris commence à poindre : et les environs de Villers-Coterets et de Château-Thierry réflètent déjà l'éclat imposteur du séjour du luxe, de l'opulence, et du faste des cours.

Soissons est du nombre de ces villes que la flatterie flétrit du titre d'*Augusta*, quand Octave fut *maître* des maîtres du monde. Sa situation est délicieuse : assise dans un vallon riant et fertile, l'Aisne roule ses flots modestes au pied de ses murs, et la sépare du faubourg S. Wast, avec lequel elle communique par un pont de pierre. Une promenade agréable embellit les bords de la rivière, et prête la parure de l'art aux agrémens que la nature verse sur le paysage. Le titre de royaume de Soissons ne se conserva pas long-tems, et depuis G Ibert, fils d'*Herbert* second, comte de Vermandois (1), jusqu'à la révolution, Soissons n'a eu que le titre de comté, qu'elle a troqué contre celui plus honorable de cité libre. Le nom de cette ville paroît pour la première fois dans les annales de la France sous Clodion : et l'amour paternel de ce Prince donne quelque célébrité à un siége de Soissons, sur lequel l'histoire jette peu de lumières. Le fils de ce Roi ayant été tué à ce siége, son père, dit-on, en mourut de chagrin. Un Roi qui mourroit de douleur de ce que des milliers d'hommes auroient péri pour son ambition, seroit un phénomène bien plus rare. Il faut qu'il soit sans exemple, car nulle histoire n'en fait mention.

Le siége de Soissons, par Clovis, est un des plus funestes que cette ville ait soutenus. Alors la puissance des Romains commençoit à s'affoiblir dans les Gaules. Siagrius ne pouvant soutenir l'effort des armes de ce Roi, commandés par Cararic, et ce Ranacaire, (*Vid.* département du Nord) Roi de Cambray, que Clovis fit si indignement périr quelques années après, voulut s'enfermer dans Soissons. Clovis lui livra bataille sous les murs de cette ville. Siagrius survécut presque seul à la défaite de son armée, et se retira chez les Visigoths. Ces barbares, sans respect pour le droit des gens, eurent l'indignité de le livrer à Clovis, qui lui fit trancher la tête. Soissons et tout son territoire furent livrés au pillage : rien n'échappa à la fureur du soldat ni à l'avarice des chefs ; et le meurtre, le pillage, et l'incendie firent pour quelques années un désert de ce malheureux pays.

Cette guerre est l'époque du ressentiment de ce Clovis contre un soldat, pour un vase d'or qui faisoit partie du butin : anecdote extrêmement connue, mais que l'on ne peut trop répéter, pour apprendre aux hommes à juger l'esprit des Rois. C'étoit alors une loi de la guerre, que le butin se partageât entre les soldats et leurs chefs : loi de sang, il est vrai, mais néanmoins sacrée, puisqu'elle étoit loi. Un vase d'or, d'un poids énorme, appelé *calice* (1) par les prêtres, avoit été pris dans l'église de Soissons, et conséquemment étoit au nombre des richesses que l'armée de Clovis avoit à se répartir. L'évêque de Soissons vient se jetter aux pieds de Clovis pour ravoir ce vase. Avoit-il un caractère plus sacré que d'autres ? Non pas : mais c'est qu'il pesoit davantage. Clovis consentit à le rendre. Il auroit mieux fait de ne pas permettre qu'on le prît. Un évêque l'implore. Pourquoi ? pour les malheureux peuples que Clovis a ruinés ? — Non : pour ravoir un vase d'or ! Clovis se laisse toucher : comment ? lui qui, d'un œil sec, a fait et vu périr plus de dix mille personnes dans sa vie ! De quoi s'agit-il donc ? d'un calice. Il supplie son armée de mettre ce vase de côté. Quand un Roi veut enfreindre une loi, manque-t-il de flatteurs pour l'y aider ? Clovis alloit avoir le vase. Dans une armée de conquérans, il ne se trouva qu'un homme juste : cela n'est pas étonnant. Un soldat généreux fend le vase d'un coup de hache, et dit : s'il tombe dans le lot de Clovis, il l'aura. Quand les tyrans se taisent devant la justice, leur silence ressemble à celui du tigre, qui se blottit pour s'élancer sur sa proie.

Un an après, dans une revue, Clovis s'approche de ce soldat, lui reproche de la négligence dans l'entretien de son armure, lui arrache sa hache, la jette par terre : et tandis que cet homme se baisse pour la ramasser, il lui fend la tête, en lui disant : c'est ainsi que tu as frappé le calice que je demandois à Soissons. Est-il un écrivain qui n'ait loué la piété de l'évêque, vanté la fermeté de Clovis, exagéré l'*insolence* du soldat. En vérité, je vous le dis, ces écrivains sont des esclaves, ou des imbécilles, ou des scélérats, car cet évêque étoit un avare, ce roi un bourreau, et ce soldat un défenseur de la loi.

Quatre cents ans après, Soissons fut encore le théâtre de la rivalité de deux Rois. Il est à remarquer que dans nos voyages, par-tout où l'on nous ouvre les fastes des villes, dès qu'il est question d'une guerre d'un grand seigneur contre un Roi, c'est toujours à la couronne de ce Roi que ce seigneur en veut ; au-lieu que lorsque c'est un homme du peuple qui se trouve à la tête d'un parti, chose bien plus rare, c'est toujours pour protéger les Rois contre l'oppression des seigneurs, ou pour repousser l'oppression des uns et des autres. Il en est de même par toute la terre. Or donc, le peuple ne prend les armes que par générosité, et les grands par égoïsme. Robert (3), comte de Paris, bisayeul de Hugues Capet, et conséquemment l'un des ancêtres de la branche aujourd'hui sur le trône, se fit couronner Roi à Rheims, et marcha contre Charles-le-Simple, qu'il vouloit détrôner. Ils se rencontrèrent près de Soissons, et dans cette bataille, Charles-le-Simple tua son rival, qu'il traitoit de rebelle. On pourroit demander à la famille *Capé-tienne*, qui avoit raison, ou de Charles-le-Simple, ou de Robert ? Il seroit assez plaisant que l'amour de la royauté lui fît prononcer en faveur de Charles-le-Simple, au détriment de son ayeul. Pourquoi non. On ne raisonne pas sur le trône comme dans une école de logique. Quoiqu'il en soit, si les *Capétiens* sont descendus d'un ayeul rebelle, ils ont régné, tandis que si Robert fût né dans la classe du peuple, lui et sa race eussent été flétris à perpétuité. Robert et un certain *Dosa* (4), couronné Roi par les paysans de Hongrie, offrent un contraste trop piquant, Monsieur, pour ne pas le mettre sous vos yeux. Ces paysans, en 1513, las des vexations de la noblesse et du clergé, prirent les armes pour s'y soustraire, et se choisirent pour Roi *Dosa*, Sicilien de naissance. Le Vaivode de Transylvanie, un an après, les défit, et fit *Dosa* prisonnier. Les cheveux vont vous dresser sur la tête, au récit du supplice qu'on lui fit souffrir. On lui mit sur la tête une couronne, dans les mains un sceptre, et on le fit asseoir sur un trône. Trône, sceptre et couronne étoient de fer, que l'on avoit fait rougir au feu. Après cette exécrable exécution, on lui ouvrit les veines, et l'on fit avaler un verre de son sang à son frère *Lucien*, que l'on avoit pris avec lui. Ma main se refuse presque à tracer la suite de ces horreurs. Enfin, Monsieur, le croiriez-vous ? On avoit laissé pendant plusieurs jours quelques-uns de ses *complices* sans nourriture, et on les força à se jetter sur lui, à le déchirer avec leurs dents, et à se repaître des lambeaux de sa chair; et pour terminer cette épouvantable tragédie, on le fit écarteler, ses membres furent cuits, et servirent d'alimens aux autres prisonniers que l'on avoit faits sur son parti. Sa mémoire et celle de ses parens fut flétrie à perpétuité. Comparez maintenant. Quelle différence y a-t-il entre Robert, ou pour mieux dire Hugues Capet, son arrière petit-fils, et Dosa ? Dosa étoit à la tête du peuple, et Hugues de la noblesse. Si Dosa combattoit une autorité légitime, Hugues Capet ne détrônoit-il pas son souverain ? Mais Dosa combattoit le clergé et la noblesse, et Hugues étoit à la tête du clergé et de la noblesse. Voilà le mot de l'énigme.

En 1414, sous le règne de Charles VI, Soissons fut encore livrée à toutes les horreurs d'une ville prise d'assaut. Enguerrand de Bournonville, qui la défendoit contre les troupes du Roi, après la plus généreuse résistance, succombant sous ses blessures, ayant été fait prisonnier, les vainqueurs y entrèrent en plein jour, l'épée à la main. Hommes, enfans, femmes, vieillards, édifices, monumens, rien n'échappa à leur aveugle fureur; le pillage, le viol, le meurtre, l'incendie, s'unirent pour faire de Soissons une vaste solitude.

Jamais Soissons ne s'est parfaitement relevée de ce désastre, et elle s'en ressent encore aujourd'hui. Elle étoit même dès-lors très-affoiblie des troubles où le royaume avoit été livré sous le règne du Roi Jean, tandis qu'Edouard III, Charles-le-Mauvais (5), le Dauphin, depuis Charles V, et les Maillotins, déchiroient l'empire. Elle avoit vu, comme dans le reste de la France, les paysans de ses environs soulevés contre l'oppression des grands. Ces paysans avoient un principe assez bisarre, c'étoit de violer toutes les femmes et les filles des *nobles*. Ils se flattoient d'éteindre par cet excès toute la noblesse. Il seroit assez plaisant que tous les hôtes de Coblentz fussent des arrières petits bâtards de paysan.

Ce que bien des gens ignorent, Monsieur, c'est que Soissons a, ou a eu une académie (6). Au reste, cette obscurité est peut-être une des preuves de sa modestie ; et si cela est, elle est le phœnix des académies. Prendre toujours un protecteur dans l'académie française, est un des articles de ses statuts. Vous voyez que ce doit être une fille bien aimée, et que ce n'est pas le cas de citer le vers de Gresset sur les *protecteurs* et les *protégés*. Sa devise confirme son profond respect pour l'académie française : le corps de cette devise est un aiglon qui s'élève vers le soleil à la suite d'un *aigle*, avec ces mots pour ame : *maternis ausibus audax*. D'après cela, il est clair que l'académie française est un aigle, puisque celle de Soissons le dit. J'ai sous les yeux une liste des membres de cette société savante, depuis son établissement jusqu'à-peu-près le milieu de ce siécle. Ils sont tous *écuyers*, ou *chanoines*, ou *conseillers* du Roi. Vous voyez bien qu'à Soissons, comme ailleurs, il ne s'est pas trouvé un *homme d'esprit* dans le peuple.

D'autres académies de *savans* en ignorance et en persécution, jadis appellées conciles, ont illustré Soissons. C'est là que le malheureux Abailard eut l'honneur d'être condamné par *notre mère la sainte* église. Elle rêve quelquefois *notre chère mère* l'église. Elle avoit trouvé bon que le chanoine Fulbert eût prouvé à Abailard que le mystère de l'incarnation étoit dangereux, et elle trouvoit mauvais qu'Abailard voulût prouver que trois ne font pas un. C'est dans un de ces conciles de Soissons, que l'on a déposé un évêque qui disoit avoir une lettre de Jesus-Christ, que l'Archange Michel lui avoit apportée de Jérusalem. Cependant l'église veut que nous croyons que la chapelle de Lorette est venue toute bâtie d'Egypte en Italie, et cela dans une nuit.

Il y eut encore à Soissons, en 1155, un concile pour chercher les moyens d'empêcher les seigneurs de piller les biens de l'église. En général, les conciles, dans l'église de Rome, n'ont jamais eu que trois objets : 1°. la réformation des mœurs du sacerdoce; 2°. la garantie de ses biens contre l'avidité de la noblesse; 3°. la destruction des erreurs religieuses. De là sortent trois vérités : d'abord la conviction de la corruption constante du clergé. En second lieu, la preuve de l'indignation que dans tous les tems la noblesse a ressentie de l'insolente opulence de l'église. Troisièmement enfin, que les opinions religieuses, condamnées par les conciles, ont toujours pris leur source dans le peuple, et qu'elles n'avoient que deux motifs, l'impossibilité de soumettre sa raison à des dogmes absurdes ou inintelligibles, et le desir naturel de repousser l'oppression par la force. Ces principes posés, et ces vérités établies, asseyons-nous maintenant sur la constitution, et demandons aux prêtres, de quoi vous plaignez-vous ? Depuis 1500 ans vous fûtes corrompus; on vous a corrigés;

la vertu le vouloit donc. A la noblesse, pourquoi soutenez-vous les prêtres? Depuis 1500 ans vous pillez leurs biens, leur luxe vous étoit insupportable; on en a tari la source: on a donc fait ce que vous desiriez. Quand aux erreurs condamnées dans les conciles, comme il n'y a jamais eu d'hérésie dont le type n'ait été dans la nature, où donc est le mal d'avoir terminé cette lutte détestable de l'orgueil sacerdotal contre la justice éternelle? Où donc est le mal que des prêtres comme ceux de Soissons, par exemple, n'aient plus le droit de faire fustiger en leur présence, et devant un imbécille Roi comme Charles-le Chauve, un pauvre évêque comme Gotescal, pour quelques futilités que ni lui ni ses juges n'entendoient pas? La liberté de tous les cultes est donc un bien. Plus on permet de sottises, moins il s'en fait, car le culte n'est pas la divinité. Vouloir une religion dominante, c'est défendre d'adorer Dieu.

En quittant Soissons (7), dont la gravure vous présente une vue, nous avons vu S. Gobain, ville intéressante par une manufacture des plus belles glaces que l'on connoisse en Europe. De toutes les inventions du luxe, les glaces sont peut-être celles où le philosophe trouve le plus de sujets de réflexions. A mesure que le monde vieillit, l'homme est-il devenu plus méchant? A-t-il senti le besoin d'étudier sur des surfaces polies l'art des graces factices pour couvrir d'un masque enchanteur les cavernes pestiférées d'un cœur corrompu? On est tenté de croire que la perfection des miroirs annonce la nécessité que l'homme éprouve de se cacher à ses semblables. Il est sûr au moins que

Soissons

leur profusion atteste un penchant à l'imposture; et les glaces sont les conseillers muets de la séduction et de la perfidie. Quel homme de bien, s'il reçut de la nature la faculté de penser, entre dans un sallon décoré de glaces sans éprouver un serrement de cœur? Ce sont sur ces magiques panneaux, se dit-il, que l'épouse s'instruisit à l'infidélité : c'est là que l'homme dessina le mensonge sur son front pour abuser de la confiance de son ami : c'est là que la jeunesse pompa la première vapeur des passions. Que de délations funestes au repos des sociétés sont sorties de ces échos silentieux des mouvemens de l'homme ! Les glaces n'ont procuré que des crimes, et pas un seul plaisir. Seules elles font haïr la vérité : seules on les consulte sur le vice sans rougir : elles peignent l'homme sans peindre sa vie, consternent sa jeunesse, attristent sa vieillesse, et sans l'instruire, lui montrent son néant en ne réfléchissant que les mouvemens de la matière. Quand les fontaines ont cessé d'être le miroir de l'homme, l'homme a cessé d'être pur (8).

La dégradation humaine est venue lentement : la perfection des glaces a marché de même. Les Hébreux, les premiers Grecs, ne connurent que des miroirs d'airain poli. Cicéron en attribue l'invention au premier Esculape, et du tems de Pompée, un certain Praxitel perfectionna les miroirs d'argent. Il paroît que le verre a été connu bien long-tems avant que l'on songeât à l'employer à cet usage. Pline prétend que des marchands de nitre, en traversant la Phénicie, s'arrêtèrent sur les bords du fleuve Bélus; qu'au défaut de pierres, ils mirent des morceaux de ce nitre sous les vases où ils faisoient cuire leurs viandes : et que de la fusion de ce nitre avec le sable résulta un amalgame transparent, première découverte du verre. Bientôt cette composition fut employée aux décorations des monumens, et on la porta à un degré de magnificence dont nous n'avons plus l'usage, si l'on en juge par les colonnes du second étage du théatre de Scaurus, entièrement incrustées de verre, et aux immenses colonnes d'un temple de l'île d'Aradus, qui étoient totalement de cette matière.

Domitien, entouré des soupçons ordinaires compagnons de la tyrannie, en tapissant ses murs de pierre pheugite, pour répéter à son œil les mouvemens qui se faisoient derrière lui, donna peut-être la première idée des glaces. Au reste, il seroit assez dans l'ordre qu'une branche de luxe où l'homme sage reconnoît une ennemie des mœurs, dut son origine à un monstre. Quoiqu'il en soit, on regarde les Vénitiens comme les premiers inventeurs dans l'art de polir le verre, et de fixer le mercure sur sa surface : nous n'avons que le mérite de l'imitation, mais nous l'avons poussée à un tel point de perfection, que nos maîtres sont loin de nous. On coule à S. Gobain des glaces d'une grandeur énorme, on les envoie brutes à Paris à la manufacture du faubourg S. Antoine, où on les dégrossit. Il est sorti de cette manufacture des glaces de neuf pieds deux pouces de haut, et de six pieds trois pouces de large.

Laon est, après Soissons, une des villes les plus considérables de ce département. Elle en est le chef-lieu. Placée sur la cime d'une montagne escarpée,

dont

dont un des côtés entr'autres, est coupé à pic, cette ville, ou plutôt ses tours se découvrent à une très-grande distance. La gravure vous donnera une idée de son élévation. Elle est jolie, passablement bâtie mais peu peuplée, malgré la salubrité de l'air qu'on y respire. Cette ville ne fut, dans son origine, qu'un château: elle tire son nom de celui que les Gaulois donnoient en général aux forteresses bâties sur des montagnes, *laudunum*. On croit que Clovis y fit le premier construire des maisons, et qu'alors elle commença à prendre le titre de ville. Sa situation la rend recommandable dans la guerre, et peu s'en fallut jadis que la fortune d'Hugues Capet ne vînt échouer contre ce rocher: mais ce que ne peuvent les armes des usurpateurs, la trahison et la perfidie des courtisans l'exécutent. Après la mort de Louis V, dernier Roi de la race Carlovingienne, Charles de Lorraine, son oncle paternel, disputa la couronne à l'usurpateur Capet. Il s'empara de Laon, défendue par la Reine Emme, sa belle sœur, et l'évêque de Rheims Adalberon, qu'il fit prisonniers, et traita avec sévérité. Hugues Capet marcha contre lui, fut défait sous les murs de Laon, et pensa tomber entre les mains du vainqueur. Charles ne profita pas de sa victoire. Hugues Capet corrompit un autre Adalberon, dit *Ancelin*, évêque de Laon, et ce traître lui livra l'infortuné Charles, qui s'étoit retiré chez lui. Le titre de *Duc et Pair* fut la récompense de cette lâche perfidie. C'est depuis cette époque que les évêques de Laon étoient ducs et pairs nés. Ainsi le haut clergé, en regrettant les titres dont il étoit si jaloux, regrettoit entr'autres, dans celui-ci, le souvenir de la plus vile des actions.

On trouve dans l'histoire de Bohême le pendant d'Adalberon. C'est un certain *During*, comte Allemand, gouverneur du fils d'*Uladislas*, prince de *Lutzen*, en Misnie. Dans le neuvième siécle, *Neclam*, prince de Bohême, ayant vaincu et dépouillé *Uladislas* de ses états, le lâche et perfide *During* coupa la tête à son pupile, et porta cet horrible présent au vainqueur. *Neclam*, indigné, le fit pendre pour le récompenser. Quelle différence de l'homme libre à l'esclave des cours ! *Fabricius* renvoie à *Pyrrhus* le médecin qui lui proposoit de l'empoisonner.

Avant la révolution, les revenus du clergé absorboient presque la totalité des produits du district de Laon. Conséquemment c'étoit un canton mort pour le fisc public. Son commerce ne dédommageoit pas l'état de cette paralysie sacerdotale : il y est presque nul, et en général, dans ce département, il n'y a que S. Quentin que l'on puisse compter au nombre des villes commerçantes. Sans être grande, elle est agréable ; bâtie en amphithéâtre sur une éminence, dont la Somme arrose le pied, elle présente à l'œil du voyageur un ensemble assez pittoresque. Jadis appellée *Augusta Veramanduorum*, elle a pris son nom moderne des reliques, ou, pour mieux me faire entendre, de certains os de mort qu'un évêque de Noyon prétendit avoir appartenu à un nommé *Quentin*, saint et martyr de son métier. Comment cet évêque de Noyon reconnut ce *S. Quentin*, deux ou trois cents ans après sa mort, c'est ce que je n'ai pas pris l'engagement de vous dire. Mais ce que je vous dirai, c'est que tout cela est une fable, attendu que ce fut en 825, dit-on, que les reliques de *Quentin* furent placés sous le maître autel de la cathédrale : histoire supposée, puisque ce ne fut qu'en 995 que le pape Jean XVI s'avisa de *faire* des *saints*, c'est-à-dire, près de deux cents ans après la prétendue découverte du corps de ce S. Quentin. Le Roi de Prusse disoit que l'on faisoit fort bien d'attendre cent ans pour canoniser les morts, parce qu'il ne reste plus de témoins de leurs fredaines. Si nous pouvions causer avec quelques contemporains *du* S. Quentin, la ville qui porte son nom se débaptiseroit peut-être bientôt.

Les environs du S. Quentin sont très-fertiles, et l'on y recueille, ent'autres grains, des lins très-estimés. Voilà, sans doute, pourquoi sa plus grande industrie s'est dirigée vers les toiles. Ses manufactures en ce genre font sa plus grande richesse, et la communication de la Somme avec l'Oise, de celle-ci avec la Seine, et de la Seine avec la Loire, ne lui laisse rien à desirer pour la circulation de ses marchandises et de ses productions. Saint-Quentin, après avoir long-tems appartenu aux comtes de Vermandois, puis aux comtes de Flandres par alliance, fut réunie à la couronne sous Philippe-Auguste. Depuis elle se vit, comme les autres villes des bords de la Somme, engagée plus d'une fois aux ducs de Bourgogne. Elle fut souvent l'objet des vœux de Charles-Quint et de son fils Philippe II. Sous ce dernier, et pendant le règne de Henri II, se donna cette bataille de S. Quentin, si désastreuse pour la France.

En 1557, lorsque la trève entre l'Espagne et la France eut été rompue par l'ineptie et l'insouciance des ministres de Henri II, dupes et jouets de la profonde politique du *Tibère* Espagnol, Philibert-Emmanuel de Savoie, gouverneur des Pays-Bas, vint mettre le siége devant S. Quentin. On avoit rompu le traité, mais l'inertie du gouvernement, ou plutôt la vénalité des ministres, toujours si commune, avoit laissé les places frontières sans défense. Tout ce que put faire l'amiral Coligny, fut de s'y jetter avec quelques troupes, et de s'y retrancher à la hâte. Le connétable de *Montmorency*, à la tête de l'armée royale, passa la Somme, et seroit parvenu à faire entrer des secours dans la place à la faveur des marais, si l'on eût mis moins de précipitation à exécuter ce projet. A peine put-il y pénétrer cinq cents hommes, sous la conduite d'*Andelot*, frère de Coligny. Ce coup manqué, Montmorency eut l'imprudence de vouloir faire sa retraite en plein jour en présence de l'ennemi : mais il avoit si mal combiné sa manœuvre, la marche de son armée étoit tellement obstruée par ses équipages, que lorsque les Espagnols l'attaquèrent, il ne put parvenir à ranger ses troupes. Ce fut plutôt une célèbre déroute qu'une bataille disputée et perdue. Le connétable, son fils, les ducs de Montpensier, de Longueville, de Nevers, le maréchal de S. André y furent faits prisonniers. On y perdit près de 4000 hommes, et cette victoire n'en coûta pas quatre-vingt aux ennemis. Après cette journée, Charles-Quint demanda si son fils étoit à Paris ? Heureusement pour la France que les Espagnols ne surent pas profiter de leur avantage : mais il influa beaucoup sur le fatal traité de Cateau Cambrésis, qui fut conclu deux ans après, et par lequel S. Quentin, dont la prise avoit suivi la perte de la bataille, fut rendue à la France.

Saint-Quentin, néanmoins, n'avoit cédé qu'à la dernière extrémité. Après avoir soutenu dix assauts, elle ne succomba qu'au onzième. L'amiral Coligny y fut fait prisonnier. L'histoire rend justice ici au patriotisme des chanoines de cette ville : le commandant Espagnol leur ayant offert d'y demeurer, et d'y jouir des revenus de leur canonicat, ils lui répondirent : « Qu'ils ne pouvoient demeurer dans un lieu où il ne » leur seroit plus permis de prier publiquement pour » la prospérité de la France. » De nos jours il ne reste plus de ces chanoines.

Ce fut à cette bataille de S. Quentin qu'un certain *Martin Guerre*, fameux dans les causes célèbres, perdit une jambe, dont la privation, par la suite, lui servit à se faire reconnoître de son épouse, qu'un imposteur de ses amis, *Arnaud du Thil*, lui avoit enlevée, en persuadant à cette femme qu'il étoit son mari. Ce procès ne fait pas honneur à la mémoire de madame *Martin Guerre*. Il est difficile qu'une femme soit sujette à un pareil oubli.

Ce fut en mémoire de cette victoire de S. Quentin, que Philippe II fit bâtir le fameux monastère de l'Escurial, en l'honneur, non pas du Dieu qui fait vaincre, mais de *S. Laurent*, parce que ce fut le jour de la *fête* de ce *saint* que se donna la bataille. Comme *S. Laurent* a été grillé, l'Escurial est construit en forme de gril. Ingénieuse allégorie ! Ce bâtiment immense, sans goût comme sans noblesse, situé à six lieues de Madrid, peut s'appeller le palais du

B 3

despotisme par excellence. Il renferme les tyrans de l'opinion, *les moines*, et ceux des volontés, *les Rois*. C'est là que reposent aussi les cendres de ces derniers, et la chapelle où elles sont déposées se nomme le Panthéon. Quel Panthéon que celui où des cadavres de Rois sont les Dieux! Quelle leçon pour vous, Monarques du monde! Il vient donc un tems où dans votre propre temple la flatterie n'a plus d'encens à vous offrir.

La France, comme l'Espagne, avoit aussi de ces fameux repaires de moines ignorans, et ce département possédoit une de ces énormes maisons, que l'on nommoit en idiôme monastique *chefs d'ordre*. C'est *Prémontré*. Un *grand seigneur*, (car presque tous les moines ont eu le petit orgueil de ne vouloir pour fondateurs que des grands du monde) un *grand seigneur*, nommé *Norbert* (9), parent de l'empereur Henri V, après avoir dans les débauches d'une jeunesse déréglée consumé sa fortune, chassé de la cour, où le délabrement de ses affaires ne lui permettoit plus de vivre, n'a pour exister d'autre ressource que la *grace*, toute puissante alors pour en imposer aux peuples, et pour escroquer la protection des prêtres. Bien converti, parce qu'il a besoin de l'être, il arrive en France, où un évêque de Laon, nommé Barthelemi, lui donne un vallon nommé Prémontré. Là, notre fugitif fonde un nouveau peuple de cette espèce d'hommes, enclins à l'inutilité, que la nature a nommés paresseux, et que la religion appelle *pieux solitaires*. Pour donner du relief à notre *S. Norbert*, il lui falloit un *hérétique* à combattre. Ce fut toujours là le duel par où ces *messieurs* les saints se mirent en lumière. *Norbert* en lorgna un, c'étoit *Tanchelin* (10), il étoit à Anvers, et l'*homme de Dieu* courut bientôt lui jetter le cartel. Cela lui valut l'archevêché de *Magdebourg*. Il appella ses *moines* ou *chanoines* dans cette ville. Ils déplurent aux prêtres du pays, dont la vertu projetta d'assassiner notre *grand Saint*. Il en fut quitte pour la peur, et Dieu lui laissa la vie pour revenir en France persécuter le pauvre Abailard. Quand il eut bien persécuté, il mourut de la mort des justes, et trois cent cinquante ans après, le pape Grégoire XIII se souvint que *Norbert* devoit être saint, et le mit au rang des Dieux.

La pauvreté fut le premier vœu des Prémontrés. Ils le tinrent si bien, qu'en moins de trente ans leur ordre devint un des plus riches de France et d'Allemagne. Il est vrai que, pour commencer à être *pauvres*, on ne leur avoit donné que la forêt de Coucy. Il y eut dans l'origine des religieuses de cet ordre. Pour l'édification du prochain, *moines* et *religieuses* logèrent long-tems ensemble : mais comme cela répandoit sans doute quelques épines dans la carrière de chasteté, *Hugues des Fossés*, successeur de S. Norbert, sépara les *bienheureux* des *bienheureuses*. Ces jolis curés à calotte et soutanes blanches, que l'on nommoit *M. le Prieur*, et chez qui jadis l'on faisoit si bonne chère, étoient de l'ordre de Prémontré.

Les environs de cette abbaye furent un peu dévastés à la fin du seizième siècle par les trois frères *Guilleri*. Ces messieurs, *nobles* bretons, après avoir combattu en héros dans la guerre de la ligue, trouvèrent à la paix un agréable délassement à se faire voleurs de grand chemin. Ils s'étoient bâti une forteresse sur la route de Bretagne en Poitou, et poussèrent leurs incursions jusqu'aux portes de Lyon. Par-tout où ils passoient, ils affichoient en gros caractères sur les arbres : *paix aux gentilshommes.* Voilà ce qui s'appelle garder son rang : *paix aux gentilshommes, la mort aux prévôts et aux archers, et la bourse aux marchands.* Il fallut cinq mille hommes pour détruire ce nid de brigands : on le foudroya à coup de canons, et leurs maîtres furent rompus en 1608.

Nous ne vous dirons rien, Monsieur, de *Chauny*, petite ville de ce département, dont le site pittoresque mérite seul que nous en faisions mention. Il nous a paru assez piquant pour vous en envoyer une vue. Mais, non loin de là est *la Fère*, célèbre par ses verreries. C'étoit un préjugé assez bisarre que l'art de souffler des bouteilles donnât la *noblesse*, tandis que la profession des Voltaire, des Rousseau, des Mably fut si long-tems regardée comme *ignoble*. Bacchus, le conquérant de l'Inde, fut aussi le Dieu du vin : les bouteilles renferment cette liqueur. En remontant du vase à la liqueur, de la liqueur au Dieu, du Dieu au conquérant, voilà peut-être la filiation des titres de noblesse des gentilshommes verriers. De même, en remontant de Rousseau à la philosophie, de la philosophie au mépris qu'elle fait des *Bacchus*, et des conquérans *ses semblables*, voilà peut-être les titres de roture des lettres.

Cette petite ville de *la Fère* fut le théatre d'une scélératesse récompensée par des grandeurs. Il est peu de coins sur la terre où le crime ne puisse dire : « ici

Chauny

» j'ai trouvé des hommes pour m'honorer. » Un *marquis* de *Maignelai*, commandant à la Fère pour la ligue, avoit promis à Henri IV d'embrasser son parti. A la veille de tenir parole, un certain *Colas*, vice-sénéchal de *Montélimart*, l'assassina au milieu de la ville. Le duc de Mayenne, enchanté de cette action *généreuse*, donna à l'assassin le gouvernement de la Fère. *Colas*, instruit par cet exemple que les grands payoient bien le crime, se figura qu'un *Roi* seroit encore plus magnifique qu'un *duc*; et en conséquence livra la place au Roi d'Espagne. Il ne fut point déçu dans son espoir. Un assassinat lui avoit valu un gouvernement, une perfidie lui procura le titre de *comte*. Le comte Colas! le drôle de nom, si l'épithète de *comte* ne donnoit pas de la majesté à tout !

Assez près des anciens états du *comte* Colas se voit Notre-Dame de *Liesse*, ou de *Joye*, mais de *Joye sainte*, car elle n'a fait rire que les prêtres. C'est une petite chapelle où l'on conserve une image *miraculeuse* de la Vierge, surchargée d'*ex voto* de tous les genres, et où l'argent des *pauvres crédules* vient se perdre depuis le douzième siécle. Voici, en deux mots, la *petite* histoire de cette *petite* chapelle. Trois chevaliers Français étoient captifs chez le Sultan d'Egypte. Odeur de saint entouroit ces messieurs. Elle gagna jusqu'à la belle *Ismérie*, fille du Sultan. Ceci ressemble assez à la *protase* de quelque grand opera. Mais la suite fait un peu dégénérer le sujet en bouffon. *Ismérie*, sanctifiée par la présence des trois captifs, voulut à toute force avoir une image de la Vierge. Nos trois *preux* lui en taillèren une avec un coûteau. Voilà que tout-à-coup l'envie de courir le pays prend à l'Egyptienne : et ne sais comment, elle et ses trois écuyers passent le Nil à la nage, et dans une nuit *Ismérie*, le trio des *croisés*, et l'*image*, au grand regret du Soudan, et au grand étonnement des bons *Picards*, se trouvent transportés du *Caire* à trois lieues de *Laon*. Voilà l'énigme. En voici la clef. L'église de *Laon* avoit été brûlée par le feu du ciel en 1110. Le clergé n'avoit point d'argent pour la rebâtir. On inventa un miracle. On trouva une fille, et trois hommes pour mentir, cela n'est pas difficile : un morceau de bois pour faire une image, cela n'est pas rare : de bonnes gens pour croire, cela n'est pas étonnant : un tronc pour recevoir les offrandes, cela n'est pas nouveau. Il se remplit, c'est tout simple. Et les prêtres le vidèrent, c'est tout naturel.

Nous ne vous parlerons ni de la *Capelle* ni du *Catelet*, places jadis importantes, prises et reprises nombre de fois pendant les longues guerres entre l'Espagne et la France, avant que la liberté Hollandoise et l'extinction de la maison d'Autriche à Madrid, eussent relégué l'*inquisition* et le *Roi* des *deux Indes* derrière les Pyrénées. Ce ne sont plus que des bicoques aujourd'hui, de même que la petite ville de *Guise*, représentée par la gravure, que la révolution devroit bien débaptiser, en *reconnoissance* des services que ce nom a *rendus* au fanatisme. Nous oublions un peu vîte, ce me semble, qu'il y avoit une once du sang de *Guise* dans le bras qui sabra en 89 le *vieillard* au pont-tournant. Nous ne l'avons pas dit aux habitans de Guise, très-bons patriotes : mais ils s'appercevront peut-être quelque jour que ce

nom de *Guise* sonne mal à des oreilles libres. Quoiqu'il en soit, *François premier* battit près de ses murs l'arrière-garde de l'armée de *Ferdinand de Gonzague*, qui en faisoit le siége. Depuis, la belle défense de M. *Guébriant*, assiégé dans *Guise* par les Espagnols, plaça ce guerrier au rang des grands généraux. *Guise* n'est pas loin de *Vervins*, que la paix de 1598 entre la France et l'Espagne a tirée de l'obscurité.

En traversant la forêt de Retz, nous avons vu une maison jadis royale, appellée *Villers-Coste-Retz*. Ce château nous a paru beau, quoique de forme antique. Ses jardins sont superbes. On nous a dit que le propriétaire y venoit rarement. Pourquoi faut-il aussi qu'un seul homme ait tant de maisons, quand il n'en peut habiter qu'une ? Cette réflexion nous a rappellé un trait de désintéressement, bien rare dans des chanoines, que l'on nous avoit appris quelques jours auparavant en passant à *Rosoy*, petite ville de ce département. Ils avoient été fondés au nombre de quinze, dans le onzième siècle, par *Hildegand*, seigneur de *Rosoy*. En 1223, ils se trouvèrent trop riches, et demandèrent au pape de doubler leur nombre : ce qu'on leur accorda.

En sortant de *Villers-Coste Retz*, nous avons vu la patrie du bon la *Fontaine*, le plus sage des hommes, parce qu'il fut le plus simple. C'est *Château-Thierry*. Son aspect est riant. Elle s'élève en amphithéâtre sur les bords de la Marne. Une promenade agréable, que l'on a plantée le long de la rivière, répand de la gaîté sur le tableau qu'elle offre aux voyageurs, et le mouvement des bateaux qui passent le long de ses rives pour l'approvisionnement de Paris, lui prête, pour ainsi dire, l'air de vie des villes commerçantes. C'est un des cantons de la France où les fureurs de la ligue se sont fait sentir avec le plus de violence. Le duc de Mayenne la prit dans le seizième siécle, et rien n'approche des horreurs que les Espagnols commirent dans le pillage de cette malheureese cité. L'auteur de cette ligue si funeste, le trop fameux Henri de *Guise*, assassiné depuis à Blois, acquit pres de *Château-Thierry* le surnom de *Balafré*, qu'il porta comme son père *François de Guise*. Il le dut à une balle qui l'atteignit à la joue, et dont la cicatrice ajouta une grace de plus aux charmes de sa figure. Marguerite de Valois n'y fut pas insensible, et Henri IV ne l'emporta pas dans son cœur sur *Henri de Guise*. Malheureuse princesse ! dont les torches funéraires de la S. Barthélemi éclairèrent l'hymen, et qui, dans les bras d'un époux qu'elle n'aimoit pas, se sauvoit des poignards aiguisés par un amant qu'elle adoroit ! Le plus triste sort pour une femme est d'être née à côté des trônes. Du moins celle-ci eut le bon esprit de se consoler dans le sein des lettres de l'infortune de ses grandeurs. La *Ferté-Milon*, bourg voisin de *Château-Thierry*, supporta, comme cette ville, le poids des maux qu'entraîna la ligue. On y voit encore les ruines d'un vieux château, d'où ce bourg tire son nom. Il fut bâti, dit-on, sous le règne de Louis-le Gros par un certain *comte Milon*. Il en prit le nom de *fort* ou *force* de Milon, et de là, par corruption, *Ferté* Milon.

La population de ce département n'est pas très-considérable, quoique sa surface sois assez étendue.

Les mœurs et le caractère de ses habitans y sont assez semblables à ceux des départemens de l'Oise et de la Somme, que nous vous avons dépeints. Cependant une certaine indolence, mêlée d'un peu de simplicité, annonce en eux le voisinage de la *ci-devant* Champagne, sur-tout dans la partie du sud-est. La vente des biens du clergé sera dans ce département un bienfait qui se fera sentir plus qu'ailleurs, en divisant dans un plus grand nombre de canaux cette source de richesses qui se perdoit dans l'obscure poussière des cloîtres, sans utilité pour la patrie, comme pour le pauvre. Plus de quarante abbayes desséchoient cette partie de l'empire : et leurs biens immenses, rejettés dans la société, feront vivre des milliers de bras que l'impuissance du travail forçoit à s'expatrier. Paris y gagnera considérablement, et tirant de ce département la majeure partie des denrées utiles au peuple (je veux dire les légumes), l'abondance, devenue plus grande par l'accroissement des propriétaires cultivateurs, fera baisser le prix de ces denrées. Quoique foible jusqu'ici, il est toujours trop onéreux à l'ouvrier, pour que sa diminution soit indifférente à ceux qui, comme nous, Monsieur, s'intéressent à l'allègement de la classe précieuse, dont le travail soutient la vie.

NOTES.

(1) Il y a eu une longue suite de *comtes* de Vermandois éteints depuis long-tems. Les Rois faisoient revivre pour leurs *bâtards* quelques-uns de ces noms effacés de la liste des races humaines. Un fils de Louis XIV et de madame de la Valière a porté ce nom de *Vermandois*. Il fut un de ceux à qui l'on attribua l'infortune du Masque-de-Fer. Il avoit, dit-on, donné un soufflet au Dauphin. Ce roman, démenti par le caractère de douceur du jeune Vermandois a trouvé des croyans. Si le fait étoit vrai, quel supplice pour un soufflet donné à un frère! Quels hommes sont donc les Rois, pour qu'on suppose à leur orgueil, sans croire leur faire tort, une semblable vengeance!

(2) Quelle contradiction entre le langage des prêtres et leurs actions. Ils disent, en s'apitoyant sur Jesus-Christ: *il but le calice jusqu'à la lie*. Et tous les jours ces Messieurs boivent gaiment dans le calice de Jesus-Christ une *roquille* de vin.

(3) Ce Robert, dans les combats, faisoit passer sa grande barbe blanche sous la visière de son casque. *Hugues, comte de Châlons*, à ce que rapporte S. Foix, en usoit ainsi, ce qui fit dire à la chronique du tems, que quand il se jetta aux pieds du duc de Normandie, il avoit l'air d'une chèvre.

(4) Le reste des prisonniers faits avec *Dosa* furent empâlés ou écorchés vifs, ou enfermés dans des cachots, où on les laissa mourir de faim. Combien de cruautés de ce genre ont été ensévelies dans l'oubli. Il y a quelques années, qu'en réparant une partie de la prison du *châtelet* de

Paris, on découvrit une grande salle, inconnue jusqu'alors, en démolissant un pan de muraille. Cette salle étoit élevée et voûtée, et l'on ne distinguoit aucune des issues par où l'on pouvoit y pénétrer jadis. On trouva épars sur le plancher un certain nombre de cadavres, ou pour mieux dire de squelettes. Leurs différentes situations annonçoit le genre de mort que l'on avoit fait éprouver à ces malheureux, la faim sans doute. Qu'avoient-ils fait? Qui étoient-ils? Quels furent leurs bourreaux? On l'ignore.

(5) Charles II, comte d'Evreux, Roi de Navarre, dont les scélératesses sont moins étonnantes encore que l'espèce d'absolution que Voltaire leur donne. Aussi lâche que cruel, le poison fut son arme favorite. Peu s'en fallut que la France ne l'eût pour Roi. Il se fit mettre dans des draps imbibés d'esprit-de-vin, pour réchauffer ses membres glacés par la débauche : le feu prit à ces draps par l'imprudence d'un valet qui en approcha une lumière pour couper le fil dont il s'étoit servi pour les coudre : Charles-le-Mauvais périt de cette manière dans un supplice affreux qu'il avoit bien mérité.

(6) Elle fut érigée en 1674 par les soins du cardinal d'Estrées.

(7) Jadis les seigneurs et les prêtres vendoient les hommes ou les *serfs*, comme on les appeloit alors. Un *Hugues de Champ-Fleury*, évêque de Soissons, donna cinq *serfs*, deux femmes et trois hommes, pour un cheval dont il avoit envie. Les prêtres se sont servi d'hommes en guise de monnoie, et le peuple ne disoit rien. Aujourd'hui le peuple se sert de papier en guise de monnoie, et les prêtres crie : « ô crime ! » Qui vaut le mieux du peuple ou des prêtres ?

(8) Nous citerons, à propos de miroirs, quatre vers assez bisarres, mais pleins de sens, d'un poëte du douzième siécle, bien peu connu, même des érudits : *Pierre Gringore*, hérault d'armes du duc de Lorraine, mort en 1544; ils sont tirés d'un de ses ouvrages, intitulé : *le nouveau monde, in-8°.* gothique.

> Qui bien se mire, bien se voit;
> Qui bien se voit, bien se connoît;
> Qui bien se connoît peu se prise;
> Et qui peu se prise sage est.

(9) Ce S. Norbert étoit né à *Santen*, dans le duché de Clèves. Ce fut le pape *Honorius II* qui confirma son ordre.

(10) Ce *Tanchelin* étoit un fou, qui par fois raisonnoit en sage : il disoit que le pape, les évêques, les prêtres, n'étoient rien de plus que les laïques, et que c'étoit une sottise de payer la dixme. Il étoit d'Anvers, et prêcha dans le douzième siécle, en Hollande, et dans les Pays-Bas. Ses prosélites furent nombreux.

ERRATA.

C'est par erreur que dans le Département du Nord le texte a annoncé une vue de Dunkerque; les Voyageurs ne l'ayant pas comprise dans leurs desseins.

A PARIS, de l'Imprimerie du Cercle Social, rue du Théatre-François, N°. 4.

VOYAGE

DANS LES DÉPARTEMENS

DE LA FRANCE,

PAR UNE SOCIÉTÉ D'ARTISTES
ET DE GENS DE LETTRES;

Enrichi de Tableaux Géographiques
et d'Estampes.

L'aspect d'un peuple libre, est fait pour l'univers.
J. LA VALLÉE, *centenaire de la liberté.* Acte Ier.

A PARIS,

Chez Brion, dessinateur, rue de Vaugirard, N°. 98,
  près le Théatre François.
Chez Buisson, libraire, rue Hautefeuille, N°. 20.
Chez Desenne, libraire, galeries du Palais-Royal,
  numéros 1 et 2.
Chez les Directeurs de l'Imprimerie du Cercle Social,
  rue du Théatre-François, N°. 4.

1792.

L'AN QUATRIÈME DE LA LIBERTÉ.

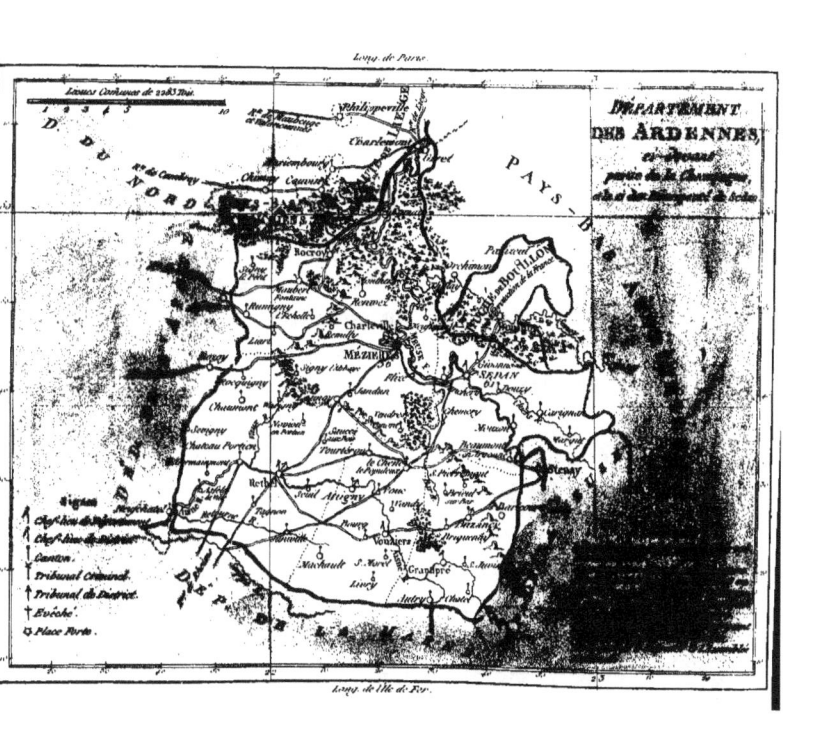

VOYAGE

DANS LES DÉPARTEMENS

DE LA FRANCE,

PAR UNE SOCIÉTÉ D'ARTISTES,

ET DE GENS DE LETTRES.

―――――

DÉPARTEMENT DES ARDENNES.

C'est ici, Monsieur, le berceau des assemblées nationales, et, par une contradiction qui nous paroitroît bisarre maintenant, mais qui, dans le fonds, n'est qu'une preuve de la foiblesse de nos ancêtres, c'est aussi dans ce lieu que se trouve le berceau du pouvoir féodal. Attigny, bourg très-peu considérable aujourd'hui, fut le *Versailles* des Rois de la première et de la seconde race : et Charlemagne, si vanté par les prêtres, si odieux aux sages, sanctifié par le fanatisme, proscrit par la philosophie, fit de ce village le séjour de ses plaisirs. C'est là qu'avant lui, ces Rois moins puissans, moins opulens que n'étoient un sous-fermier et un agent-de-change de l'ancien régime, tenoient communément leur cour, et avoient leur palais, si l'on peut donner ce nom à une chaumière orgueilleuse, à une grange délabrée, où loin de trouver cette paix, cette modestie, cette pureté de mœurs, parure enchanteresse des masures villageoises, on ne rencontroit que des hommes superbes, des êtres que la flatterie commençoit à dégrader, ou que l'ambition instruisoit aux grands crimes dans le silence de la médiocrité.

Les Rois des Français étoient loin alors de ce faste, où notre indolence, notre servile idolâtrie, nos sueurs, et les vices inséparables de la foiblesse humaine, les ont plongés depuis. Ils n'étoient, à vrai dire, que de simples particuliers, dont quelques vertus, aussi grossières que les mœurs du tems frappoient les yeux de la multitude. La simple cérémonie de les élever sur un bouclier (1) suffisoit pour leur inauguration. Dans cet état, on les présentoit à l'armée : ils étoient proclamés *Chefs* ou *Rois*. Les prêtres chrétiens qui, graces à l'imbécillité des Empereurs d'Orient, commençoient à deviner leurs futures destinées, sentirent la ressource qu'ils pourroient tirer du pouvoir de ces chefs, s'ils les enveloppoient de leurs magiques consécrations, et si le peuple s'accoutumoit à croire que son choix avoit besoin d'être validé par les sacramentelles momeries du sacerdoce. En conséquence, la *Sainte-Ampoule* descendit du ciel sur les ailes de l'hypocrite ambition, et la colombe de Rheims ne fut autre chose que la superstition sortie des enfers à la voix du fanatisme. Dieu n'est pas sujet à ces méprises, et s'il eût voulu que les Rois fussent *sacrés*, la Sainte-Ampoule fût descendue du ciel pour Trajan, et non pas pour Clovis.

Malgré l'huile et les prêtres, le peuple renferma longtems le pouvoir de ces premiers Rois dans les limites convenables à des hommes dont il vouloit bien pour chefs à la guerre, mais non pour tyrans dans la paix. Ils n'avoient d'autres revenus que ceux qu'ils tiroient de leurs domaines, ou terres, qu'ils possédoient en propre, et les tributs que les peuples qu'ils avoient subjugués leur payoient : droit désastreux, dont l'avarice profita pour alimenter en eux le desir des conquêtes! origine de l'usage de réunir successivement à la couronne toutes les provinces de l'empire. Les seuls habitans de leurs domaines étoient tenus de les suivre dans les guerres relatives à leur orgueil ou à leur particulière avidité : le peuple eut long-tems la sagesse de ne marcher que pour les guerres nécessitées par l'intérêt de l'état.

La majeure partie des loix du royaume furent consenties dans ce village nommé *Attigny*. Ces loix étoient plutôt des principes généraux posés, que des loix détaillées et communes à toute la Nation. Chaque pays avoit sa coutume particulière. Et c'est de cette anarchie législative qu'ont découlé les maux dont la France s'est vue la victime pendant tant de siécles, et d'où le pouvoir arbitraire tiroit sa force, sous prétexte de remédier par la volonté et la sagesse d'un seul, à l'incohérence de tant de loix disséminées sur la tête d'un même peuple. La seule précaution sage, et celle qui, par conséquent, tomba le plutôt en désuétude, fut d'obliger les juges à savoir toutes ces coutumes par cœur. Précaution *inapte* toutefois à asseoir l'équité de leur jugement, puisque, dans ce choc perpétuel de loix contradictoires entre elles, ils avoient souvent à prononcer entre des hommes fondés en droit par les coutumes de leûrs divers pays.

L'aristocratie se glissa bien vîte dans ces premiers tribunaux, dont les magistrats prononçoient en dernier ressort. On n'avoit d'appel qu'au Roi, et si l'appel étoit déclaré mal intenté, les appelans étoient condamnés à des amendes pécuniaires s'ils étoient de *qualité*, et au fouet, s'ils étoient *roturiers*.

Ce peuple, que l'on fouettoit, élisoit pourtant lui-même ces juges. Mais les *grands* n'étoient point soumis à leur jurisdiction, et ne pouvoient être jugés que par leurs *pairs*. Il falloit une sagesse *noble* pour prononcer sur un crime *noble*. Comment la *noblesse*, qui, dans tous les tems, a abandonné au peuple toutes les *épisodes* du mépris, s'est-elle réservée celle du crime ! La belle caste ! que celle qui, dans un empire, pourroit dire : je n'ai que des vertus, et je le prouve.

C'étoit à Attigny, dont la gravure vous fera connoître la situation actuelle, que se tenoient ces assemblées dites, *cours* ou *fêtes royales*, où ces Rois mangeoient dans un jour leurs petits revenus de quelques années pour la petite gloriole de se montrer la couronne en tête, et le manteau royal sur les épaules, de se faire servir à table par ceux qui se nommoient *grands*, et de jetter quelques pièces de monnoie à ceux que l'on nommoit *petits*. Charlemagne donna plus de splendeur, ou plutôt ajouta plus de profusion à ces *orgies royales*. Ce fut là qu'il reçut ce Witikind, que les historiens donnent pour chef à la race Capétienne, le dernier des défenseurs de la liberté Saxonne, et le père de ceux qui si long-tems ont enchaîné celle de

la France. Ce Witikind fut le trisayeul de Hugues Capet. Jusqu'à l'époque de l'usurpation de ce Prince, les Rois avoient toujours nommé aux places militaires, elles n'étoient qu'à vie, et ne touchoient qu'à l'individu, et non à la famille. De là l'origine des titres : on appelloit *ducs* du verbe *ducere*, ceux à qui l'on confioit le gouvernement des provinces, le commandement des armées, et la principale administration de la justice ; *comtes*, du mot *comes* (compagnon) ceux qu'on leur donnoit pour suppléans en cas d'absence : *marquis* étoient les gardiens des frontières que l'on nommoit *marches*, d'où dérivoit ce nom, comme celui de *baron* est venu, par corruption, du nom de *braves*, que l'on donnoit à ceux chargés d'accompagner à cheval les Rois dans les batailles. Les titres n'étoient donc primitivement que la dénomination de la profession, et non la désignation du sang. Mais quand Hugues Capet, qui n'avoit aucun droit au trône, s'imagina d'en éloigner le véritable héritier, Charles, duc de Lorraine, fils de Louis IV, dit d'*Outremer*, quelques uns tournèrent au profit de leur orgueil l'ambition d'un seul. Ils consentirent à élire Roi Hugues Capet, à condition que chacun auroit en propriété le gouvernement dont il étoit nanti. Les seigneurs de moindre étage, tels que les *châtelains*, exigèrent la même concession pour lui donner leur voix : et ce fut ainsi que s'enracina le régime féodal. Ce département prend son nom de cette forêt des Ardennes, qui jadis s'étendoit jusqu'aux portes de Tournay et de Rheims, et dont nous avons insensiblement reculé les limites au-delà de Sédan. En comparant la situation actuelle de cette forêt avec le terrein qu'elle occupoit du tems de César, on pourroit en induire une opinion favorable à l'activité Française dans l'agriculture. Il est sûr que nous avons beaucoup plus dérobé à cette forêt que n'ont fait les Nations, où elle pénètre comme chez nous.

Les premiers romans sont nés des forêts. Cette morne et religieuse horreur que leur silence inspire : l'intempérie des airs que l'humidité de leur sein appelle sur leur tête : la décrépitude des âges, que la faulx du Tems semble avoir gravé sur leur front ténébreux : les Aquilons, dont le souffle se brise en sifflant contre les cîmes chevelues des chênes majestueux : le voile que leur ombre étend entre l'astre du jour et la terre attristée : les phantômes ordinaires habitans des solitudes : tout leur aspect, enfin, a dû frapper l'imagination de l'homme. Alors la raison se sera glacée devant les rêves de l'imagination : magiques Titans, ses idées auront entassé des montagnes de mensonges : et si le despotisme des puissans s'est mêlé à la morne terreur du spectacle des bois : si les cris des guerriers sont venus disputer les échos aux chants funèbres des corbeaux : si les tours sourcilleuses de la tyrannie, en s'élançant au-dessus de l'obélisque des sapins, ont uni le souvenir des crimes de l'oppression à la majesté sauvage des forêts : alors, Charlemagne et ses paladins d'un côté, et la vaste profondeur des entrailles des Ardennes de l'autre, enfantant le délire des conceptions, auront mis au jour, et les quatre fils Aimon, et leur père, et leur cheval, et les Roland, et les Renaud, et les enchanteurs, et la bibliothèque bleue. Ainsi, *Odin* (a) chanta dans les forêts Danoises,

Ossian (3) sous les pins de l'Ecosse. Ainsi *Roncevaux* aida le génie de l'Arioste. Entre la Jérusalem délivrée et l'histoire des quatre Aimon, quelle différence ? nulle, quant au principe.

Du fer, des marbres, des ardoises, quelques tanneries, peu de grains, rarement des pâturages, et cependant quelques troupeaux que l'herbe aromatique des lisières incultes des forêts rendent meilleurs que la graisse des vallées fertiles : telles sont les productions de ce département, dont Mézières est le chef-lieu. Cette ville, dont nous vous envoyons une vue, est petite et assez jolie ; elle n'est séparée de Charleville que par la Meuse. La généreuse bravoure de Bayard (4) a répandu sur Mézières un éclat ineffaçable. C'est une des plus belles époques de la vie de ce grand homme, et dont l'historien ou le voyageur doit le détail, quelque connue qu'elle soit, toutes les fois qu'elle se présente sous sa plume.

La couronne Impériale, objet des vœux de François Ier, venoit d'échoir à Charles d'Autriche, et cette préférence allumoit entre ces deux rivaux une haine irréconciliable, et dont l'Europe entière, victime dans tous les tems de l'ambition des grands, devoit ressentir les fureurs. Charles-Quint, malgré son triomphe sur son concurrent, mais plus politique que lui, moins esclave des plaisirs, et conséquemment plus actif, rompit la paix le premier, et commença cette longue et fameuse guerre que la défaite de Pavie devoit illustrer. Il fit marcher trente-cinq mille hommes vers la Champagne. A la nouvelle de cette hostilité, l'avis du conseil de François Ier fut de brûler Mézières, et de ravager les environs pour affâmer l'ennemi, tant le respect pour les propriétés est compté pour peu de chose dans les guerres des souverains. Le généreux Bayard fut seul d'un avis contraire. « Il » n'y a point de places foibles, dit-il au Roi, où il y » a des gens de bien pour les défendre. J'irai m'en- » fermer dans Mézières, et je vous en rendrai bon » compte. » Il part en effet, suivi de quelques amis braves et déterminés comme lui.

En arrivant, son premier soin fut de faire couper le pont de la Meuse : et lui-même, donnant l'exemple du travail, relève les fortifications délabrées, et les met en état de défense. Il n'eut que deux jours à donner à ces préparatifs importans : les ennemis parurent le troisième. Ils avoient passé la Meuse au-dessus de Mézières. Le corps, en-deçà de la rivière, étoit sous les ordres de *Sickingen*, et celui en-delà, sous ceux du comte de *Nassau*. Ces deux généraux, pleins d'estime pour la valeur de Bayard, lui députèrent un hérault-d'armes pour l'engager à se rendre. « Ils seront, lui dit le hérault, merveilleusement » déplaisans, si vous êtes pris d'assaut, car votre » honneur en ammoindrira, et, par aventure, il se » peut faire que vous y alliez de vie à trépas. Dites » à ceux qui vous envoient, répondit Bayard, que » cette place m'a été confiée, et que je ne l'aban- » donnerai que quand j'aurai fait des corps entassés » de nos ennemis un pont sur la Meuse par où je » puisse sortir. » Le hérault reporta la réponse. Un capitaine Français, nommé Jean Picard, présent à son rapport, dit aux généraux Autrichiens, « je

» connois Bayard : j'ai servi sous lui ; tant qu'il res-
» pirera, ne vous flattez pas d'entrer dans la place.
» J'aimerois mieux que Mézières contînt deux mille
» hommes de plus, et Bayard de moins. Comment,
» Picard, répondit le comte de Nassau, Bayard est-il
» de bronze ou d'acier. S'il est si brave, qu'il se pré-
» pare à nous le faire voir, car d'ici à quatre jours
» je vais lui envoyer tant de coups de canon, qu'il
» ne saura de quel côté se tourner. »

Pour mieux juger de la fermeté et du sang-froid de Bayard en cette occasion, il ne faut pas oublier que ce fut à ce siége que, pour la première fois, on fit usage des mortiers et des bombes. Suivant Mézerai, ce n'étoit de dehors que canonnades, que bombes, que boulets enflammés, tandis que du dedans on faisoit pleuvoir sur les assiégeans des lances et des cercles de feu, de l'huile bouillante, des fascines goudronnées, des fusées qui mettoient le feu partout. Dès les premières décharges, mille hommes prirent la fuite. Tant mieux, dit Bayard, j'aime mieux de tels coquins dehors que dedans, ils étoient indignes de l'honneur de combattre avec nous.

Malgré le courage de ce brave homme, Sickingen le serroit de près, et il ne voyoit plus guère d'espoir à une plus longue résistance. Un stratagème singulier le tira d'embarras. Il feignit d'écrire au *seigneur* Robert de la March, qui étoit à Sédan, une lettre, conçue en ces termes : « il me semble que, depuis un an,
» vous m'avez dit que vous vous proposiez d'attirer
» le comte de Nassau au service du Roi, et qu'il est
» votre parent. Je le desirerois autant que vous, sur

» la réputation qu'il a d'être gentil galant ; si vous
» croyez que cela puisse se faire, je vous donne avis
» d'y travailler plutôt aujourd'hui que demain, parce
» que, avant qu'il soit vingt-quatre heures, lui et tout
» son camp seront mis en pièces. J'ai avis que douze
» mille Suisses et huit cents hommes d'armes doivent
» coucher à trois lieues d'ici, qui, demain, au point
» du jour, fondront sur lui, pendant que, de mon
» côté, je ferai une vigoureuse sortie, et sera bien
» heureux qui en réchappera. J'ai cru devoir vous en
« prévenir, mais il me faut garder le secret. »

Bayard confia cette lettre à un paysan intelligent. Cet homme, bien instruit de son rôle, prend la route du camp de Sickingen. A son air mystérieux, on l'arrête. On veut le conduire au général, il résiste ; les soupçons redoublent, on le fouille, on saisit la lettre. A sa lecture, Sickingen s'indigne contre la perfidie de Nassau. Une terreur panique gagne tous les esprits, on lève le camp, on bat en retraite. Les efforts de Nassau, pour se disculper, ne font qu'ajouter à la défiance. Le paysan, pendant le trouble, trouve le secret de s'échapper, et vient rapporter à Bayard le succès de sa ruse ; il sort alors, tombe sur l'arrière-garde des ennemis, en fait un carnage épouvantable, et rentre dans Mézières avec la gloire de l'avoir délivrée, autant par les ressources de son génie, que par celles de son courage.

Mézières est une école célèbre du *corps* du *génie*. Malgré le voisinage de la Meuse, elle a peu de commerce. Son territoire est assez fertile, et ses environs fournissent quelques pâturages assez estimés. Voisine du théatre de la guerre actuelle, le patriotisme de ses habitans s'est expliqué avec énergie par différentes adresses à l'assemblée nationale.

C'est avec l'arme du ridicule qu'à Mézières l'on a combattu les prêtres réfractaires, et ce moyen sage est un de ceux que l'on n'a peut-être pas assez employé dans le reste de l'empire. Telle est, Monsieur, la contradiction des foiblesses humaines : tel homme brave les persécutions, que le sarcasme fait fuir comme un enfant. On nous a montré cette église des Annonciades, où ces messieurs tenoient leurs clubs anti-constitutionnels. A mesure que *la Pâque* approchoit, graces aux *saints apôtres* de la discorde, du mensonge, du fanatisme, et de la perfidie, presque toutes les femmes troubloient la paix de leur ménage ; l'autel de l'hymen n'étoit plus éclairé que des torches des furies. Certaines insultes aux magistrats firent soupçonner quelque foyer de trahison. Enfin, le désordre croissant, et l'apparence du succès donnant de la morgue à nos perturbateurs à *tonsure*, leurs propos sardoniques les trahirent. Le peuple, sans autre glaive que des verges, se transporta à la *bien* malheureuse église, prophanée par ces Messieurs, et les pria *poliment* de ne plus prêcher, ni brouiller les époux. Les réfractaires, *très-complaisans*, se rendirent à la *badine* invitation, et, depuis ce tems, les femmes ont donné la paix à leurs maris.

Sédan est la ville la plus considérable et la plus riche de ce département. Elle est située sur les bords de la Meuse. Ses environs ne sont pas extrêmement fertiles, si l'on en excepte quelques pâturages. En fait de monumens, elle n'offre rien à la curiosité que l'arsenal de son vieux château, où l'on conserve des armes de plusieurs *chevaliers* qui se sont fait un nom dans la guerre. Elle est de peu d'étendue : ses bâtimens même n'annoncent pas l'opulence que ses manufactures de draps apportent dans ses murs. Les plus estimés sont les draps noirs, qui tirent leur nom de *Pagnon*, de la maison qui les fabrique. Ils méritent leur réputation, et ce sont, en ce genre de couleur, les plus beaux de l'Europe, après ceux d'Angleterre. Les blancs sont ceux dont les officiers des troupes de ligne usent le plus pour les uniformes. Cependant, en général, les draps de Sédan ont une certaine sécheresse qui les rend moins agréables à l'œil et au tact que les draps de Louviers, et laisse présumer que leur usage n'est pas aussi bon. Un Sauvage rit des soins et des peines que nous coûte la texture de nos vêtemens. Il trouve qu'il est beaucoup plus naturel et moins difficile de tuer un lion, et de se couvrir de sa peau, que d'employer quarante paires de bras pour se préparer un habit, qu'il faut payer au poids de l'or. Et cette logique de la nature est peut-être plus raisonnable que celle de notre délicatesse. On promena dans nos atteliers un Sauvage que l'on avoit transporté en France. Il considéra tout avec indifférence : il n'y eut qu'une manufacture de couvertures qui parut l'intéresser. Il prit une de ces couvertures, la mit sur ses épaules, et se promena quelque tems avec. En la remettant au manufacturier : « cela n'est » pas mauvais, dit-il, c'est presque aussi bon qu'une » peau de bête. »

En parcourant ce département, vous concevez, Monsieur, combien, dans les circonstances présentes, nous nous sommes rappelés avec plaisir qu'un Empereur d'Allemagne y avoit été complettement défait par les Français. Dans le dixième siécle, Lothaire crut avoir des droits sur la Lorraine, et voulut les faire revivre. L'Empereur Othon II (5), dit le *Sanguinaire*, le trouva mauvais, et entra en France par la Champagne avec une armée de soixante mille hommes, et pénétra jusqu'aux portes de Paris. Ce prince fanfaron, comme tous les Empereurs du *Bas-Empire*, fit dire à Hugues Capet, non Roi encore, mais comte de Paris, et qui s'étoit renfermé dans cette ville pour la défendre, qu'il feroit chanter un *alleluia* sur Montmartre par tant de clercs, qu'on l'entendroit de Notre-Dame. Ce joli concert de *Montmartre* n'eut pas lieu. Othon et ses musiciens furent chassés jusques sur les bords de la rivière d'Aisne, où l'armée Impériale fut taillée en pièces, et les fuyards, poursuivis par les Français, entièrement dispersés dans les Ardennes. Cet *alleluia* d'Empereur a resté long-tems en proverbe à Paris. Toutes les fois que l'on entendoit la voix discordante des ânes dont les marchands de plâtre ou les meuniers de Montmartre se servent, on disoit : c'est l'*alleluia* de l'Empereur Othon.

Le plus grand général qu'ait eu la France étoit de Sédan : et ce général est *Turenne*. S'il n'étoit pas ridicule de chercher à prouver aujourd'hui que le mérite personnel est tout, et l'éclat du sang rien, nous prendrions Turenne pour preuve. Si vous faites redescendre Turenne dans la classe ordinaire, tout le monde saura qu'il étoit fils du *duc* de Bouillon et d'une *princesse* de Nassau, parce qu'il aura besoin d'un éclat étranger pour qu'on s'occupe de lui. Mais si vous le rétablissez dans tout son mérite, tout le monde dira, c'est Turenne, sans s'informer de quel sang il étoit. Il y avoit donc de la gloire parmi la noblesse à faire oublier les ancêtres dont on reçut le jour : et rendre par son propre mérite son sang obscur, ou naître d'un *sang obscur* avec un mérite trascendant, n'est-ce pas la même chose ? L'homme est donc tout, et la naissance n'est donc rien.

Turenne a été enterré à St. Denis par ordre de Louis XIV (6). En Angleterre aussi l'on met les cendres des grands hommes à côté des mausolées des Rois. Mais la différence est grande : c'est le peuple qui les y place. En Angleterre, par cet honneur, on met le grand homme au-dessus de Rois. En France, par cet honneur, les Rois se mettent au-dessus du grand homme. Ainsi, à Westminster, le cercueil d'un héros mène au patriotisme. A St. Denis, il instruit à l'esclavage. Si la société des tombes royales pouvoient honorer l'urne sépulcrale d'un mort illustre, la vertu seroit un fléau pour les Nations. Voilà pourquoi le Panthéon Français sera le monument le plus utile à la postérité.

Turenne étoit homme : par conséquent il fit des fautes ; s'il est vrai que de servir contre sa patrie ne mérite pas toujours le nom de crime. Au service des Espagnols (7), il fut battu devant *Rhetel*, petite ville de ce département. Il avoit eu le tort de la laisser investir par le maréchal du *Plessis-Praslin*, et lorsqu'il se présenta pour la secourir, il ne put éviter la bataille,

et

et la perdit. La déroute fut telle, qu'il se vit obligé de se sauver seul avec un nommé la *Barge*. Fuir avec Turenne est un titre à la gloire. La Barge le prouva. Cinq cavaliers les poursuivoient vivement. Mon cheval est blessé, dit la Barge au général, je n'ai qu'un pistolet : que voulez-vous faire ? mourir, répond Turenne. Mourons donc, reprend la Barge. Il se retourne, attaque un des cavaliers, l'ajuste et le tue. Turenne en saisit un autre par son baudrier, et lui passe son épée au travers du corps. Les trois derniers s'arrêtent, tournent bride, et se sauvent. Et la Barge et Turenne doivent leur salut à cette intrépidité. Est-ce à des ayeux que l'on doit cette fermeté ? Non, et pour le prouver, opposons à cette action de Turenne celle d'un de ces hommes que l'on nommoit *obscurs* jadis.

Cet homme est *Hervé*, bourgeois de Paris. Il vivoit au 9°. siécle. Les Normands alloient forcer Paris, et rien ne pouvoit la sauver du pillage. Hervé prend avec lui onze hommes du peuple. Il se porte sur la brêche, et, par des prodiges de valeur, repousse plusieurs fois les assauts des ennemis. Enfin, il les fatigue tellement, qu'ils entrent en pour-parler, et lui offrent la vie et des trésors, s'il veut leur ouvrir le passage. Tout est refusé. A la fin, pressé par le nombre, et prêt à succomber, suivi de cinquante hommes d'élite, il sort des murailles, tombe sur les ennemis, en fait mordre la poussière à cinquante deux, et convaincu enfin que son courage ne peut sauver ses concitoyens, il se fait tuer sur les trophées de sa gloire. A Rhetel, Turenne combattoit pour sa vie. A Paris, Hervé com-

B

battoit pour celle de ses concitoyens. Quel est le plus grand des deux ?

La vue de Rocroy nous a paru assez pittoresque pour vous l'envoyer. C'est près de cette ville que s'est donnée cette fameuse bataille, que le *prince* de Condé gagna à vingt-deux ans. Louis XIII venoit de mourir. Et François de Mello, gouverneur des Pays-Bas se promettoit de grands succès à la faveur de la *consternation*, où, selon lui, ce événement devoit jetter les Français. Il mit donc le siége devant Rocroy, ayant sous lui le comte de *Fuentes*. Condé, qui ne portoit encore que le nom d'Enghien, se résolut à l'attaquer. Le maréchal de *Gassion*, plein d'expérience, et vieilli dans les combats, n'étoit point de cet avis : il s'appuyoit de l'infériorité de l'armée Française, et du risque que l'on couroit, si la bataille se perdoit, d'ouvrir la porte du royaume aux ennemis, et si ce malheur nous arrive, que deviendrons-nous? disoit-il au *jeune Prince*. Je ne m'en mets point en peine, répondit d'Enghien, parce que je serai mort auparavant. On prétend que ce futur héros dormit si bien la veille de la bataille, qu'il fallut le réveiller pour la donner. La flatterie, qui putréfie tout ce qu'elle touche, a relevé ce sommeil, et cette réponse à Gassion, comme des traits admirables du grand caractère de cet homme. Moi, je n'y vois qu'une odieuse insensibilité. Car, dans le vrai, qu'est-ce que cela veut dire, sinon : « que » m'importe que la patrie périsse, quand je n'y serai » plus ? » Que signifie ce sommeil, sinon une affreuse indifférence sur le sang que doit coûter le lendemain l'aveugle ambition d'une jeunesse étourdie. Voilà

Donchery

moralement ce qu'étoit le *grand* Condé la veille de la bataille de Rocroy : et à l'examiner sous ce vrai point de vue, qui s'étonnera que cet homme soit devenu par la suite traître à sa patrie. Point de patriotisme dans un cœur où président l'insensibilité, l'égoïsme, l'ambition et un amour désordonné de la gloire. Voilà ce que, depuis long-tems, on auroit dit du grand Condé, si l'on écrivoit l'histoire pour instruire. L'histoire, jusqu'à présent, a été bien plutôt le tableau de la bassesse du cœur des écrivains, que la peinture de ceux dont ils recueillent la vie.

Cette bataille coûta aux Espagnols dix mille hommes, cinq mille prisonniers, leurs drapeaux, leurs étendarts, leurs canons, leurs bagages : et à la France la pesante acquisition d'un héros de plus. Le comte de Fuentes y perdit la vie. Malade, il se faisoit porter sur un brancard pour donner ses ordres. Depuis lui, Charles XII, à la bataille de Pultava, et le maréchal de Saxe, à Fontenoi, se firent, à son exemple, porter à bras, parce que leur santé ne pouvoit soutenir le cheval.

Rocroy, dont la première victoire de Condé a pris le nom, n'a rien de remarquable, non plus que *Mouzon* et *Douchery*, deux autres petites villes de ce département. La première n'a pour tout commerce que quelques petites fabriques de serge. Les environs de la seconde sont assez fertiles, et sa perspective, que nous avons fait graver, vous flattera.

Charleville est plus importante. Cette jolie cité, bâtie en face de Mézières, n'en est séparée que par la Meuse, qui, dans cet endroit, forme un coude,

B 2

ou, pour mieux dire, une sorte de péninsule, dont la gorge est fort étroite. Une allée, plantée de grands arbres, conduit d'une ville à l'autre. Les bâtimens de Charleville sont uniformes : les rues tirées au cordeau, et la place belle, vaste et carrée. Cette ville portoit autrefois le nom d'*Arches*. Mais un Charles de *Gonzagues*, *duc de Nevers*, l'ayant embellie, lui donna son nom. On pourroit mettre en question s'il y a plus d'orgueil à un homme de donner son nom à une ville, que d'adulation à une ville de porter le nom d'un homme.

On a plaisanté aussi les prêtres insermentés à Charleville. Ces Messieurs persuadoient aux enfans que s'ils recevoient leur première communion de la main des prêtres constitutionnels, c'étoit un *brevêt de retenue* pour l'enfer. Cela s'est découvert. On les a conduit à la porte de la ville. Là on les a priés de voyager, et on prétend qu'un *Bouffe* leur a présenté un bâton, et leur a dit : *saute pour la Nation*, et nos *prêtres* ont sauté. Dans ce petit moment de trouble, la conduite du maire et de la municipalité de Charleville a été digne d'éloge.

Nous causions dans cette ville avec un Anglois, du bon esprit dont en général les maires des différentes municipalités sont animés, et de l'humeur qu'en éprouvent les malveillans. La contre-révolution est impossible, nous disoit-il, mais si elle arrivoit, les ennemis de votre constitution se vengeroient bien cruellement des obstacles que la vigilance de ces maires apportoit à leurs projets ; et là-dessus, il nous rapporta une anecdote angloise trop à l'ordre du jour pour ne pas vous en faire part.

Sous le règne d'Edouard VI, la liberté Angloise étoit encore dans les orages de la jeunesse, et souvent ceux que l'on appelloit *révoltés*, étoient ceux-là même que l'amour de la patrie enflammoit. Un maire de Bodmyn, ville du comté de Cornouaille, avoit favorisé ces prétendus révoltés ; le parti de la cour prit le dessus : et voici la manière loyale dont le chevalier Kingston, général d'Edouard VI, s'y prit pour venger son maître de ce malheureux maire.

Il fit demander à dîner pour un tel jour à ce maire. La proposition acceptée, il se rendit chez lui. Le maire le reçut avec distinction, et avant de se mettre à table, Kingston le pria de faire dresser deux potences sur la place pour deux criminels qu'il vouloit faire exécuter l'après-midi. Cependant on se mit à table, et le maire n'oublia rien de ce qui pouvoit contribuer à l'agrément de l'hôte qu'il recevoit. Société nombreuse, excellente chère, vins exquis, tout fut mis en œuvre pour honorer Kingston. Après le repas, ce perfide engagea le maire à le suivre au lieu où devoit se faire l'exécution. Quand ils y furent, ce ministre du despotisme d'un Roi, foulant aux pieds les sentimens sacrés dont il venoit de contracter l'obligation par l'hospitalité du maire, lui dit avec sang-froid, voilà deux potences : choisissez celle que vous trouverez plus commode, et, sans autre forme de procès, y fit attacher celui qui venoit de l'admettre à sa table. Kingston fut récompensé par sa cour comme s'il eût fait une action héroïque (8).

L'autre potence étoit pour un meunier, dont le crime étoit d'avoir hébergé quelques-uns des prétendus séditieux. Kingston l'envoya chercher. Il n'étoit pas chez lui. Son premier garçon, croyant qu'il n'étoit question que de quelque affaire de commerce, s'annonça pour le maître à ceux chargés des ordres du général. On le saisit, on l'emmène, on le conduit à la potence. A cette vue, il réclame contre l'erreur où l'on est. Cela m'est égal, répondit Kingston. Si tu n'es pas le meunier, tu es sa caution, et il me faut quelqu'un à pendre. Et le malheureux garçon fut pendu.

Ce trait, dont tous les gens de bien furent et seront indignés, passa pour un trait de plaisanterie à la cour de Londres; et Kingston, caressé du maître et des favoris, fut regardé comme un grand homme. Cela vérifie le propos qu'Antoine de *Leve* tint un jour à Charles-Quint, à qui il conseilloit quelques parjures et quelques assassinats. Eh! mon ame, lui dit Charles-Quint! Vous avez une ame! reprit de Lève, cessez donc de régner.

En face de Charleville, est un rocher assez élevé, appelé, je ne sais trop pourquoi, le Mont-*Olimpe*. Assurément ce ne fut point le séjour des Dieux. Hébé ni Cythérée n'ont jamais approché des Ardennes; Vulcain a trop de temples dans ce canton. Il y eut jadis un château sur ce Mont-Olimpe. Le duc de Nevers et de Mantoue étoit souverain du rocher. Mais le Roi Français étoit maître des portes et des murailles du château. Plaisante souveraineté qu'avoit là le duc de Mantoue.

La chartreuse du *Mont-Dieu*, à trois lieues de Sédan, étoit l'une des plus voluptueuses solitudes que les disciples de *Bruno* eussent consacrées à la paresse. La silencieuse demeure des chartreux étoit de tous les ridicules religieux le plus bizarre et le plus intolérable. Nous nous moquons des *Joghis*, des *Fakirs* de l'Asie, et n'aguères nous vénérions un chartreux. Bouré de richesses, de bonne chère, et d'ennui, un chartreux avoit sa maison à part dans la maison commune. Jardins, fleurs, fruits, appartemens, meubles, bibliothèque, instrumens, musique, embellissoient son petit palais. Plus voisins des Turcs, je mets en fait qu'à la vente des biens de l'église, ces Orientaux eussent acheté toutes les chartreuses pour en faire des sérails, et n'eussent rien changé à la distribution. Chaque maison étoit habitée par un chartreux bien sale, parce qu'il étoit vêtu de blanc. Cet homme achetoit par le silence toutes les félicités de la vie, qu'ailleurs les hommes ne peuvent se procurer avec toute l'éloquence de Cicéron. Ce silence, au reste, ne coûtoit guères à ces moines. Il convenoit à l'égoïsme claustral, et n'étoit d'obligation que lorsque la sensibilité ou l'humanité y étoit intéressée. S'agissoit-il de donner des consolations à un infortuné, d'assurer un bienfait à un pauvre, d'offrir l'hospitalité à un malheureux, de porter un conseil à un ami, d'ouvrir son cœur aux charmes de la confiance, cette chaîne céleste qui lie les hommes entr'eux, un chartreux étoit sourd et muet? ainsi le vouloit la religion de *charité*. Mais étoit-il question de psalmodier pendant huit heures du latin, que ces MM. n'entendoient pas, en l'honneur d'un Dieu qu'ils ne connoissoient point? de pester contre un cuisinier, dont la main mal-adroite trompoit leur gourmande délicatesse, ou contre un frère lais, dont la lenteur impatientoit leur estomac affamé? de répandre dans la communauté les calomnies, l'imposture, ou la discorde, de caresser l'oreille oiseuse du prieur par les petits rapports, les graves mensonges et les pieuses flagorneries, d'instruire un perroquet, un geai, une pie, à dire que *S. Bruno* fut le premier homme du monde ? Un chartreux avoit une langue, mais une langue que la vieille femme la plus aguerrie eût enviée.

La chartreuse du Mont-Dieu étoit au milieu des bois, comme presque toutes les maisons de cet ordre. La paresse n'aime ni les villes, ni les campagnes : elle préfère les forêts ou les déserts. C'est là que la nature, encore engourdie, plaît à sa fade nonchalance. Là, du sang du pauvre, ou du produit de l'imbécillité des riches, ces moines ont élevé le dais fastueux sous lequel croupissoit leur inutile existence. Une façade superbe : un cloître soutenu par des pilastres magnifiques ; une église surchargée de tous les tributs des arts, immense dans sa longueur et son élévation, mais trop étroite ; des jardins rivaux de ceux d'Armide, où Flore et Pomone règnent avec splendeur ; des jets d'eau, des bassins limpides, où le cygne navige avec orgueil au milieu des poissons, dont les nageoires azurées agitent l'onde argentée : tel étoit le modeste asyle de ces hommes qui se disoient *poussière*, de ces hommes qui se disoient morts au monde, et qui avoient transporté le monde, ses tracasseries, ses vices, et son faste dans leurs enclos : de ces hommes, enfin, assez lâches pour venir s'asseoir quarante ans à côté de leur cercueil, afin de s'éviter la peine d'aller le chercher dans le champ de l'utilité publique.

Ces moines, graces à la révolution, ne sont plus,

ou, pour mieux dire, ce qui en reste, s'éteindra insensiblement. Eh! qu'ils ne disent point, ces fanatiques vicieux, qui vivoient de l'abus que le crédule fait du goût pour la vertu, qu'ils ne disent point que tout est perdu! Non, rien n'est perdu, que le germe du crime. La liberté n'en veut ni aux Dieux, ni aux cultes: elle n'en veut qu'aux vices: la paresse est leur mère, elle a dû fuir la première, et à sa suite ses courtisans enfroqués. Qu'a de commun le Dieu de l'univers et la cause des moines, des prêtres, et des momeries à grand spectacle? Dieu n'a créé que l'homme laborieux et bon. Malheur à celui qui eut besoin d'un habit pour faire croire à sa vertu! Admettre un Dieu protecteur des moines, c'est renouveller l'hérésie de *Manès*: c'est soumettre l'univers à un bon et à un mauvais principe.

A l'extrémité de ce département, nous avons vu les deux *Givet* et *Charlemont*, qui, dans l'exacte vérité, ne font à eux trois qu'une ville et sa citadelle. La Meuse coupe Givet en deux parties, que l'on nomme dans le pays grand et petit Givet, mais que la géographie distingue par les noms de St. Hilaire, et de Notre-Dame. Cette ville n'a presque aucun commerce. L'aridité de son territoire en est cause en partie, et le séjour d'une garnison nombreuse, dans une aussi petite enceinte, achève de la livrer à ce ton inerte et morosif que donne ordinairement le militaire aux lieux où il domine. Point d'industrie où beaucoup d'hommes ont peu à dépenser: point d'industrie où le glaive commande et où l'homme est prisonnier depuis le coucher du soleil jusqu'à l'aurore.

Sous l'ancien régime, on ne voyoit presque à Givet d'autre numéraire que des gros sous. Le peu de richesse du pays n'étoit pas toutes fois la cause de cette circulation, qui sembloit indiquer l'indigence. Mais le voisinage des terres Belgiques, et le gain que les contrebandiers faisoient en échangeant cette monnoie Autrichienne contre nos écus.

La seule chose dont les yeux soient frappés à Givet, c'est la beauté du sang. Il est aussi rare d'y rencontrer une femme laide, qu'il est souvent difficile ailleurs d'en trouver une jolie. Le seul monument digne d'être vu, ce sont les casernes. Elles sont superbes. Bâties au pied du rocher de Charlemont, la Meuse lave leurs murs, et contribue à leur salubrité. J'ai vu avec peine, dans ces cantons, que le peuple n'ayant point, comme ailleurs, la ressource d'un mont-de-piété, porte ses effets en gage au lombard d'une petite ville appellée *Dinant*, dépendante des états de Liège, et qu'ainsi ce sont des étrangers qui profitent et s'enrichissent de la détresse de nos frères. Il seroit important, et les départemens devroient s'en occuper, de fermer cette petite fente par où s'écoule le bien être du peuple.

Charlemont a été bâti par l'Empereur Charles-Quint, et fut cédé à la France par le traité de Nimègue. Sa situation, sur un rocher à pic, la rend plus forte encore que les ressources de l'art. On pourroit nommer le coin de ce département, où se trouvent Givet et Charlemont, la Sibérie de la France. Souvent, au mois d'avril, la neige y tombe encore avec abondance. C'est au voisinage des Ardennes, aux montagnes assez escarpées, où le lit de la Meuse se trouve encaissé, qu'il doit cette intempérie des saisons. L'air cependant y est salubre. On y vit à bon marché. Les légumes, le poisson et le gibier y sont bons, c'est le pays sur-tout des moutons excellens.

Nous n'avons pas voulu quitter ce département sans voir Bouillon, capitale d'une petite *principauté*, sous la protection de la France. Ce nom, qu'un *Godefroi de Boulogne* a rendu célèbre dans les croisades, venoit à ce héros de cette Terre que *Sainte-Ide*, sa mère, lui avoit donnée. Peut-être êtes-vous jaloux de savoir pourquoi la mère de Godefroi de Bouillon étoit sainte. Voudriez-vous qu'un chef de croisades, dont le bras s'est plongé dans le sang de quelques centaines de milliers d'*infidelles*, dont l'excellente tête conduisoit six cent mille bandits, sans compter les prêtres et les courtisannes qui désertoient l'Europe par amour de Dieu et du pillage, qu'un homme dont le courage a triomphé, graces à l'*invention* de la *Ste. Lance* qu'un bourreau, mille ans avant, avoit plongée dans le flanc de Jesus-Christ ? Voudriez-vous, dis-je, que cet homme qui fut *roi*, *duc* et *avoué* du *S. Sépulcre*, fonda un patriarche, et par-dessus tout cela deux chapitres dans la vallée de Josaphat, eût pris le jour dans des flancs prophanes. Non. une sainte pour mère ! croyez moi, ce n'est pas trop pour un homme qui assassine saintement, pour honorer Dieu, des hommes que Dieu a créés. Si Godefroi de Bouillon eût été assez scélérat pour être sage, humain, tolérant et citoyen, croyez que sa mère seroit damnée. L'église du dix-huitième siècle ne nous en veut tant, que parce que nos mères n'ont pas enfanté des Godefroi de Bouillon.

Dans le fonds, l'église a raison. Des hommes comme Godefroi n'étoient pas sans mérite. Il vendit cette terre de Bouillon, qu'il tenoit de la *Sainte*-Ide, à un S. évêque de Liège, nommé *Otbert*, pour aller à la croisade. Vendre son bien à bon marché à un évêque, c'est avoir de grandes vertus.

Cette ville de Bouillon n'est qu'un village jetté, pour ainsi dire, au fonds d'un précipice. Elle a pour défense un château placé sur un rocher presque inaccessible. La ville et le duché appartiennent à la maison *Latour d'Auvergne*. Il y avoit dans cette ville une Imprimerie célèbre, que l'on a vendue depuis plusieurs années.

Ce département, peu riche, a besoin et est susceptible de grandes améliorations. Du côté de *Château-Porcien*, de *Vouziers*, de *Grand-Pré*, la terre est plus fertile, et la culture plus soignée. Mais depuis *Carignan* ou *Yvoy*, jusqu'à *Maubert-Fontaine*, le territoire est plus aride et plus négligé. Il faudroit peut-être plus d'encouragement. Et les Rois, au lieu d'ériger tant de duchés et de comtés dans cette partie du royaume, auroient mieux fait d'y fonder des prix pour l'agriculture.

N'oublions pas qu'un village de ce département, *Rumigny*, a donné le jour à un de nos plus célèbres astronomes, l'abbé de la Caille. Ce grand homme, infatigable dans ses travaux, que quelques-uns de nous ont vu dans leur enfance, puisque la mort le ravit aux sciences en 1762, a fait faire dans ce siécle un grand pas à la géographie céleste. L'amour de l'astronomie lui fit entreprendre, à travers les dangers des mers, le voyage du cap de Bonne-Espérance, et ce fut là que, dans le court espace de deux ans, il détermina la position de neuf mille huit cents étoiles jusqu'alors inconnues. Elève de Cassini, collègue de Thuri, un cœur honnête, une probité sans tâche, un caractère aimable, firent dévorer à l'envie la douleur qu'elle ressent du mérite d'un homme qui n'a pour prôneurs que la modestie et la simplicité de ses mœurs.

NOTES.

(1) Le droit du peuple à l'élection de ses Rois a laissé des traces chez toutes les Nations. Sainte-Foix dit que chez certains Arabes, à l'époque du couronnement d'un nouveau Roi, on rassembloit toutes les femmes grosses de neuf mois, et que l'enfant de la première qui accouchoit, pourvu qu'il fût mâle, étoit nommé Roi.

Dans la cérémonie de l'inauguration des Princes de Carnie et de Carinthie, le droit du peuple perçoit encore. Un paysan se plaçoit sur un monceau de pierres, entouré de paysans comme lui, dans une vallée consacrée à cette inauguration. Il avoit à sa droite un bœuf noir et maigre, et à sa gauche une cavale noire et maigre. On amenoit devant lui le Prince qui devoit régner, habillé en berger, et une houlette à la main.—Quel est cet homme, disoit-il, qui s'avance d'un air si fier? On lui répondoit, c'est celui qui doit nous gouverner. — Aimera-t-il la justice ? et tâchera-t-il de faire le bonheur du peuple ? — Oui. — Il semble qu'il veut me déplacer de dessus les pierres! De quel droit? A cette question, on offroit au paysan soixante deniers, le bœuf, la cavale, les habits du Prince, et une exemption de tout impôt : il acceptoit, cédoit sa place au

Prince, lui donnoit un léger soufflet, alloit puiser de l'eau dans son bonnet, et la lui présentoit pour en boire.

(2) *Odin* parut dans le Nord avant Jesus-Christ. Il fut tour-à-tour conquérant, monarque, prêtre, orateur, et poëte. Le Danemarck et la Suède ont été les principaux théatres de ses exploits. Il est un de ceux qui, pour enflammer le courage des guerriers, leur promit des récompenses éternelles, s'ils mouroient dans les combats. Sentant approcher l'heure de sa mort, il se tua en présence de ses compagnons, en leur disant qu'il alloit en Scythie prendre place parmi les Dieux, et attendre ceux qui se distingueroient dans les batailles.

(3) *Ossian* Barde, du troisième siécle, fut l'Homère de l'Ecosse. Fils du guerrier *Fingal*, guerrier lui-même, devenu infirme et aveugle, il chanta les exploits de ses compagnons, et particulièrement les travaux de son fils *Oscar*, tué par trahison. *Malvina*, sa belle-fille, apprit par cœur ses poésies, et les transmit à d'autres. Elles se sont ainsi conservées pendant quatorze cents ans, jusqu'à ce que M. Macpherson les recueillit dans un voyage qu'il fit au nord de l'Ecosse, et les fit imprimer en 1765. M. le Tourneur les a traduites en 1777.

(4) *Pierre du Terrail de Bayard* étoit du Dauphiné. Sa devise est l'histoire de sa vie, *sans peur et sans reproche*. Nous aurons l'occasion, dans le cours de ces voyages, de parler plus d'une fois de ce grand homme, et nous y reviendrons avec plaisir. Sous la pourpre chevaleresque, il avoit l'ame, le cœur, et le courage *peuples*. Il aimoit le Roi à l'adoration, c'étoit le préjugé du tems. Mais il avoit un amour auguste pour la patrie, parce que le cœur de Bayard étoit pétri par les mains de l'éternelle vérité. Il fut

Scipion pour sauver la vertu outragée. Mais il fut *Icile* auprès des Monarques, quand il fallut défendre l'intérêt de ceux qu'alors on appelloit *les petits*.

(5) Othon II, fils d'Othon I, Empereur d'Allemagne, qu'on surnomma *le Grand*. Pourquoi? C'est qu'il confirma aux papes les donations de Pepin, de Charlemagne, et de Louis-le-Débonnaire, donations obscures, supposées peut-être, et par là toujours contestées : c'est qu'il fit pendre à Rome une partie du sénat, et les tribuns qui avoient voulu faire revivre les anciennes loix : c'est qu'il fit promener nud, sur un âne, fouetter dans les carrefours, jetter dans un cachot, et mourir de faim le préfet Romain, le *Brutus* de son tems. Doter l'église et écraser la liberté des peuples, n'a-t-il pas bien *mérité* le surnom *de Grand?*

(6) *Garrichk* a été enterré à Westminster. Il n'avoit pas conquis ni asservi des Nations : mais il avoit attaqué les vices de l'homme, et corrigé ses ridicules. La cendre de Garrichk parmi les Rois est la dernière leçon que ce grand homme pouvoit donner au monde. S'il vivoit encore, et qu'il vît des comédiens en France ennemis de la révolution, que diroit-il ? Il y a deux classes de comédiens bien distinctes aujourd'hui : ceux qui, sous l'ancien régime, méritoient d'être enterrés parmi les Rois, et ceux qui n'étoient pas dignes de la sépulture commune.

(7) Turenne, né au sein du calvinisme, accueilli par les Espagnols, rebuté par Mazarin, est une de ces contradictions en politique qui prouve que les Nations, entre les mains des souverains, sont comme un jeu de cartes entre les mains des joueurs. Tout-à-l'heure un homme pestoit contre un *valet de cœur* qui lui fit perdre un *va tout*, qu'il bénit le coup d'après, parce qu'il lui complette un *brelan*.

(8) Dans les tems où le despotisme appésantit le plus son sceptre de plomb, le *Généreux* lui résiste encore avec la noble fierté de l'homme libre. Un *Maire* de Paris, ou *prévôt des marchands*, comme on l'appelloit alors, nommé l'*Anglois*, fut insulté, dans le tems de la ligue, par le cardinal *Pellevé*. Vous ne venez pas à la messe des états, lui dit le prêtre. Il vous faut déposer. Vous ne faites pas votre charge. Je fais ma charge mieux que vous, répondit l'Anglois. Vous qui avez deux archevêchés, et ne les habitez pas ! Quant à me déposer, il n'est pas en votre puissance, ni d'homme qui vive. Il n'y a que le peuple qui m'a élu, qui me puisse déposer, et il ne le fera pas, parce qu'il me connoît voirement pour homme de bien.

Ce fut à ce maire que Henri IV dut la couronne. Il fut un moment où le souvenir de cette anecdote auroit pu rappeler à l'un des descendans de Henri, qu'un maire homme de bien n'est pas un être que les Rois doivent vexer au gré de leur caprice, et que, pour un l'*Anglois*, ils trouveront un *département* de Pellevé, qui brûleront de les perdre en feignant de les servir.

(9) *Godefroi de Bouillon*, né dans le onzième siècle, à *Basy*, village du Brabant-Wallon, étoit fils d'*Eustache*, comte de *Boulogne* et de *Lens*. Il hérita du duché de Bouillon de son oncle maternel *Godefroi-le-Bossu*, duc de la Basse-Lorraine.

E R R A T A.

Département de l'Aisne. Page 32, note 8, ligne 3, *douzième siècle*, lisez seizième siècle.

A PARIS, de l'Imprimerie du Cercle Social, rue du Théatre-François, N°. 4.

VOYAGE
DANS LES DÉPARTEMENS
DE LA FRANCE.

Enrichi de Tableaux Géographiques
et d'Estampes;

Par les Citoyens J. LA VALLÉE, ancien capitaine au 46ᵉ. régiment, pour la partie du Texte; LOUIS BRION, pour la partie du Dessin; et LOUIS BRION, père, auteur de la Carte raisonnée de la France, pour la partie Géographique.

L'aspect d'un peuple libre est fait pour l'univers.
J. LA VALLÉE. *Centenaire de la Liberté*. Acte 1ᵉʳ.

A PARIS,

Chez Brion, dessinateur, rue de Vaugirard, Nº. 98, près le Théâtre-François.
Chez Buisson, libraire, rue Hautefeuille, Nº. 20.
Chez Desenne, libraire, galeries du Palais de l'Egalité, Nᵒˢ. 1 et 2.
Chez l'Esclapart, libraire, rue du Roule, nº. 11.
Chez les Directeurs de l'Imprimerie du Cercle Social, rue du Théâtre-François, Nº. 4.

1793,
AN SECOND DE LA RÉPUBLIQUE FRANÇAISE.

Nota. Depuis l'origine de l'ouvrage, les auteurs et artistes nommés au frontispice l'ont toujours dirigé et exécuté.

Ouvrages du Citoyen JOSEPH LA VALLÉE.

Le Nègre comme il y a peu de Blancs.	3 vol.
Cecile, fille d'Achmet III.	2 vol.
Tableau philosophique du règne de Louis XIV.	1 vol.
Vérité rendue aux Lettres.	1 vol.
Serment civique, comédie en 1 acte.	1 br.
La Gageure du Pélerin, en deux actes.	
Départ des Volontaires Villageois, comédie en 1 acte.	
Voyage dans les Départemens.	15 n°.

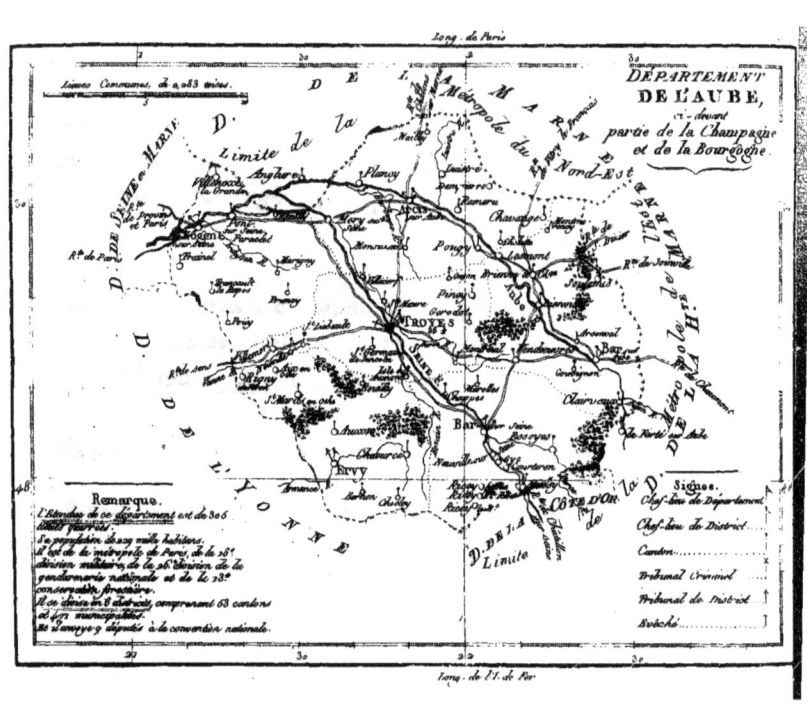

VOYAGE

DANS LES DÉPARTEMENS

DE LA FRANCE.

―――――

DÉPARTEMENT DE L'AUBE.

Il existoit donc des pays que l'insolente opulence désignoit par de dédaigneuses qualifications ? et c'étoit peu qu'elle insultât au pauvre modeste et souvent vertueux, il falloit qu'elle estampât du sceau de son mépris, la terre où la nature plus économe refusoit à l'homme les dons qu'elle lui prodigue ailleurs. Le nom de *Champagne Pouilleuse* n'émana jamais sans doute de la bouche de l'homme sensible ? Le cœur se serre, les yeux se gonflent de larmes à l'aspect des plaines infertiles : on gémit, en songeant qu'il est des lieux où le travail ne met pas à l'abri de la faim : mais l'humanité respecte la nature jusque dans ses rigueurs. Plus il en coûte à l'homme pour arracher quelques secours à la terre, plus cette terre est auguste pour le sage. Où la terre est stérile, les vices meurent sans postérité.

Hommes si bassement superbes ! pourquoi l'appellez-vous *Champagne Pouilleuse* ? Là, votre molesse ne trouvoit point, dans la feuille du mûrier, le ver dont les entrailles élaborent la soie dont se couvrent vos corps flétris par la débauche. Là, votre avarice ne rencontroit point le bled qu'ailleurs vous dérobez au laboureur pour le revendre au pauvre. Là, votre luxurieuse volupté n'appercevoit ni fruits pour rafraîchir vos sens enflammés par l'abus des plaisirs, ni fleurs pour couronner le front de vos Acté, dont les caresses étendent la décrépitude sur vos membres de vingt ans. C'étoit là les crimes de la Champagne ; voilà l'origine de la rebutante épithète dont vous l'aviez souillée ? Mais rentre en toi-même, homme inconséquent! et dis-nous si, lorsque ton cœur est stérile pour toutes les vertus, lorsqu'il ne produit ni reconnoissance, ni sensibilité, ni compassion, ni générosité, ni amour pour tes semblables, pour tes frères, tes parens, ta patrie, tu te crois permis d'insulter à la stérilité d'un pays où tu retrouves l'image de la stérilité de ton être. Profite bien plutôt de cette leçon que la nature a mise à tes côtés, et dans la satyre que tu fais de l'aridité de la *Champagne*, reconnois celle que mérite l'aridité de ton individu.

Graces à la liberté, elles n'existeront plus, ces dénonciations arrogantes que le riche attachoit au sol dont l'âpreté se refusoit au poids de ses palais. La terre sera par-tout sacrée, parce que par-tout elle portera des hommes, sans supporter le fardeau de quelques hommes.

Le département de l'Aube contient une partie de cette ci-devant *Champagne*, dite autrefois *Pouilleuse* et que l'on comprenoit entre Nogent et Piney, et depuis Troyes jusqu'à la Fère. L'autre partie de son territoire est plus fertile, et sur-tout plus boisée, et ses frontières vers la Côte-d'Or et l'Yonne sont ses plus riches cantons. En général on ne recueille guère dans ce département que des chanvres, des bois, des vins, mais moins estimés que ceux du département que nous quittons. Il ne fournit que peu de grains, mais il produit des fruits en assez grande quantité : on y trouve aussi des mines de fer, et plusieurs forges y sont en valeur.

L'ancien régime, dont le génie étoit tout ensemble, et d'étouffer l'agriculture, et de pressurer l'agriculteur, fermoit, autant qu'il étoit en lui, les routes à des expériences nouvelles, faites pour éclairer les propriétaires sur le parti à tirer des terrains qui se refusent à telle ou telle autre culture. La stérilité d'un sol est souvent bien moins la faute de la nature qui n'a rien fait d'inutile, que l'ignorance des plantes ou des graines que l'on pourroit y semer. Le bénéfice que les fermes trouvoient à tirer de l'étranger certaines denrées, s'opposoient à l'étude des terrains qui auroient pu les produire en France ; et c'est ainsi, par exemple, qu'elles vendoient à l'habitant français, quatre francs la livre de tabac que son champ auroit pu lui fournir pour moins de dix sols. Mais aujourd'hui, et sur-tout quand la paix aura ramené l'homme aux desirs de l'utile, je crois qu'il ne sera plus permis de dire, tel canton est stérile ; car cela voudroit dire, tels habitans sont paresseux, ou la patrie est indifférente sur la félicité de tels habitans. La stérilité est venue de la nonchalance de l'homme, et non d'un vice de la nature; les mines de ses trésors sont par-tout; le tout est d'en chercher les filons. Mais quelles découvertes, quelles expériences pouvoient faire des hommes qui se trouvoient froissés entre la défense de cultiver telles denrées, et la nécessité d'abandonner à des maîtres avides les deux tiers de celles qu'ils cultivoient.

L'industrie nous a paru avoir ici quelques branches intéressantes, et la tisserandrie sur-tout nous a semblé poussée à une grande perfection. Les plus beaux basins, les toiles dites Hollande et demi-Hollande, les coutils satinés, les piqués imités de l'Angleterre, et beaucoup d'autres objets de ce genre de manufaction sortent des métiers de ce département, et se répandent, non-seulement en France, mais encore chez l'étranger. L'on y fabrique aussi le vélin, le maroquin, l'amidon, etc. Les tanneries de Troyes sont sur-tout renommées, et l'on croit reconnoître dans les eaux dont cette ville est arrosée, une vertu de dégraisser les cuirs que l'on ne retrouve point ailleurs.

Tous les auteurs et moi-même, en parlant du caractère des habitans de tel pays, nous semblerions reconnoître que le caractère de l'homme est influencé par les climats qu'il habite, et qu'on y découvre des modifications, en l'observant dans telle ou telle contrée. Je ne sais pas si c'est une erreur, mais je penche à le croire. Le créateur n'eut qu'un moule, et la diversité des caractères nationaux vient ces gouvernemens et non de l'air que l'on respire. On pourroit objecter que le gouvernement en France étoit le même sous l'ancien régime, pour toutes les provinces; il pouvoit l'être en masse, il ne l'étoit pas dans les détails; et c'étoit précisément de ces détails, que naissoit la variété de ces caractères. Plus oppressifs à mesure que les provinces étoient plus pauvres, plus rigoureux quand elles touchoient les frontières, plus dédaigneux, suivant la masse des ressources qu'elles présentoient; ainsi du reste. Les hommes diversement régis doivent donc avoir diverses opinions sur l'état des choses; et c'est des idées conçues de l'état des choses dans lequel on existe, que se compose le caractère. L'expérience, mais une expérience, il est vrai, bien nouvelle encore, appuieroit cette assertion. Depuis quatre ans de révolution, ces nuances de caractères entre *provinces* et *provinces*, s'effacent insensiblement. On est tout étonné de retrouver, dans l'habitant du département du nord, cette activité, cette chaleur, ce genre de saillies même que l'on n'accordoit jadis qu'aux peuples français méridionaux. Les Parisiens d'aujourd'hui sont-ils les Parisiens que le cardinal de Retz (1) formoit en bataillons? Non, quand les glaces de l'esclavage couvroient la France, chacun patinoit à sa manière pour échapper à leur âpreté. Les uns glissoient avec vélocité sur leur surface; d'autres plus timides la parcouroient lentement; des chûtes fréquentes marquoient la carrière douloureuse de quelques-uns, tandis que certains y conservoient l'équilibre, en s'appuyant sur des guirlandes de fleurs. Mais l'astre de la liberté a rendu l'homme à l'uniformité de caractère ; et ses droits bien reconnus sont le véritable climat dont ce caractère se ressente.

Les habitans du département de l'Aube, et en général tout ce que nous avons vu jusqu'ici des ci-devant Champenois, nous ont paru ce que sont ailleurs les Français, des hommes pleins d'amour pour la patrie, d'énergie pour la défendre, de lumières mêmes pour l'éclairer; et si, dans le cours de nos voyages, nous vous avons tracé quelque différence entre l'homme des plaines et l'homme des montagnes ; si nous vous avons paru moins contens, par exemple du peuple des *Ardennes*, que des peuples *des Vosges* et *du Jura*, loin d'être en contradiction par nos observations sur le département où nous sommes, cela prouve simplement que l'homme des Ardennes étoit moins nu de préjugés, et que le tropique de la liberté ne s'étoit pas encore totalement prolongé jusque-là.

Quand on voyage l'histoire à la main, le cœur est souvent la victime des lieux où le corps le conduit, et peut-être, mon ami, sommes-nous les seuls voyageurs français que, depuis bien des siècles, les larmes aient suffoqué en arrivant à Troyes. Mais quel homme, quand il est instruit, peut aborder aux lieux, tristes témoins jadis des funérailles de sa patrie, sans éprouver le poids de la douleur ? Vous rappelerai-je ce règne désastreux, cet âge de sang où la fureur des partis, l'orgueil des grands, l'égarement du peuple, l'ignorance et la discorde se heurtoient, s'amonceloient, se disséminoient sous le sceptre de roseaux d'un roi fou et d'une reine impudique ? Charles VI régnoit. Charles VI ! l'homme le plus infortuné de cette classe d'hommes que l'humanité ne plaint jamais, parce que les rois ont forcé l'humanité de se taire devant eux. Charles VI ! qu'une épouse atroce abandonnoit à des esclaves dont les soins mercenaires étoient un outrage à sa démence. Charles VI ! dont la raison passagère et fugitive étoit livrée à tous les prestiges de terreur dont on se sert pour flageller la raison, toujours si foible, des malheureux humains. Charles VI ! enfin ! dont le nom seul devroit être un ordre à tous les rois de descendre du trône ! La France sous lui déchirée par les d'Orléans, les Bourgogne et les d'Armagnac, par les dauphins, fils ingrats d'une mère jalouse et dénaturée, par les amans périodiques d'une reine dépravée, par des hordes de scélérats stipendiés par vingt brigands, par le peuple même enfin qui désertoit la charrue pour moissonner les forfaits; la France, dis-je, déchirée, vomissoit des millions de crimes par toutes les plaies dont son corps ensanglanté étoit défiguré. Les massacres, les incendies, l'horrible brigandage, se renouveloient, se succédoient avec rapidité. La démence du monarque avoit passé dans toutes les têtes. La misère affamée marchoit de front avec le luxe insatiable; l'infatigable assassinat passoit du palais des grands dans la chaumière du pauvre, du parvis des temples dans les places publiques : la mort étoit par-tout, et le deuil nulle part; l'atrocité du temps avoit bronzé tous les cœurs ; jamais plus de calamités ne s'unirent, et jamais moins de larmes ne coulèrent.

La France descendoit ainsi par les degrés de l'anarchie dans le vaste cercueil que l'odieuse dépravation de la plus criminelle des reines lui avoit ouvert. Isabeau de Bavière, sans autre politique que celle de la débauche, ambitieuse par prostitution, coupa la trame des destins de la France jusqu'au dernier fil. Le duc d'Orléans est assassiné en sortant de ses bras, et le même soir, l'assassin de son amant est reçu dans son lit ; le duc de Bourgogne s'enivre des faveurs de cette femme qui, la veille, avoit mis sa tête à prix. D'Orléans assassiné laissoit après lui une maîtresse perfide et des millions de vengeurs, que les charmes de sa veuve et l'innocence de ses enfans excitoient au meurtre. Alors parurent dans l'arène ces deux féroces athlètes, Bourgogne et d'Armagnac. La France se vit innondée d'un océan de sang, dont le flux et le reflux annonçoient tour-à-tour le parti triomphant.

Comment l'Angleterre, dans ces temps désastreux, auroit-elle oublié l'intérêt de sa rivalité, elle qui, de nos jours osa, à sa honte, s'en prévaloir pour étouffer la liberté. La maison de Lancastre régnoit alors ; elle prit les fléaux de la France pour un droit d'héritage. Il ne falloit qu'un prétexte. Un crime le fit naître. Le dauphin en embrassant le duc de Bourgogne l'étouffe et l'égorge ; Philippe-le-Long, son fils, vole à Londres évoquer la vengeance. Henri V passe les mers, arrive ; et Isabelle de Bavière qui, dans les caresses de Bourgogne avoit insulté aux mânes de d'Orléans, ne crut pas trop venger l'assassinat d'un assassin, en vendant à Henri V le royaume dont elle se disoit reine, et l'héritage d'un prince dont elle se disoit mère.

Ce fut à Troyes que se passa ce marché d'iniquité, que l'on revêtit du nom imposant de traité. Isabelle conduisit elle-même l'impuissante main de son imbécille époux. Il sanctionna de son seing cet écrit qui rendoit la France sujette de l'Angleterre, et esclave d'un despote étranger. Ce fut à Troyes qu'expira le génie de la France, et c'est à Troyes que trois cents soixante ans après ce génie s'est réveillé pour l'immortalité.

C'est en effet au dernier exil du parlement (2) dans cette ville, que l'on peut placer l'époque de la première étincelle de la liberté. Capet, héritier d'un trône que la politique de Louis XI avoit affermi, quand le fils de Charles VI l'avoit eu reconquis; que François Ier. avoit couvert d'oripeau; que les trois derniers Valois avoient entouré de forfaits; qu'Henri IV avoit racheté par le parjure; que Louis XIV avoit déshonoré par sa gloire; que Louis XV avoit sali par ses débauches; Capet en reléguant à Troyes les prétendus pères du peuple, enhardit le peuple à penser qu'un roi n'étoit pas son père; et si les débordemens d'Isabelle de Bavière avoient signé à Troyes la ruine du peuple français, Antoinette de Lorraine, dont les déportemens conduisoient à Troyes les magistrats de la France, étoit loin de penser qu'elle signoit la première page de la sentence de mort de son mari.

Sous ces deux points de vue, Troyes est donc pour l'histoire la ville la plus intéressante de la république ; tombeau de la France dans le quinzième siècle, berceau de la France dans le dix-huitième. Troyes tire son nom des *Trecasses* ou *Tricasses*, peuples, ou plutôt espèce de colonie, qu'Octave Auguste envoya dans ces cantons, où il leur fonda une ville qu'il appela *Augustomanum*, nom qu'elle garda jusque vers le sixième siècle. Insensiblement le nom de la nation même prévalut sur celui que cette ville tenoit d'un tyran ; l'on cessa de dire *Augustomanum*, pour dire *Trecæ*, et par corruption à la longue de *Trecæ* s'est formé *Troyes*, tel qu'on le prononce aujourd'hui.

Quand l'empire romain s'effaça de la terre, Troyes subit le joug des Francs; et dans la division de leur empire en Neustrie et en Austrasie, elle dépendit de la Neustrie : mais quand on institua la quatrième Lyonnoise, Troyes se vit comprise dans cette nouvelle province. Quoique son commerce soit considérable aujourd'hui, il fut long-temps beaucoup plus florissant que nous ne le voyons. Les *comtes* de Champagne y firent presque constamment leur séjour : et leur présence y concentroit plus de luxe, et conséquemment plus d'industrie individuelle ; cela ne prouve pas qu'elle fut plus riche, mais simplement qu'elle jouissoit de plus d'éclat. Un de ces comtes, pour la commodité des manufactures, y fit construire des canaux par où l'eau de la Seine circule avec facilité. Cette eau de la Seine, si bonne à boire à Paris, n'a pas ici la même propriété ; et ce défaut d'eaux salubres n'est pas un des moindres inconvéniens de sa situation. Les eaux de puits y sont mauvaises, d'une crudité qui les rend même dangereuses, et dont le vice est l'origine des humeurs froides, assez communes dans ce pays-ci. Si les eaux de la Seine ne sont pas aussi saines ici qu'ailleurs, elles y ont, comme nous l'avons déja dit, une propriété heureuse, celle de dégorger parfaitement les étoffes, et d'être excellentes pour la teinture des laines, des soies et des fils, et de tanner les cuirs aussi bien que ceux de Hongrie. La majeure partie de ses manufactures consiste maintenant en toiles de coton de tous les genres, et en fabriques d'épingles dont elle fait un très-grand débit. Les vins que fournit son territoire, quoique d'une qualité moindre que ceux des autres cantons de la ci-devant *Champagne*, ne sont pas sans estime. Ses fruits et ses légumes jouissent aussi d'une sorte de célébrité.

Il ne reste plus qu'un des trois palais ou châteaux, que le *scomtes* de Champagne y possédoient; et c'étoit dans ce château que se rendoit la justice sous l'ancien régime. Les tombeaux de ces comtes se voient dans l'église de Saint-Etienne qu'ils avoient fait bâtir pour leur servir de chapelle. Ces tombeaux, quoique riches, sont de mauvais goût. Les ornemens d'orfévrerie dont ils sont chargés sont sans grace ; et les arts n'y perdroient rien, quand on emploiroit la matière dont ils sont faits à un usage plus utile à la république. Les églises de Saint-Urbain et de Saint-Jean sont les seules qui méritent quelqu'attention, la première par une délicatesse rare dans son architecture gothique, la seconde par un superbe tableau de Mignard, placé sur le *maître-autel*.

La rareté des pierres de construction, et la mauvaise qualité de celles que l'on trouve dans ses environs, trop friables pour que l'on puisse les mettre en œuvre, ont privé Troyes des beaux monumens dont les villes tirent leur éclat. Elle est entièrement construite en bois ; l'ordonnance de ses maisons, dont en général les étages augmentent de saillies extérieures, à mesure qu'ils se multiplient, redouble l'obscurité des rues, beaucoup trop étroites pour la voie publique, et cet inconvénient donne un coup-d'œil désagréable à cette ville grande et bien peuplée. La maison commune, seule entre ses bâtimens un peu remarquables, est manquée et péche dans l'art : des colonnes de marbre noir ornent sa façade. On y voyoit une statue pédestre de Louis XIV, que la liberté a renversée, et le nom fameux de Girardon n'a pas sauvé un médaillon de ce conquérant, de la faulx de l'égalité.

Le peuple est nombreux à Troyes ; il est laborieux et peu riche, et vous devez en conclure qu'il est bon pour la liberté. Cependant, nous le disons avec douleur, mais nous le devons dire parce que l'histoire ne doit repousser aucunes vérités ; c'est à Troyes que le premier crime de révolution s'est commis. Le 9 septembre 1789, le peuple, que les méchans égarent toujours avec tant de facilité, en le faisant trembler sur les subsistances ; le peuple

qui lisoit dans les projets destructeurs d'un ministre tant vanté, et dont la fausse réputation de philosophie s'est éclipsée devant les premiers rayons de la puissance populaire et de l'égalité; le peuple qui se trompoit sur les agens de Neker, ou, pour mieux dire, quelques scélérats stipendiés pour introduire l'anarchie, débutèrent par un grand forfait. Après le premier jet de la liberté, et deux mois à peine après la prise de la bastille, l'aristocratie essaya ses premières forces contre le peuple, en le tourmentant par des inquiétudes sur les subsistances. Les riches mécontens accaparoient d'un côté les grains, et de l'autre, répandoient avec perfidie que ces grains manqueroient dans peu; la secousse se fit sentir par toute la France; et tandis qu'à Nancy le parlement avoit l'iniquité de condamner aux galères un père de famille pour le misérable *déficit* de deux liards (3) sur le prix d'un pain; qu'à Paris le peuple sacrifioit à son ressentiment un boulanger innocent; à Troyes, *Huet*, maire intègre, magistrat populaire, à l'instant même où il s'occupoit de l'approvisionnement de la ville, se vit massacrer par quelques hommes égarés, ou payés peut-être par des perfides, pour entacher le peuple d'un crime dont la malignité pût abuser par la suite pour le calomnier. Deux voitures chargées de farines, que l'on supposa humides et gâtées, furent le prétexte. Quelques brigands se portent à la maison commune. La multitude, toujours plus curieuse que cruelle, les suit. Les portes sont forcées; Huet se présente: hélas! sa réputation de probité ne le garantit point. Il est des momens où une renommée d'équité tient lieu de crimes ! On le saisit, on le terrasse, on l'entraîne; mille coups se pressent sur son corps; le sang dont il est inondé le défigure déja, et Huet respire encore; il sembloit que sa vie luttât contre ses assassins, pour lui faire sentir toutes les nuances de sa douloureuse agonie. Ses bourreaux le roulent jusqu'au haut du perron de la maison commune. Ils le traînent sur les degrés, et les bonds de sa tête ensanglantée martellent les repos des marches où son crâne se brise. C'en est fait, il meurt : le crime est consommé ! Le repentir ouvrit bientôt les yeux à ce peuple infortuné; mais le repentir ne répara pas le crime.

L'histoire sera forcée de l'écrire : plus d'un crime a taché la plus auguste des révolutions; c'est un malheur, mais un malheur bien grand. L'instant qui rendoit non-seulement la France, mais toute la terre à la liberté, auroit dû être chaste comme le jour de la création; cela n'a pas été : on en cherche la raison bien loin; l'on met en avant le choc de toutes les passions, et l'on conclut par dire qu'il étoit impossible que les étincelles de ce choc ne fussent des attentats. La véritable raison c'est que les vieillards de la nation n'étoient pas purs. Où la vieillesse a des vertus, la jeunesse est exempte de crimes. Et c'est la jeunesse qui a fait la révolution.

Pour un jour d'orages anti-civiques, Troyes a joui de mille beaux jours qu'Athènes et Sparte lui auroient enviés. Peu de villes ont montré un plus généreux dévouement à la patrie, ont fait plus de sacrifices pécuniaires, fourni plus de défenseurs à la république

république : l'esprit public s'y soutient à la hauteur des circonstances. Cela devoit être : Troyes est une ville de peuple.

Les sages sont plus rares que les grands hommes. Troyes a eu des grands hommes, et ne compte pas un sage. Le père Caussin, le père le Cointe, le Rabbin Jarchi, le pape Urbain IV. Les poëtes Passerat et Boutard, les fameux Pithou même, tous ces gens-là n'étoient point des sages. Qu'importe au bonheur de l'homme que ces auteurs célèbres aient écrit des livres sur la bible, sur la cour sainte, sur les annales ecclésiatiques, sur les libertés de l'église gallicane ? Qu'importe que Passerat ait commenté le voluptueux Tibulle, et que Boutard ait fait des vers latins pour Louis XIV qui n'entendoit pas le latin ? Ce n'est pas là de la sagesse. O hommes ! qui croyez que pour écrire, il ne sagit que de suturer des phrases, quelle erreur est la vôtre ? Vous appelez cela du talent, j'appelle cela de la folie. Le talent est la pensée : est-il beaucoup d'hommes qui pensent ? Il est tant de gens qui écrivent ! Ecrivains ! vous ririez d'un laboureur qui feroit des sillons et n'y semeroit rien. Voilà l'image du plus grand nombre. Il en est quelques-uns qui sèment, mais c'est de l'ivraie. Ce n'est pas la faute de la nature, car le champ est bien fertile.

Le Noble, que Troyes aussi avoit vu naître, avec de la facilité pour écrire, est le seul entre tous les écrivains qu'elle ait produits où quelque pente à la philosophie se reconnoisse ; le Noble avoit souffert ; et c'est le chemin de la sagesse dans les lettres. Mais ce ne fut pas par vertu que le Noble fut infortuné; de grandes erreurs, disons le mot, des vices amenèrent ses revers, et l'ame perd de son énergie quand les malheurs sont l'éruption cutanée de la putridité du cœur. Ses écrits ressemblent à son moral; c'est un cahos d'imperfections, où les erreurs sont géantes, et les vérités naines.

Il n'en est pas de même lorsque les grandes passions en amour amènent en nous le goût de l'étude. La nature les fait naître ; donc ces grandes passions tiennent par des anneaux aussi forts qu'imperceptibles à la vérité. Ce n'est pas sans doute lorsqu'elles fermentent avec violence dans le cœur, que le génie peut les subordonner aux combinaisons régulières des développemens de la philosophie morale ; mais c'est lorsque tempérées par la course du temps, ou par la longueur de l'absence, ou même par les altérations accidentelles du physique, le cœur se trouve dans cet état d'incandescence, où le feu dont il est encore pénétré, ne fait plus que répandre autour de lui une chaleur douce dont se vivifie alors les productions. Cette chaleur n'est autre chose que cette philosophie que les passions laissent au fond du creuset, quand leur ferment s'est totalement évaporé. Voilà ce qui constitue la différence entre l'écrivain éprouvé par l'infortune qui résulte des vices, et l'écrivain épuré par les revers qu'entraînent trop souvent les passions tendres reçues de la nature. Voilà, par exemple, ce qui, dans un siècle de lumières, fit de le Noble, un écrivain d'une philosophie morcelée ; et ce qui, dans un siècle d'ignofance, fit d'Abeilard un écrivain d'une philosophie réelle.

En sortant de Troyes, l'amour voilé d'un crêpe funèbre nous a demandé le tribut de quelques soupirs sur la tombe de cet homme fameux que le Paraclet renferme. Là gît la solitude ; non, cette solitude touchante que l'on supporte avec tendresse, parce qu'elle aide à compter les momens où l'on reverra l'objet que l'on chérit, mais cette solitude douloureuse dont le silence vous promet l'éternelle privation du cœur que vous aimâtes. Quand on se trouve aux lieux où vécut Héloïse, on craint de penser à ce que l'on aime : il semble que tout y répète ces mots : *ils sont séparés pour jamais*. Là tout parle de l'amour, et l'amour seul n'y parle point de lui. Là, tout amant fait le vœu d'être aimé comme Abailard, et nul n'envie le sort de cet amant.

Cet homme d'illustre infortune naquit aux persécutions quand il mourut à l'amour. Cet amour eût fait le charme de sa vie ; un saint en fit le supplice. Quand Abeilard commença à écrire, il songea moins à son siècle qu'à lui-même. Ebloui par cette logique naturelle qui le portoit à l'amour du raisonnement, et l'avoit entraîné dans ce genre de dialectique où l'on triomphe de ses rivaux quand un esprit droit dirige l'esprit de dispute ; il calcula moins la vengeance des préjugés que le plaisir de les confondre, et ce fut un grand tort dans un temps où l'on vivoit encore avec des saints. Sa réputation, le nombre immense de ses disciples, avoient éveillé l'envie ; et l'envie ne s'endort plus quand la religion domine. Son livre de la Trinité, qu'Abeilard ne comprenoit peut-être pas lui-même, parce qu'il écrivoit sur une matière qu'il ne comprenoit pas, souleva l'église, qui veut que l'on croie et non pas que l'on pense. Saint Norbert, et sur-tout Saint Bernard, se montrèrent, et l'irascibilité sainte le condamna par haine pour la vérité, bien plus que par amour pour elle. Deux conciles le jugèrent, et proscrivirent des écrits que leur intérêt leur ordonnoit d'étouffer. Abeilard eut la foiblesse d'en appeler au pape. Il oublioit que le pape étoit un prêtre. Il semble que Saint Bernard aussi l'eût oublié, puisqu'il ne s'en reposa pas sur le jugement que ce caractère de prêtre devoit dicter au pape. Tout ce que la calomnie peut inspirer à la plume la plus caustique, les imputations les plus injurieuses, les suppositions les plus sanglantes, les qualifications les plus odieuses, la charité de Saint Bernard n'oublia rien pour donner à Innocent II la prévention la plus terrible contre l'homme qu'il vouloit perdre. Il falloit moins de soins pour arracher au pape la condamnation d'Abeilard. Est-il un sage qu'un pape ait jamais absous? Le feu consuma le fruit de vingt ans de veilles à chercher la vérité ; et la prison dut être le partage de l'homme dont le crime avoit été de travailler à s'éclairer. Un philosophe, ils étoient rares alors, Pierre le vénérable répandit du beaume sur ses blessures. L'église qui n'admet point de sentimens, prétendit qu'il l'avoit converti : ne parlons pas son lan-

le Paraclet.

Monument ou repose heloise et Abeilard

gage mystique, et disons que l'amitié adoucit les chagrins de ce cœur ulcéré, et lui fit supporter la douleur de se reconcilier avec ses bourreaux.

C'étoit dans le cours de ces persécutions théologiques, que fuyant le monde où l'amour n'existoit plus pour lui, il vint chercher la paix dans un hermitage assez près de Nogent-sur-Seine. Quelques amis l'y suivirent, et les consolations que lui donnèrent leur présence et leurs soins, lui fit naître l'idée de donner le nom de *Paraclet* à cette retraite. Saint Norbert et Saint Bernard l'en chassèrent bientôt. Il fut obligé de fuir et de se retirer en Bretagne, où les moines de Saint Gildas le choisirent pour supérieur.

Alors Sugger, abbé de Saint-Denis, chassoit aussi du monastère d'Argenteuil, des religieuses dont Héloïse étoit la supérieure. Héloïse n'avoit pas les mêmes raisons qu'Abeilard, pour triompher de son amour. Quand on est séparé pour jamais de ce qu'on aime, c'est encore une jouissance de respirer l'air que respira l'objet de notre amour. Elle vint au Paraclet avec ses timides compagnes; et les souvenirs de la tendresse furent les fondateurs de l'asyle de la piété. Telle fut l'origine de cette abbaye, où le tombeau de l'amante et de l'amant se voit encore tel que nous vous l'envoyons.

Le monument que vous y remarquerez, est placé sur le mausolée d'Abeilard. Il est du temps même de cet homme célèbre, et la grossiéreté du ciseau ne laisse nul doute à cet égard. Ce sont trois figures informes, taillées dans le même bloc, et qu'Abeilard avoit fait faire pour rendre sensible l'idée qu'il sa formoit de la trinité. C'est sous le sarcophage qui sert de piédestal à ces figures, que reposent les cendres d'Abeilard : il avoit promis à son amante ce dernier et funeste présent. » Vous les aurez, écrivoit-il à Héloïse, et la mort plus éloquente que moi, vous dira ce qu'on aime quand on aime un homme. » Réflexion philosophique dont on tiendroit plus de compte à tout autre homme qu'à Abeilard. L'épitaphe qu'on ne lit plus que difficilement, est de Pierre le vénérable. A côté de ce tombeau, une simple pierre sépulchrale couvre les restes d'Héloïse, et plus d'une ame sensible est venue répandre des larmes sur ces restes inanimés. Le peintre, d'après lequel nous avons fait graver la vue de ces deux tombeaux, et dont le crayon les dessina il y a peu d'années, fut témoin de ces épanchemens que le souvenir d'Héloïse inspirèrent plus d'une fois sans doute, à ces infortunées que la nature, trahie par des vœux indiscrets ou forcés, condamne à des pleurs éternels. Il dessinoit dans l'église. Chaque jour une religieuse venoit sur cette tombe. Ses genoux chancelans s'affaissoient sous son corps usé par les douleurs. Elle tomboit ; sa tête languissante se penchoit sur le marbre, et ses larmes mouilloient la place où s'appuyoit son front décoloré. Elle y passoit des heures, des journées, et le soleil étoit loin quelquefois qu'elle y pleuroit encore. Il respecta long-temps le secret de cette femme. Enfin un jour il osa l'interroger : Quel sujet, lui dit il, cause ces larmes précieuses ? Vous me le demandez?

lui répondit-elle ; ne savez-vous pas que c'est le tombeau d'Héloïse ? elle aima beaucomp ! elle ne lui en dit pas davantage. Elle mourut peu de temps après. Nul n'a su son secret. Depuis vingt ans, chaque jour la ramenoit à ce tombeau. C'étoit celui d'Héloïse : elle étoit religieuse : elle pleuroit ! Cette femme étoit bien malheureuse.

Nogent-sur-Seine est assez près du Paraclet ; c'est une petite ville dans toute la force du terme. C'est là que la Seine qui, sortant de la Côte-d'Or traverse tout le département de l'Aube, commence à devenir navigable. C'est un avantage pour Nogent, dont toute la richesse consiste en prairies, et cette navigation de la Seine lui procure la facilité de transporter à Paris les foins qu'elle recueille, où leur débit lui devient plus avantageux.

En tournant sur notre droite, et gagnant les rivages de l'Aube, nous avons traversé Arcis pour nous rendre à Bar-sur-Aube. Quelques grains nous ont paru entretenir l'existence d'Arcis, où nous avons aussi remarqué quelques fabriques de savons. Bar-sur-Aube est de plus d'importance ; dominée par une montagne assez élevée, à laquelle elle est adossée, elle s'étend agréablement le long de la rivière qui forme devant elle un canal de cinq cents pieds de long, sur cent vingt de largeur. Cette ville est une des anciennes de la république ; elle a joui jadis d'un commerce considérable, et avoit quatre foires tellement fréquentées, que les différens peuples de l'Europe y avoient des quartiers qui portoient leur nom, tels que les Hollandois, les Allemands, les Lotharingiens, etc. Long-temps les Juifs y possédèrent une synagogue ; reste à savoir si cette splendeur doit s'appliquer à Bar, ou à une ville considérable, nommée *Florence*, dont on voit encore les vastes débris sur la montagne qui l'avoisine. On prétend que cette ville fut ruinée par les Vandales, et si cela est, ce ne peut être d'elle dont il est question ; car les noms de Lorrains, de Hollandois, etc. n'étoient pas connus encore. Il est présumable que Bar se forma, après le passage d'Attila, des habitans de cette Florence qui survécurent à la fureur de ce conquérant. De nombreuses ruines, d'épaisses murailles, des fossés profonds dans les intervalles où le temps ne les a pas comblés, décèlent l'étendue et la puissance de cette ville qui n'existe plus.

Bar-sur-Aube, qui contient à peine aujourd'hui quatre mille habitans, a eu, dans les siècles de la féodalité, ses comtes particuliers. Elle fut, suivant le style ancien, *réunie à la couronne* avec toute la *Champagne*. Philippe dit le Long la vendit ; et par un royalisme aussi bisarre que ridicule, elle se racheta de ses propres deniers, pour ne pas perdre le titre de ville *royale*. Combien de temps les hommes ont été fous !

Ce fut là que le pouvoir arbitraire, l'un des mille monstres de l'ancien régime, atteignit cette femme célèbre, que le libertinage conduisit à la cour, et qui devint criminelle parce qu'elle eut le courage d'avouer les crimes des autres. On reconnoît à ces traits Md^e. de la Motte, qu'un prélat corrompu plongea dans l'abyme. Les aventures de cette femme ont cela de remarquable, qu'elles sont un des derniers forfaits fameux d'une cour dépravée et du clergé gallican. Md^e. de la Motte n'offre nul intérêt, ni par les vertus, ni par l'innocence ; mais elle en réunit beaucoup par le trait de lumière que sa catastrophe a fait jaillir dans les esprits, et par les conséquences qu'on en a tirées. Elle est du sang des rois, et les rois la livrent aux bourreaux ; leur sang n'est donc pas inviolable ? Elle est jolie, un *cardinal* la débauche ; les prêtres ne sont donc que des libertins ? Sa réputation est plus que hasardée, un *gentilhomme* l'épouse ; la noblesse n'a donc pas cette délicatesse dont elle se targue avec tant d'orgueil ? Elle est accusée ; son innocence est démontrée, et le parlement la condamne ; les magistrats ne sont donc que des scélérats qui trafiquent de la justice ? Ces questions résolues, où mènent-elles ? à la chûte des rois, au renversement du clergé, à l'annihilement de la noblesse, à l'extinction du parlement. Cela fait, qu'en résulte t-il ? un nouvel ordre de choses ; que peut-il être ? la liberté, l'égalité. Telle est la gradation de l'esprit humain, depuis l'arrestation de Md^e. de la Motte ; elle est donc réservée à faire époque dans l'histoire.

A deux lieues de Bar-sur-Aube étoit cette abbaye de Clairvaux, l'une de ces oiseuses capitales de la nation moine, où la richesse entretenoit l'orgueil, où l'orgueil entretenoit l'ignorance. C'étoit encore un des *bienfaits* de Saint Bernard. Dans le douzième siècle, Saint Bernard se fit donner par un seigneur imbécille nommé Hugues, un vallon appelé Clairval, avec les forêts dont il étoit entouré, et toutes ses dépendances. Ce fut là qu'il établit sept cents religieux. Il faut dire que les religieux d'alors n'étoient pas les religieux que la liberté a congédiés ; ils travailloient du moins, et ceux-ci défrichèrent ce terrain. Par une arrogance vraiment incroyable, les religieux derniers souffroient, à côté du palais immense qu'ils habitoient, le monastère modeste que les compagnons de Saint Bernard avoient édifié, et sembloient, par ce rapprochement, faire eux-mêmes la critique de leur luxe insolent. Thibaut, comte de Champagne, plusieurs comtes de Flandres; Marguerite, reine de Navarre; Elisabeth, fille de Saint Louis, se disputèrent à l'envi l'*honneur* d'enrichir des hommes voués à la pauvreté. Son enclos étoit de mille toises de tour. Le logement des moines, réduits à quarante, étoit d'une grandeur extraordinaire, et entièrement couvert de plomb, ainsi que l'église qui est tout à-la-fois immense, majestueuse et simple. Les dortoirs, le réfectoire, la bibliothèque, le chapitre, sont de la plus belle architecture, et décorés par-tout des statues des *saints* personnages qui furent religieux avec Saint Bernard.

Sans doute son approche avoit la vertu sanctifiante; car, dans l'église, les os des sept cents moines qu'il y laissa à sa mort, avoient un caveau à part, que l'on appeloit le caveau des bienheureux.

Les abbés, successeurs de Saint Bernard, ont eu les honneurs épiscopaux. Le palais superbe qu'ils avoient à Clairvaux, ne suffisoit pas à leur monasçale délicatesse. Ils y joignoient une maison de plaisance à une demi-lieue du monastère, où la volupté amante des arts les avoit tous appelés pour encenser la molesse abbatiale. Les revenus de cet abbé étoient immenses; il recevoit par an soixante mille francs en numéraire; mais ce qu'on lui payoit en nature, alloit souvent beaucoup au-delà. Il sembloit que l'on eût étudié les moyens de parvenir à ce qu'il reçût toujours et ne dépensât jamais. On lui donnoit chaque année sept cents septiers de bled et sept cents muids de vin : on lui payoit en outre sa table et ses voyages. Il jouissoit des revenus des forges et des bois ; la pension que payoient les novices, lui appartenoit, quoiqu'il ne fût pas tenu de les nourrir : enfin, il avoit encore l'excédent des grains et des vins que la maison des religieux n'avoit pu consommer.

Un des usages les plus singuliers de Clairvaux, c'étoit celui de cesser l'office divin dans l'église de cette abbaye, lorsque l'abbé venoit à mourir. Parce qu'un homme n'étoit plus, Dieu pouvoit se passer de prières. Les moines de Clairvaux appeloient les moines de Cîteaux pour prier à leur place, jusqu'à ce que le nouvel abbé fût élu.

L'on montroit dans cette abbaye un meuble bien précieux pour l'espèce de gens à qui il appartenoit. C'étoit une cuve fameuse, dite par excellence la tonne de Clairvaux, qui contenoit huit cents tonneaux de vin. Cette tonne avoit nombre de filles plus petites qu'elle, qui contenoient depuis cent jusqu'à quatre cents tonneaux. C'étoit dans ces cuves, que ces moines amateurs laissoient mûrir le vin qu'ils destinoient aux plaisirs de leurs tables.

Clairvaux a nourri l'un des plus grands ennemis de la liberté des peuples, et conséquemment un de leurs plus grands oppresseurs. Ce fut Eugène III, pape par la *colère* de Dieu, et pour le malheur du peuple romain. Il étoit Italien, et fut successivement religieux de Citeaux et de Clairvaux. Rome éprouvoit alors une de ces fièvres de liberté, que le souvenir de son antique gloire lui donna quelquefois, mais qui bientôt éteintes, la replongeoient de plus en plus dans l'indolence de l'esclavage, dont à la fin elle n'est plus sortie. Le fameux Arnaud de Bresse avoit jeté un rayon de lumière sur elle. Indigné de l'orgueil des prêtres, il avoit avancé que les papes, les prêtres et les moines ne devoient pas se mêler des affaires temporelles, et que c'étoit aux républiques seules à diriger les affaires civiles. Ces vérités qui lui valurent, de la part du sacerdoce, le supplice du feu, sous le pontificat d'Adrien IV, avoient profondément germé dans Rome. Le peuple avoit secoué l'indigne joug d'un monarque prêtre, rétabli le sénat sur les formes antiques, et nommé des tribuns ; et Rome enfin étoit Arnaudiste quand le nourisson de Clairvaux y parut sous la thiare. L'aspect et le régime d'une république, outragèrent sa superbe arrogance. Il sortit de Rome, courut chez les Tiburtins, anciens ennemis des Romains, y rassembla une armée ; et la torche et le glaive à la main, revint fondre sur cette déplorable ville, dont il noya la liberté naissante dans des flots de sang. Il se crut alors paisible possesseur d'un trône qu'il avoit voulu affermir par des forfaits. Mais l'on tue les hommes, et le temps seul tue les opinions. L'agitation duroit encore malgré la tyrannie d'Eugène. Chacun de ces jours fut marqué par un orage populaire, et ne pouvant sans cesse combattre pour régner et régner pour combattre, il s'éloigna pour jamais d'une ville où il s'ennuyoit d'ordonner des supplices; il vint en France, et se consola par la tenue des conciles de Rheims et de Trèves, et les visions de Sainte-Hermangarde du souverain pouvoir que Rome lui refusoit. Il *honora* Clairvaux de sa présence, où l'on décida qu'il devoit être saint, parce qu'il portoit une tunique de laine sous ses habits pontificaux. Il est vrai que l'église n'a pas ratifié cette sainteté; mais vous n'auriez pas ôté de la tête d'un Bernardin qu'Eugène III étoit saint, parce qu'il avoit été persécuteur.

Un village des environs de Clairvaux nous a plus intéressé que cette maison fameuse, parce que du moins son industrie est utile au peuple, tandis que celle de Clairvaux lui fut toujours funeste. Ce village est Marolles: la délicatesse *des grands* repoussoit les fromages que l'on y fait; mais ils humectent la sécheresse du pain que l'ouvrier gagne, et Marolles vaut mieux pour nous que le lac de Genève et ses somptueuses carpes.

Bar-sur-Seine, bâti sur la rive gauche de ce fleuve, n'offre rien d'intéressant au voyageur, car les préjugés ne présentent point d'intérêt au sage, puisqu'il les retrouve par-tout où les hommes habitent. Assez d'autres ont parlé de l'image miraculeuse de la vierge de Bar, sans que nous vous répétions les absurdités écrites sur ce sujet. Des bergers placent dans la fente d'un jeune chêne l'image informe d'une vierge. L'arbre vieillit, les lèvres de la fente se rapprochent, se ferment, et l'image se cache sous l'écorce. Quelques siècles après, le chêne est abattu, on le débite, on retrouve l'image, et l'on crie au miracle ; on n'eut pas tort : cela attiroit des étrangers dans ces cantons, ces étrangers y répandirent de l'argent ; il falloit bien que le miracle s'enracinât.

Le fameux Girardon (4) naquit dans ce département ; avoit-il l'ame esclave ? cette question est permise : il est douloureux de voir le génie d'un aussi grand artiste consacré à faire respirer la tyrannie dans le marbre. La liberté sied cependant si bien aux arts ! honneur à cette classe d'hommes vraiment respectables dont les talens animent la pierre et la toile. La France est libre, et les artistes se sont montrés dignes d'elle ; ils perdoient les rois dont la vanité payoit au poids de l'or les chefs-d'œuvre qu'ils enfantoient ; ils perdoient les rois qui recevoient l'immortalité de leurs pinceaux ou de leurs ciseaux : et les artistes n'ont pas regretté les rois ! cette gloire vaut bien la gloire de les peindre ou de les sculpter. Il falloit qu'il existât des artistes en France, pour que l'honneur ne s'exilât pas du Louvre, après la journée du 10 août.

Les deux Mignard étoient aussi de ce département ; l'un dit *d'Avignon* : c'étoit l'aîné, moins fameux, mais moins courtisan ; l'autre, dit le *Romain* (5), plus célèbre, mais plus flatteur. C'est de ce dernier qu'il nous reste le plus de chef-d'œuvres.

Hervi est le dernier endroit un peu considérable que nous ayons visité : ses environs sont fertiles, et c'est un des meilleurs cantons de ce département, dont en général l'aspect est triste, et que l'on quitteroit sans regret, si l'amabilité de ses habitans et leur patriotisme n'y dédommageoient pas le voyageur français de la tristesse de la nature.

NOTES.

(1) Dans le temps de la fronde, où la folie de la licence et non pas l'enthousiasme de la liberté, s'étoit emparé de toutes les têtes, le cardinal de Retz se mit dans la tête de combattre le *Condé* qu'on appeloit *grand* : il leva des bataillons dans Paris : un de ces bataillons entr'autres portoit le nom de *Corinthe*. Il fit une sortie contre l'armée royale, et fut battu. De mauvais plaisans appelèrent cette défaite *la première aux Corinthiens*. On ne se figure pas combien cette puérile plaisanterie a, dans les commencemens de la révolution, influé sur l'imbécille mépris que les *nobles* avoient pour les premières gardes nationales.

(2) Ce fut le 15 août 1787 que le parlement de Paris fut transféré à Troyes ; et cette translation pouvoit bien s'appeler un exil. Cette translation a été l'un des grands leviers qui ont hâté l'époque de la révolution : il y a plus d'hommes selon les circonstances, qu'il n'y a de

circonstances selon les hommes. Il étoit fort plaisant qu'alors Duval d'Espremenil écrivît à Capet : *Point d'aristocratie, sire, mais aussi point de despotisme.*

(3) Dans la disette des subsistances en 1789, un malheureux à Nanci se présente chez un boulanger, pour avoir un pain de 4 livres : il lui manque deux liards pour achever de le payer ; le boulanger le lui laisse emporter : les espions du parlement s'en apperçoivent, courent après cet homme, l'arrêtent, le mettent en prison. Il est jugé comme perturbateur et voleur, et condamné aux galères où il est conduit. Tels étoient les pères du peuple ! En 1791, la société des Cordeliers de Paris a tiré ce malheureux des galères.

(4) Girardon étoit de Troyes. Le mausolée de Richelieu et la statue équestre de *Louis* XIV étoient de lui. Quel emploi du talent !

(5) Mignard, *le Romain*, faisant le portrait de *Louis* XIV, ce *roi* lui dit : Vous me trouvez vieilli ; il est vrai, *sire*, lui répondit Mignard, je vois quelques victoires de plus sur votre front.

A PARIS, de l'Imprimerie du Cercle Social, rue du Théâtre-Français ; N°. 4.

VOYAGE

DANS LES DÉPARTEMENS

DE LA FRANCE,

Enrichi de Tableaux Géographiques et d'Estampes.

Par les Citoyens J. LAVALLÉE, ancien capitaine au 46.e régiment, membre de la Société des Sciences, Arts et Belles-Lettres de Paris, et l'un des soixante de la Société Philotechnique, pour la partie du Texte; Louis BRION, pour la partie du Dessin; et Louis BRION père, pour la partie Géographique.

L'aspect d'un peuple libre est fait pour l'univers.
J. LA VALLÉE, Centenaire de la Liberté, Acte I.er

A PARIS,

Chez BRION, rue de Vaugirard, N.° 98, près l'Odéon.
Chez BUISSON, Libraire, rue Haute-Feuille, N.° 20.
Chez GUEFFIER, au Cabinet litt., boulevard Cérutty;
Et chez DESRAY, Libraire, Palais-Égalité, galeries de Bois, N.° 236.

AN IX DE LA RÉPUBLIQUE FRANÇAISE.

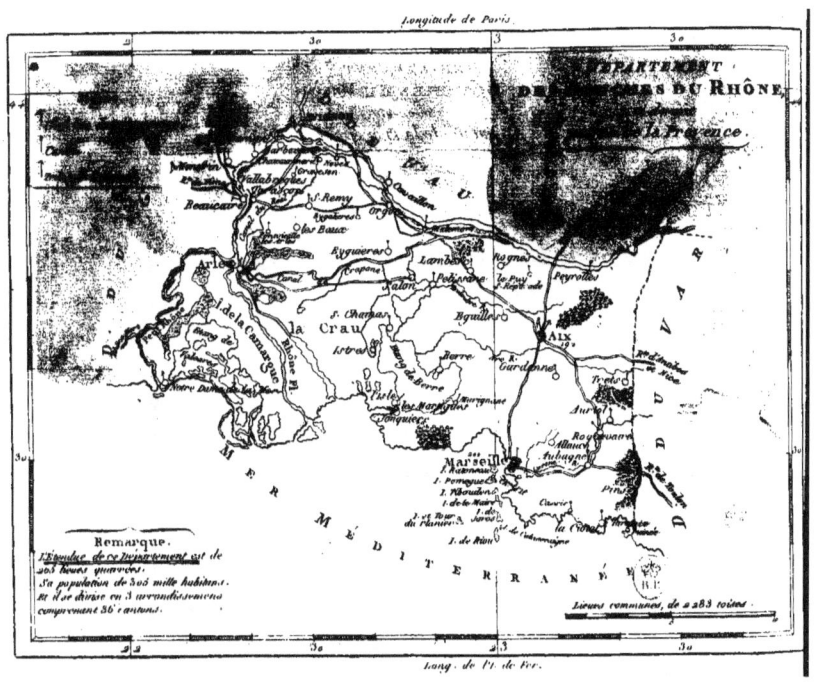

VOYAGE
DANS LES DÉPARTEMENS
DE LA FRANCE.

DÉPARTEMENT DES BOUCHES-DU-RHONE.

Il n'est point, dans la république, de départemens qui présente plus de villes à la curiosité du voyageur, que le département dans lequel nous entrons. Aix, Marseille, Arles, font naître dans l'idée des gens instruits tout ce que l'antiquité, le commerce, les arts, les sciences et les plaisirs peuvent offrir d'intérêt. Il faudroit des volumes pour traiter de chacune de ces villes en particulier ; et par le cadre que nous nous sommes prescrit, nous n'avons que quelques pages à leur consacrer. Essayons donc de les faire connoître rapidement, et donnons-en un aperçu à nos lecteurs, puisqu'il nous est impossible de leur en tracer l'histoire.

Tarascon est la première ville de département des Bouches-du-Rhône, que l'on trouve en sortant de celui de Vaucluse. Elle est ancienne, peu consi-

dérable, mais dans une position très-riante et favorable au commerce, en face de Beaucaire, dont
elle n'est séparée que par le Rhône, et avec laquelle elle communique par un pont de bateaux
dont j'ai déjà parlé quand nous nous sommes arrêtés dans cette dernière ville.

On croit assez généralement que Tarascon doit
son origine aux Marseillois, qui établirent des
comptoirs dans différentes parties, lorsqu'ils eurent
ouvert des relations commerciales avec les peuples
de la Gaule. On n'est pas également d'accord sur
l'étymologie de son nom. L'a-t-elle pris de la figure
d'une espèce de dragon ridicule, que l'on nomme
Tarasquou, et que l'on promenoit en procession
tous les ans le lendemain de la Pentecôte, et le
jour de la fête de sainte Marthe? ou bien est-ce la
ville qui a donné son nom au dragon? Les hommes
les plus instruits s'accordent à regarder ce nom
comme d'origine grecque.

Le commerce de Tarascon pourroit être plus considérable, eu égard à la position de cette ville. Elle
se trouve sur le bord d'un grand fleuve. La route
de Marseille à Lyon la traverse, et le pont de Beaucaire la place au débouché de toute la partie mé-
ridionale de la France, connue jadis sous le nom
de Languedoc. Cependant son commerce ne consiste guère qu'en eaux-de-vie, en huiles et en ami-
dons. On y fabrique en outre quelques étoffes en
bourre de soie ou filoselle, ou mélangées de laine
et de cette même filoselle. Ces étoffes sont d'un
excellent usage. En général, le travail de la cam-

pagne paroît plaire davantage aux habitans de Tarascon, que l'industrie intérieure ; et de là vient sans doute le peu de progrès que le commerce y a fait.

Le temple de Tarascon étoit dédié à sainte Marthe; et lorsque la religion catholique étoit la religion dominante, il n'étoit bruit, dans ces cantons, que de la dévotion à cette Sainte. La figure de ce dragon que l'on promenoit dans les rues, rappeloit, disoit-on, un animal furieux et extraordinaire dont elle avoit délivré le pays. On invoquoit cette Sainte pour la guérison de certaines maladies; pour obtenir de la pluie ou du beau tems; pour conserver la récolte; pour garantir du tonnerre. On donnoit son nom aux enfans; elle étoit l'objet de tous les *ex voto*. Le dévot Louis XI l'avoit enrichie d'une châsse d'or couverte de grenats, et pesant vingt-deux mille ducats. Enfin, pour l'honorer, on avoit mis les arts à contribution ; et dans la chapelle qui se trouvoit au fond de son église, derrière le grand-autel, on voyoit sa figure en marbre, couchée sur un lit magnifique; et quoique ce morceau n'eût rien de bien merveilleux, les habitans de Tarascon le regardoient comme un chef-d'œuvre.

Les comtes de Provence, rois de Sicile, se plurent à habiter souvent Tarascon. Ils y donnoient volontiers des fêtes. C'est par cette raison sans doute qu'ils s'étoient attachés à embellir le château. Ce n'étoit primitivement qu'une antique forteresse, que Louis II, roi de Sicile, fit rebâtir, et aggrandit considérablement en 1400. Cet ouvrage fut terminé en quatre ans, avec une magnificence peu commune. La dépense s'en éleva à près de trois cent mille francs de notre monnoie, somme énorme pour ce tems-là. René, celui que l'on est encore dans l'habitude aujourd'hui d'appeler le bon roi René, y séjourna plusieurs fois. Ce fut de son tems et en sa présence que s'y donna le plus beau tournois de ces siècles de chevalerie. Il dura trois jours. Philippe de *Lénoncour* et Philibert de l'*Aigue* furent les deux tenans. Il s'y rendit des *chevaliers* de toutes les contrées de l'Europe. Ce fut un Louis de *Beauveau* qui en fit la description en vers.

En quittant Tarascon, Saint-Remy mérite quelqu'attention. Connue dans l'antiquité sous le nom de *Glanum*, et l'une des principales villes des Saliens, elle prit le nom de Saint-Remy, lorsque Clovis étant en Provence pour faire la guerre à Gondebaud, roi des Bourguignons, la donna avec son territoire à *Remy*, archevêque de Rheims, qui, si l'on en croit l'histoire, l'avoit convertie à la religion catholique.

Deux beaux fragmens d'antiquité se font admirer encore non loin de cette commune. L'un est un mausolée, l'autre un arc-de-triomphe. La conservation du mausolée est beaucoup plus parfaite que celle de l'arc-de-triomphe, qui est enterré en grande partie. L'un et l'autre sont très-voisins, et ne sont éloignés de Saint-Remy actuel que d'un quart de lieue environ. Ils semblent indiquer que là étoit l'emplacement où l'ancienne *Glanum* étoit située. Le mausolée est du plus beau style d'architecture,

Restes d'un arc de Triomphe et d'un Mausolée à St. Remi.

Sa hauteur est de dix-sept mètres et plus. La belle fontaine des Innocens à Paris, ouvrage de Jean Gougeon, semble être une réminiscence de ce beau monument. Sa base est quarrée. C'est un massif dont chaque face étoit chargée de bas-reliefs qui ne paroissent pas avoir été dégradés par la main des hommes, mais seulement par l'injure du tems; et ces bas-reliefs sont à regretter, parce qu'ils eussent jeté plus de lumière sur les véritables auteurs. Au-dessus de la base s'élève un étage également quarré, percé en arcades sur ses quatre faces. Les angles sont ornés de pilastres cannelés d'ordre corinthien. Sur les clefs, on a sculpté une tête entourée de feuillages et de guirlandes. Sur l'architrave qui couronne cette ordonnance, on lit encore l'inscription suivante :

SEX. L. M. JULIEI C. F. PARENTIBUS SUEIS.

Plusieurs savans ont expliqué cette inscription à leur manière. Papon l'entend ainsi : *Sextus*, *Lucius* et *Marcus*, tous trois fils de *Caïus Julius*, l'érigèrent à leurs parens. L'abbé de la Porte veut que ce soit le *Sextius*, mari d'une Julie de la famille de César, et fondateur de la ville d'Aix, qui l'ait élevé en l'honneur de ses ancêtres.

Quoi qu'il en soit, au-dessus de cet étage en arcades s'élève une rotonde ou espèce de péristile formé par dix colonnes corinthiennes, également cannelées et isolées. Elles supportent une calotte qui termine l'édifice. Dans cette rotonde se voyoient deux statues habillées à la romaine : elles avoient été mutilées ; les têtes manquoient ; et déplacées des piédestaux sur lesquels elles reposoient, elles sont restées pendant de longues années appuyées contre les colonnes. Aujourd'hui elles ont disparu. Il est à remarquer qu'en France, où sans contredit le nombre des gens instruits est plus considérable que dans aucune autre partie de l'Europe, il est tels objets importans pour les sciences que l'on néglige avec une coupable indifférence. Les antiquités sont du nombre. Est-ce la faute de l'administration? ou cela tient-il à la légèreté naturelle aux Français? Il seroit possible que cette dernière cause y contribuât pour beaucoup. A cette légèreté qui ne permet pas au Français d'attacher long-tems beaucoup d'intérêt au même objet, se joint un orgueil naturel qui lui fait croire que tout ce qui sort de ses mains est infiniment préférable à tout ce qu'ont pu produire les hommes de tous les âges : et excepté les véritables artistes et les vrais connoisseurs, qui rendent justice, par exemple, à la perfection où les anciens sont parvenus dans certaines parties des arts, tout le reste admirera plus volontiers notre architecture et notre sculpture que celle des anciens, quoiqu'elles soient l'une et l'autre bien loin de la belle simplicité qu'ils ont connue. On laisse donc se dégrader, se disperser les monumens antiques avec une insonciance peu commune ; et si, à l'aide des auteurs qui nous ont précédés de quelques siècles, on parvient à savoir que tel monument, telle statue, tel buste, etc. étoient en tel endroit, et que l'on s'en informe sur le lieu même, ou bien on ne sait ce que vous voulez dire, ou bien on vous répond : Ils ont existé, mais nous ne savons ce que cela est devenu. C'est ainsi que l'on ignore maintenant à Saint-Remy le sort de ces deux statues ; et des hommes qui connoissent peu le prix que les arts mettent aux moindres fragmens, se contentent de répondre : Cette perte est peu de choses ; ces statues étoient brisées.

L'arc-de-triomphe est moins bien conservé que le mausolée. Il n'en est éloigné que de quelques pas, et quelques savans ont cru que ces deux monumens avoient des rapports l'un avec l'autre. Cela est douteux. On croit en général qu'il fut construit en l'honneur de *Nero Claudius Drusus*. Cependant quelques personnes veulent que *Marius* ait été l'objet de cet honneur, et ils se fondent sur l'arc-de-triomphe élevé à Orange à ce général célèbre ; et le peu de distance entre cette ville et Saint-Remy, fait disparoître, selon eux, les difficultés que l'on opposeroit à cette opinion, puisqu'il n'y auroit rien d'étonnant que le même hommage eût été répété sur le théâtre des exploits du même homme. Il y a nombre d'années, qu'en visitant ce monument, le prieur d'une maison de récollets, qui en étoit très-voisine, homme fort instruit, me communiqua des recherches assez précieuses qu'il avoit faites à ce sujet (1). Elles prouvoient clairement que *Marius* n'étoit pour rien dans ce monument ; mais ces mêmes recherches vouloient que cet arc-de-triomphe eût été décerné à *Cneius Malius*, et non pas *Marius*, qui sur cette place même avoit gagné une bataille mémorable contre les Ibères et les Saliens. Cette opinion non adoptée par les savans, soit que le religieux dont je viens de parler ne l'ait pas publiée, soit qu'en effet elle soit sans fondement, est néanmoins plus vraisemblable que celle qui donne cet arc-de-triomphe à *Nero Claudius Drusus*, frère de l'empereur Tybère. Ce Romain mourut d'une chûte de cheval. Ce n'est pas là, ce me semble, un assez grand titre à la gloire pour mériter un arc-de-triomphe.

Au reste, ce monument n'est percé que d'une seule arcade ; il est enterré au moins des deux tiers, et on ne peut plus juger que théoriquement de ses belles proportions. L'architecture en est corinthienne, et des beaux tems. L'intérieur de l'arcade est sculpté en rosaces d'un très-bon goût, et avec beaucoup de délicatesse. Il seroit possible de déterrer ce que le sol en s'élevant a insensiblement dérobé à la vue, et l'on auroit alors une connoissance entière, ou tout au moins plus parfaite de ce monument.

Ce ne sont pas là les seuls restes d'antiquité dignes d'attention que possèdent ces cantons. Non loin de Saint-Remy, et dans le voisinage de la Crau, est l'ancienne voie *Aurelia*, qui sert encore de chemin d'Arles à Aix. Ce chemin traverse un petit bourg appelé *Saint-Thomas* ; et tout auprès, sur la petite rivière de Touloubre, existe encore un pont, ouvrage des Romains. Ce pont, d'une seule arcade, est construit entre deux roches : sa largeur est de douze mètres, et sa longueur de trente-trois environ. Il a cela de particulier, que ses deux extrémités sont ornées de deux arcs que l'on a pris pour des arcs de triomphe, et qui ne sont qu'un ornement de l'édifice entier. Ils sont l'un et l'autre d'ordre corinthien. Sur la frise très-ornée de celui qui est du côté d'Aix, se lit une inscription qui annonce que *Lucius Domnius*, prêtre de Rome et d'Auguste, ordonna, par son testament, que ce pont seroit construit à ses frais, sous l'inspection de *Caius Domnius Venalis*, et de *Caius Atticus Rufus*. Sur l'autre arc on remarque encore des aigles qui soutiennent une couronne de laurier, et un lion accroupi.

Arles, où nous nous sommes rendus en quittant Saint-Remy, est de toutes les villes des Gaules, celle qui a joui d'une plus grande splendeur sous les empereurs. Berenger, dans ses *Soirées provençales*, dit que « les Grecs s'y rendoient en foule d'Athènes, de
» Bysance et de l'Empire, pour en faire l'entrepôt
» de leurs vins, de leurs parfums, de leurs étoffes
» et de leurs riches pelleteries. Les Gaulois y descendoient par le Rhône, et rapportoient les objets
» de luxe aux cités riveraines de la Loire, de la
» Seine et du Rhin ; et c'est ainsi que les mœurs
» des peuples policés, leur langage, leur industrie
» et leurs vices pénétroient dans toutes nos provinces
» sur les villes de commerce. »

Arles, par sa grandeur, le luxe de ses bâtimens et la richesse de ses habitans, mérita le titre de la métropole des Gaules. L'empereur Constantin l'habita souvent, et voulut lui donner son nom ; mais il n'a point prévalu, et on ne le lui conserva qu'aussi long-tems que la flatterie l'exigea. C'est à cet état de splendeur qu'elle a dû les guerres désastreuses qui l'ont si souvent ensanglantée. Elle eut le malheur d'être la capitale d'un royaume qui porta son nom, et cela ne fit qu'ajouter à ces désastres, en la rendant l'objet des vœux de tous les ambitieux. Elle fut tour-à-tour la proie des tyrans, qui se disputèrent les lambeaux du trône des Césars, d'un *Constantin* et d'un *Julien* son fils, d'un *Jérôme*, général infidèle à ce Constantin ; d'un *Constance*, qui commandoit l'armée de l'empereur *Honoré*; d'un *Edobic*, général des Français ; de *Théodoric II*, roi des Visigoths, et successivement des Goths et des Sarrasins. A ces fureurs succédèrent celles de ses évêques, qui disputèrent la primatie des Gaules aux évêques de Vienne, et qui s'armèrent ensuite contre les papes qui s'étoient prononcés pour les évêques de Vienne. Tourmentée, persécutée, déchirée, et tant de fois noyée dans son sang pendant ces siècles de barbarie et d'ignorance, elle secoua enfin le joug, et se gouverna en république pendant trente-trois ans, depuis l'an 1218 jusqu'à 1251, qu'elle se soumit à Charles d'Anjou.

Arles est à sept lieues de la mer, sur la rive gauche du Rhône, au milieu d'une vaste plaine. Son climat est moins sain aujourd'hui qu'autrefois. Le Rhône, à force d'amonceler des sables sur ses bords, a élevé insensiblement son propre lit ; ensorte qu'il est impossible maintenant aux eaux qui croupissent dans la plaine de s'écouler dans ce fleuve, comme jadis. Dans le tems de sa magnificence, Arles étoit à cheval sur le Rhône, et la partie qui se trouvoit sur la droite étoit aussi considérable que celle qui étoit sur la gauche ; mais il n'en reste plus maintenant qu'un faubourg, que l'on appelle Trinquetaille. On y communique par un pont de bateaux ; ce pont s'ouvre au besoin pour laisser passer les bateaux.

Les deux plus beaux morceaux d'antiquité que cette ville ait conservés aux arts, sont l'obélisque que l'on voit sur la place de la maison commune, et la belle statue connue sous le nom de la Vénus d'Arles, et qui est maintenant au Musée central à Paris. Cet obélisque étoit dû à l'empereur Constance, qui le fit ériger, en 354, lors de la célébration des jeux scéniques, ou *circences*. Renversé depuis par les Barbares, et mutilé même en quelques endroits, il resta enseveli sous le terrain où fut depuis le jardin des religieuses augustines, et ne fut découvert qu'en 1389. Mais dans ce tems-là même on avoit trop peu de goût pour les arts pour apporter une grande importance à cette découverte : on le laissa donc couché jusqu'en 1675.

Ce fut alors qu'on se décida à le relever. On construisit d'abord un piédestal proportionné pour le recevoir ; ensuite on planta autour de ce piédestal huit gros mâts de navire que l'on unit ensemble à leur extrémité supérieure, à laquelle on attacha de fortes poulies. On passa dans ces poulies de gros câbles qui allèrent rejoindre l'obélisque, et au moyen de huit cabestans sur lesquels se rouloient à-la-fois ces câbles, on parvint à dresser cet obélisque, qui pèse deux mille quintaux ; et une fois parvenu dans une situation perpendiculaire, on réussit en moins d'un quart-d'heure, au bruit des tambours, des trompettes, du canon et des applaudissemens d'un peuple immense, à l'asseoir sur son piédestal. Il est d'un seul bloc de granit, a cinquante-deux pieds de hauteur, et ne porte ni inscription ni caractères hyérogliphiques comme ceux de Rome.

L'enthousiasme qu'inspiroit alors Louis XIV détermina les habitans d'Arles à surcharger ce monument d'allégories en l'honneur de ce roi : on plaça à la cîme un globe d'azur semé de fleurs-de-lys d'or, et surmonté d'un soleil. Pelisson rédigea les inscriptions des quatre faces du piédestal. Quatre lions furent placés aux angles : on répara toutes les injures que l'obélisque avoit souffert. Aujourd'hui les inscriptions, le soleil et les fleurs-de-lys ont disparu, et cela n'empêche pas que ce ne soit un très-beau monument.

La Vénus occasionna quelque discussion entre les savans; les uns prétendirent que c'étoit une Diane, les autres que c'étoit une Vénus. La querelle ne fut décidée que lorsqu'elle fut arrivée à Versailles. Les antiquaires de Paris se prononcèrent pour cette dernière opinion (2).

La majeure partie des beaux édifices dont les Romains avoient embelli Arles ne subsistent plus. On regrette avec raison deux magnifiques arcs de triomphe que l'ignorance a renversés; l'un pour percer la rue Saint-Claude, l'autre parce qu'il gênoit les approches de l'église de St.-Martin. De l'ancien théâtre on ne distingue plus que l'enceinte, et tous les ornemens intérieurs ont été détruits ou enlevés, ou dispersés sans choix. On voyoit autrefois dans le couvent de la Miséricorde deux belles colonnes antiques que l'abbé Papon croit avoir appartenues à ce théâtre. Cependant, comme c'est non loin de là que l'on a trouvé, dans un puits, la belle Vénus dont nous parlions tout-à-l'heure, quelques savans ont pensé que la statue et les colonnes pouvoient appartenir à un temple de cette déesse, dont il ne resteroit plus de vestige.

On voit encore, dans un lieu connu sous le nom de Champs-Élysées, une grande quantité de tombeaux antiques. Là, sans doute, étoit la sépulture des anciens habitans. Cependant, les plus précieux pour les arts ont disparu. Les magistrats d'Arles les ont donnés avec une prodigalité peu commune ; et ce qui est pis encore, il fut des tems où on les laissa briser avec une insouciance vraiment coupable, triste effet des préjugés et de la domination de la religion catholique, qui regardoit au-dessous d'elle le respect que l'on doit à la cendre des morts que son culte n'avoit point bénis. On souffroit aux particuliers la liberté d'enlever ces tombeaux pour bâtir leurs maisons ; on souffroit plus criminellement encore que l'avarice se permît de les briser pour y chercher des médailles ou des monnoies qu'elle y supposoit renfermées ; et, en effet, c'est de là que viennent plusieurs des urnes, des patères, des lacrimatoires et des lampes sépulcrales dont quelques cabinets sont enrichis.

Le goût des arts que les femmes de la race de Médicis apportèrent en France, ne fit qu'accroître cette dilapidation impie. Catherine de Médicis se trouvant à Arles avec Charles IX, son fils, fit choisir ceux de ces tombeaux que le travail et la matière distinguoient plus particulièrement, et la translation en fut faite à Paris, et l'on ne sait ce qu'ils sont devenus depuis. Cependant, je me rappelle d'en avoir vu dans ma jeunesse encore quelques fragmens dans la salle des antiques. En 1792, j'ai encore vu dans les salles du jardin de l'Infante, une grande cuve de marbre blanc, qui paroissoit extrêmement fruste, et que, vulgairement, on appelloit la baignoire de Catherine de Médicis; mais que je serois très-porté à croire n'être autre chose qu'un de ces tombeaux apportés d'Arles.

Du Laure rapporte également qu'en 1635, les consuls d'Arles accordèrent à un *marquis de Saint-Chaumont*, qui, alors, étoit lieutenant *pour le roi en Provence*, la permission d'emporter treize de ces tombeaux antiques. Cinq ans après, on en accorda trois autres à un *cardinal* Duplessis, *archevêque* de Lyon; et comme si ce cardinal n'eût pas été assez riche pour se procurer la propriété du présent qu'on vouloit bien lui faire, ce fut aux frais de la ville d'Arles qu'on les transporta à sa maison de campagne; et c'est ainsi que l'ignorance, la flatterie et l'impiété se jouoient tout à-la-fois et du respect qu'on doit aux arts, et du respect qu'on doit à la mémoire des nations, et du respect que l'on doit aux cendres des morts.

Arles est de toutes les villes de la république, sans en
excepter

excepter Toulouse, celle où les catholiques se persuadent que se trouvent réunies le plus de reliques de saints. La nomenclature de ceux à qui elle se glorifie d'avoir donné le jour est immense; elle a des catacombes pour ses martyrs; elle a une foule de reliquaires pour ses confesseurs. Enfin, tout est saint à Arles, jusqu'à ce Roland, qui perdit la tête pour Angélique; et le héros que l'Arioste n'a jamais séparé des épithètes de furieux et d'amoureux, est à Arles Saint-Roland. Dans le nombre de ces saints, dont en général les actions sont inconnues, on doit à la vérité de dire cependant qu'il se trouve des hommes d'un mérite supérieur, et d'une humanité profonde, tel que Saint-Césaire, par exemple, qui joignit à de grandes connoissances littéraires, à beaucoup d'éloquence, une philantropie et un désintéressement infinis. Il n'avoit point le fanatisme de regarder comme ennemis de Dieu, les hommes qui n'avoient point été élevés dans la religion qu'il professoit : les catholiques n'avoient point un droit exclusif à ses bienfaits; il les répandoit également et sur les Gaulois et sur les Romains et sur les Barbares. Il employa non-seulement ses biens propres, mais encore les trésors de son église, au soulagement des malheureux : il vendit tous les vases d'or et d'argent, et jusqu'aux calices et aux patènes, pour donner du pain aux pauvres dans un tems de disette, et pour nourrir des prisonniers que les Goths avoient déposés dans Arles. Jesus-Christ, disoit-il, a mangé dans des plats de terre, et non dans des vases d'argent; ses prêtres ne seront pas à plaindre d'avoir le même sort

B

que lui, et je puis bien vendre d'inutiles bijoux pour racheter la vie des hommes qu'il a rachetés lui-même au péril de son sang. C'est quand les prêtres parlent et agissent ainsi, qu'ils sont recommandables aux yeux des philosophes, et qu'ils se plaisent à les célébrer.

Les environs d'Arles sont délicieux, et ses promenades sont charmantes. Indépendamment du cours qui est fort beau, et des belles allées de mûriers que l'on trouve fréquemment en dehors, et d'où l'on jouit de la vue des vergers et des prairies arrosées par la Durance, on aime encore à respirer le frais sur le pont de bateaux qui traverse le Rhône, et communique avec le faubourg de Trinquetaille, situé sur la rive droite du fleuve. On a pratiqué des bancs le long du parapet de ce pont; et de toutes les promenades, c'est celle que, pendant les soirs de l'été, l'on fréquente avec le plus de plaisir. C'est là le rendez-vous des plus jolies femmes, et elles sont en grand nombre dans cette ville. En général, la vivacité et la fraîcheur de leur teint sont admirables : elles ont communément de beaux cheveux bruns, de grands yeux noirs et brillans, des sourcils bien dessinés, le sourire le plus attrayant, la taille élégante, la jambe belle, les mouvemens du corps extrêmement souples, et un jeu de physionomie inconcevable. A tant d'avantages, elles réunissent presque toutes la finesse de l'esprit, un fonds de gaieté inaltérable, une naïveté, une douceur enchanteresse dans leur patois : le ton le plus caressant, l'accent le plus séducteur, la répartie la plus piquante, et un amour du plaisir et un desir de plaire

Costumes des habitans.

que l'on chercheroit vainement ailleurs, même en Provence, qui certes est bien le séjour de toutes les voluptés. Quoiqu'elles soient, comme toutes les femmes de tous les pays, avides de toutes les modes, et qu'Arles, à cet égard, se modèle sur Paris, comme les autres villes de France et même de l'Europe, cependant les femmes d'Arles ont un costume qui leur est particulier, et dont on retrouve toujours la nuance à travers les innombrables variétés qu'éprouvent la parure et l'élégance des Françaises. Elles ont retenu des femmes romaines, l'usage fastueux de porter aux bras presque nuds, de grands anneaux d'or. La coupe de leurs habits a quelque chose encore de l'ancienne Grèce, et la manière de tresser leurs cheveux a toujours eu cette grâce de l'antique, que depuis quelques années la beauté semble avoir adopté par-tout. Elles portent encore de ces robes ou stoles des Lacédémoniennes, qui laissent voir la jambe dans son entier. Jamais elles n'ont gâté leur marche par ces talons d'une hauteur ridicule, qui durent si long-tems fatiguer les femmes, pour leur donner le triste avantage de ne pouvoir marcher. Leurs souliers sont plats, et la soie compose les bas de la femme du peuple comme de la femme riche.

Si les hommes n'ont pas autant de recherche dans la parure et dans le langage que les femmes, ils y sont également d'une belle race, d'une pétulance, d'une gaieté et d'une activité qui ne leur cèdent en rien. Ils sont un peu moins provençaux qu'à Aix et à Marseille, c'est-à-dire, un peu moins prompts, tranchons le mot, un peu moins brusques; défaut qui, si j'en crois mes observations, ne tient point à aucun vice de cœur, mais à la vivacité du sang, à l'indépendance du caractère, et à la chaleur du climat. Les écrivains ont parlé diversement des Provençaux, et peut-être d'après leurs affections particulières : je ne serai peut-être pas plus sage qu'eux et moins exempt de partialité ; mais je dois dire que je n'ai point eu d'amis plus fidèles, plus obligeans, plus constans que ceux que j'ai eu le bonheur de me faire dans ce pays-là. Comme ils gardent rarement un juste milieu dans leurs passions, il est possible et assez naturel qu'ils soient implacables dans leur haine et dans leurs ressentimens ; mais rarement ils vont jusqu'à la vengeance : et si là, plus qu'ailleurs, les opinions politiques, depuis la révolution, ont un caractère plus terrible, ce n'est pas que les hommes y soient plus méchans, c'est qu'ils sont en politique ce qu'ils sont dans les plaisirs, presque toujours au-delà de la raison, des lois de la nature et des besoins physiques.

La maison commune d'Arles est un vaste et assez bel édifice construit en 1675, par Jules-Hardouin Mensard. Il sépare deux places, et a par conséquent deux façades extérieures, dont chacune est décorée de trois ordres d'architecture. Le vestibule est beaucoup trop écrasé pour sa grandeur, et ce défaut blesse l'œil. Les voûtes en sont supportées par vingt colonnes accouplées ; autre défaut. Ces colonnes sont d'une seule pièce. Avant la révolution, on y voyoit les bustes des comtes de Provence avec leurs armes ; dans le fond du vestibule étoit une statue de

Louis XIV. Sur l'escalier, on voit une mauvaise copie de la Vénus à la même place où étoit ce chef-d'œuvre de l'antiquité, avant qu'on le transportât à Paris.

On aperçoit en entrant une colonne milliaire; et c'est de là, sans doute, que l'on commençoit jadis à compter les distances en partant d'Arles. A côté de cette colonne, est un assez beau torse antique. Il est ceint des longs replis d'un énorme serpent, et les signes du Zodiaque ont été gravés entre les replis du serpent. Quelques savans en ont conclu que ce torse appartenoit à une statue d'Apollon, considéré comme le soleil, à cause des signes du Zodiaque, et à cause du serpent emblème du dieu de la médecine.

Non loin de là, sur une place que l'on appeloit Saint-Lucien, et dont le nom moderne m'échappe, on voit aussi le fronton d'un bel édifice que l'on érigea en l'honneur de Constantin l'empereur, de sa femme Fausta, d'Hélène sa mère, et de son fils Constantin le jeune. Au milieu de tant de débris de l'antiquité, on retrouve également les traces des mœurs des hommes de ces siècles reculés. On aime encore à Arles les combats des taureaux et des animaux sauvages. On éleva long-tems dans l'île de la Camargue, de ces taureaux indomptés, spécialement destinés aux plaisirs du peuple d'Arles. C'est plutôt la police que l'adoucissement des mœurs, qui a mis un terme à ce goût pour les jeux ensanglantés; et si l'on permettoit aujourd'hui aux gladiateurs de s'y donner en spectacle, si l'on y souffroit que les hommes se hasardassent à y combattre les lions, les taureaux et les ours, le peuple d'Arles se porteroit encore en foule au cirque; mais il faut qu'il se contente maintenant des courses de chars et de chevaux, qui lui rappellent, au défaut des jeux barbares de ses ancêtres, une partie au moins de leurs délassemens.

Les moutons sont une des grandes richesses d'Arles: le nombre, selon l'abbé Papon, s'en élève à quatre cent cinquante mille; et c'est dans une campagne de huit lieues de circuit qu'on les nourrit. Cette campagne est couverte de cailloux. Au premier aspect, elle paroît totalement stérile, et l'on ne soupçonneroit pas qu'un animal pût y trouver le moyen d'y vivre: cependant, entre ces cailloux, pousse une herbe fine, savoureuse et presque aromatique, dont les moutons sont effectivement friands; pour la trouver, ils déplacent les pierres avec le museau, et cette nourriture donne à leur chair un goût exquis. Ce pâturage ne leur suffit pas pourtant. Il est un tems dans l'année, où l'on envoie, sous la conduite des bergers, trois à quatre cents mille de ces moutons dans les Alpes, d'où ils reviennent à l'approche de l'hiver.

Cette plaine, où l'on nourrit les moutons d'Arles, s'appelle *la Crau*. Cette inexprimable multitude de cailloux dont elle est couverte, fait présumer avec raison qu'elle fut jadis sous les eaux; mais il faut que les eaux l'aient abandonnée depuis nombre de siècles, puisque ces cailloux ont occupé les naturalistes de l'antiquité, et exercé l'imagination des poëtes (3). Leur ressemblance assez exacte avec les cailloux que vulgairement l'on nomme galets, et dont l'on trouve des bancs énormes sur les côtes du département de la Seine-inférieure, a fait croire à quelques naturalistes modernes qu'ils avoient été poussés dans cette partie par les flots de la mer. Papon veut qu'ils aient été charriés jusques-là par quelque rivière. Quelle que soit, à cet égard, l'opinion des anciens et des modernes, on sent qu'ils n'ont pu raisonner que sur des conjectures; et j'avouerai que celle qui en attribue le dépôt à la mer, est celle qui répugne le moins à la raison. Quelque long que l'on pût supposer le cours de la rivière qui les eût conduits à cette place, elle n'aura pu les rouler assez long-tems pour les arrondir, les polir tels qu'ils le sont : cette forme ne peut être que l'effet constant et répété, pendant de longues années, de l'action des flots. L'objection de l'absence du flux et du reflux dans la Méditerranée, pourroit se combattre par la supposition de l'effort que l'Océan aura fait lorsqu'il aura brisé la barrière qui le séparoit de la Méditerranée, c'est-à-dire l'isthme qui exista sans doute à la place où se trouve aujourd'hui le détroit de Gibraltar ; si tant il est vrai même que la Méditerranée existât avant cette rupture, et que l'immense surface qu'elle couvre n'ait pas été jadis un vaste pays plus bas que le niveau de l'Océan, et qui se sera trouvé inondé sans retour lorsque cette digue aura été rompue. Alors seroit-il bien étonnant que la force du courant des eaux qui se seront plongées pour ainsi dire dans ce vide qu'elles auront trouvé, ait entraîné avec lui cet énorme banc de galets, et qu'à la longue les eaux qui, non loin de la digue rompue, auront resté quelque tems à une certaine élévation, étant parvenues à niveler leur surface, lorsqu'elles auront eu achevé de combler tous les terrains bas jusques dans le fond de l'Archipel, aient découvert ce terrain lorsque l'équilibre se sera établi entre la mer nouvellement formée et le grand Océan ? D'ailleurs, la qualité cuivreuse et ferrugineuse de ces cailloux ne seroit point un obstacle encore ; car cette même qualité se retrouve dans les galets des côtes de la ci-devant Normandie. Cependant, je dois dire avec vérité que cette conjecture, que je n'établis seulement que sur des observations auxquelles je pourrois donner des développemens que ne comportent pas le cadre ni le but de cet ouvrage, n'est, en aucune manière, avancée par moi pour combattre l'opinion d'un savant tel que Papon ; et je me plais à dire que son systême à cet égard, infiniment ingénieux, repose sur des faits rapprochés avec beaucoup de sagacité, et qui lui prêtent tout au moins l'intérêt puissant de la vraisemblance.

Cette plaine de la Crau est, au reste, arrosée par le canal de Craponne, qui doit son nom à celui qui le fit creuser dans le seizième siècle (4). Il est alimenté par les eaux de la Durance, et après avoir traversé le territoire de *Cabannes* et de *Noves*, il franchit sur un aqueduc celui d'Arles, et va se perdre dans le Rhône, à un quart de lieue de cette ville. Un effet de l'art, qui mérite l'attention du voyageur, c'est qu'au-dessus même de ce canal,

Montagne Percée sous laquelle passe le Canal de Craponne.

lorsqu'il est conduit par l'aqueduc, on a pratiqué un autre canal qui sert à l'écoulement des eaux du pays.

Si l'aspect pierreux de la Crau lui donne un air de stérilité fatigant à l'œil, en revanche la Camargue enchante les regards par la richesse de sa végétation. La Camargue est une île formée par deux bras du Rhône : sa figure triangulaire l'a fait comparer au Delta égyptien. La culture en bleds, en pâturages, même en vignes, est magnifique. Il est vrai que ces dernières, par la raison même de l'excellence du terrain, ne fournissent que des vins ordinaires ; c'est là que se nourrissent des chevaux vigoureux, bien faits, admirables pour la course, et les meilleurs peut-être de toute la république ; et ces bœufs dont j'ai déjà parlé, qu'on y laisse livrés à eux-mêmes, à qui cette liberté rend les mœurs sauvages qu'ils reçurent primitivement de la nature, et qu'il faut vraiment chasser avec beaucoup d'adresse et de fatigues pour pouvoir s'en saisir.

Avant de nous rendre d'Arles à Aix, nous avons voulu voir *Salon*, que le tombeau de *Nostradamus* a dotée d'une sorte de célébrité. Cet homme extraordinaire, ou que la seule crédulité des hommes a rendu peut-être extraordinaire, étoit de Saint-Remi, dont nous avons parlé plus haut. Il étoit juif d'origine, et pour appuyer sa prétendue science de l'avenir, il se prétendoit de la tribu d'Isachar, afin de s'appliquer ce passage des Paralipomènes, *de filiis quoque Issachar, viri eruditi qui noverunt singula tempora*. Celui-ci est connu sous le nom de Michel

Nostradamus. Il faut le distinguer de son frère *Jean* Nostradamus, auteur de la vie des poètes provençaux, et de ses deux fils, César et Michel, dont le premier écrivit l'histoire de Provence, et dont le second, moins habile charlatan que son père, voulut, comme lui, prédire l'avenir, et fut surpris mettant le feu à une ville, dont il avoit prédit la destruction par les flammes au capitaine d'*Espinai*.

Quoi qu'il en soit, les centuries de Nostradamus font encore aujourd'hui le charme de tous les hommes qui chérissent les obscurités. Pour concevoir comment Nostradamus put parvenir au degré de gloire dont on le vit jouir, et quelles causes élevèrent à un tel point la réputation d'un homme qui n'étoit que fou, s'il n'étoit pas sciemment un imposteur, il faut se rappeler qu'il vivoit sous Henri II, sous Catherine de Médicis et sous Charles IX. Si l'homme qui s'annonce pour connoître l'avenir doit obtenir accès dans les cours, c'est assurément sous un homme comme Henri II, qui, guerrier malheureux, possesseur d'une maîtresse enviée par sa beauté, et toujours trompé par des ministres inhabiles, a besoin sans cesse de se rassurer sur les événemens de la guerre, sur la fidélité d'une maîtresse dont il est jaloux, sur les projets de ministres qu'il aime mieux que l'état, et dont il n'a pas le courage de secouer le joug : c'est assurément sous une femme comme Catherine de Médicis, superstitieuse par vice de nation, méchante par caractère, politique insidieuse par la force des circonstances, criminelle par ambition, criminelle par foiblesse, criminelle par raison d'état, et qui, toujours en proie à la crainte du châtiment comme à la soif des forfaits, brûle sans cesse de connoître si elle peut échapper au supplice, ou si ses victimes n'échapperont pas à ses piéges : c'est assurément sous un roi comme Charles IX, qui, chaque jour menacé de l'enfer par des prêtres s'il ne leur accorde du sang, ou de la chûte du trône par des protestans, s'il ne leur accorde des droits, cherche à trouver dans l'avenir un asile contre les furies qui le déchirent, et veut savoir à quoi s'en tenir sur les vengeances ou les bienfaits du ciel. Il ne faut point chercher ailleurs que dans l'époque même de la vie de Nostradamus, sa haute renommée. Plus habile, plus effronté, plus heureux qu'un autre dans le hasard qui peut-être servit quelquefois ses prédictions prétendues, il dut fleurir dans un siècle où l'on compta trente mille astrologues. Sa science ne s'appuie que sur les remords ou la scélératesse des puissans ; et si l'on s'est donné la peine de le remarquer, on aura vu que depuis lors, les livres de Nostradamus sont toujours sortis de la poussière toutes les fois que de grands crimes ont agité les nations, c'est-à-dire toutes les fois que beaucoup d'hommes ont eu besoin d'effrayer les peuples, ou de se reposer sur les tourmens de leur propre conscience.

Chargé des bienfaits de la cour, il se retira à Salon, où il se maria à une femme nommée *Anne Ponce Gemelle*, de cette même ville. Il y mourut en 1566, âgé de soixante-deux ans six mois et dix jours. Son tombeau se voit dans l'église qui appartenoit aux Cordeliers, à droite en entrant par le cloître. Il est encastré dans la muraille, qu'il déborde d'un pied. Une magnifique épitaphe rappelle fastueusement ses talens.

Au nombre des contes qu'a fait inventer, par la peur et la crédulité, la présence des cendres de Nostradamus dans cette ville, il faut cependant distinguer celui que je vais rapporter, parce que tant d'hommes recommandables par la force de leur esprit, leurs connoissances et leur philosophie, en ont parlé comme d'une chose avouée, qu'il est difficile de la passer sous silence, et qu'une aventure qui a eu toute la cour pour témoin, auroit été démentie si elle n'avoit pas, au moins, quelque fonds de vérité. M. de la Place, ce littérateur distingué, qui, dans notre siècle, a joui de l'estime de tous les gens instruits, ne l'a pas jugée indigne de figurer dans son recueil de pièces intéressantes.

On prétend donc que, dans le siècle dernier, un spectre que l'on veut avoir été celui de Nostradamus, apparut à un maréchal ferrant de Salon, et lui ordonna d'aller trouver l'intendant de Provence, de lui demander des lettres de recommandation pour Louis XIV, de partir pour Versailles, et d'attendre là qu'il lui apparût une seconde fois pour l'instruire de ce qu'il devoit dire à ce roi. D'abord, ce maréchal ne tint compte de cette apparition, mais elle se renouvela; et cette fois le spectre accompagna ses ordres de menaces qui déterminèrent le pauvre maréchal à ne pas résister plus long-tems. Sa soumission fut d'autant plus prompte, que l'on prétendoit alors à Salon que ce spectre avoit apparu à deux autres habitans, qui, pour n'avoir point obéi ni gardé le secret, avoient été frappés de mort. Il partit donc, fut trouver l'intendant, qui le traita d'abord comme un visionnaire; mais qui, sur ses instances, en écrivit au lieutenant-général de Salon, dont le rapport sur la mort des deux autres se trouva conforme à ce que le maréchal en avoit dit lui-même. L'intendant en écrivit au ministre Barbesieux, et des ordres furent donnés pour le voyage de cet homme.

A son arrivée à Versailles, il revit son spectre, en reçut les instructions, avec ordre de garder le plus profond secret avec tout autre qu'avec le roi, et se présenta à Barbesieux avec la lettre de l'intendant. Il fut enfin introduit auprès de Louis XIV, et passa plusieurs heures avec lui tête-à-tête. On croira du spectre tout ce que l'on voudra, mais le fait de l'entrevue est certain. Louis XIV le combla de présens, et lui permit de venir prendre congé de lui publiquement. Tous les contemporains rapportent la réponse que fit, en cette occasion, le roi au duc de Duras, capitaine des gardes. Duras, en le lui présentant pour prendre congé, dit : « Si votre majesté » ne m'avoit pas ordonné de laisser approcher cet » homme, je me serois bien gardé de le lui per- » mettre, parce qu'assurément c'est un fou. Vous » en jugez trop légèrement, répond Louis XIV; » cet homme est beaucoup plus sage que l'on ne » pense. »

Telle est, en peu de mots, cette anecdote rapportée bien plus en détail par beaucoup d'autres écrivains, et souvent accompagnée de circonstances que l'on peut croire ajoutées pour répandre plus de merveilleux sur un fait qui par lui-même est cependant encore assez extraordinaire pour intéresser. Il est certain que, d'après la connoissance acquise du caractère impérieux et fier de Louis XIV, il suffit de l'audience particulière et longue qu'il a donnée à ce maréchal-ferrant, pour étonner. Que lui a-t-il dit ? Voilà ce que l'on n'a jamais su, ce qui a fortement excité la curiosité, et donné lieu à mille conjectures toutes plus folles les unes que les autres. Il est assez naturel que l'histoire du spectre soit considérée comme une fable ; mais ne pourroit-on pas présumer que, par quelque ruse, on a réussi à effrayer l'imagination d'un homme simple, afin de faire parvenir par son canal quelques avis importans à Louis XIV, dont on vouloit dérober la connoissance aux ministres, et que, par ce moyen, l'on y sera parvenu ? Voici, ce me semble, la conjecture la plus raisonnable qui se présente à l'esprit de l'homme sensé.

Lambesc, que l'on traverse en quittant *Salon* pour se rendre à *Aix*, n'offre rien à la curiosité du voyageur. C'est un assez gros bourg mal bâti, situé dans un territoire stérile et peu agréable. Il n'en est pas de même du paysage d'Aix. A l'approche de cette grande commune, le site est délicieux. Elle est placée dans un bassin charmant, arrosée par une petite rivière que l'on nomme l'*Arc*, dont les eaux sont extrêmement limpides et le cours très-rapide. Autour de ce bassin, des montagnes assez élevées forment un amphithéâtre charmant, où l'agriculture brille à travers les rochers et les pierres, et atteste les conquêtes que l'industrie de l'homme fait sur la nature sauvage. Presque toutes les sources qui découlent de ces montagnes sont d'eaux minérales. Cette circonstance détermina sans doute les peuples de l'antiquité à se fixer dans cette partie. On s'accorde assez généralement à dater la fondation d'Aix de l'an 123 avant Jésus-Christ; et l'histoire veut qu'un général romain, nommé Caïus Sextius Calvinus, envoyé par la république avec des troupes pour protéger les Marseillais contre la jalousie et les attaques des Gaulois, ait été le fondateur de cette ville, qui, du nom de son fondateur et de la circonstance de ses eaux thermales, en composa son nom d'*Aquae Sextiae*. Si elle n'échappa point aux ravages des Visigoths, des Francs, des Sarrasins et des autres barbares, dont nous retrouvons les traces depuis long-tems sur toutes les villes de ces contrées, ainsi que nos lecteurs ont pu le remarquer, au moins parvint-elle à leur survivre, et à se perpétuer jusqu'à nos jours avec une sorte de splendeur. Elle doit ce lustre ineffaçable au long séjour que les comtes de Provence, amis des arts, des lettres et des plaisirs, firent dans ses murs.

Alphonse II, roi d'Arragon, fut le premier de ces comtes qui s'y fixa. Les poètes troubadours, chéris et protégés par lui, apportèrent dans sa cour l'amour des jeux, de la galanterie, des fêtes, et conséquemment de la paix qui leur est indispensable. Les dames, les *seigneurs*, les spectacles accoururent autour d'un prince qui faisoit des vers, chantoit les amours, et eut des maîtresses jusqu'à son dernier jour. Les femmes et les poètes inspirèrent la gloire; les tournois la promirent, et la chevalerie prit naissance. Les simulacres des combats ornèrent les fronts de palmes desirées; les chimères de la victoire exaltèrent des imaginations embrasées déjà par le desir de plaire; le triomphe d'une joûte donna le même lustre que la conquête d'un empire; et fumée pour fumée, du moins celle qui ne coûte point de sang est-elle plus pardonnable aux yeux de la philosophie.

Après Alphonse, et sous Raimond Berenger IV, et son épouse Béatrix de Savoie, ces mœurs chevaleresques s'accrurent encore. La beauté ne charma qu'embellie par la vertu; heureuse erreur! mensonge fortuné! qui tournoit la foiblesse des sens au profit de l'élévation de l'ame, et conduisoit à bien agir, par les sentiers de la volupté même! Ce fut alors que ces tournois devinrent magnifiques; que l'on vit naître ces cours d'amour dont l'image nous charme encore sur nos théâtres; que l'on inventa ces questions amoureuses et galantes, que chaque jour nous expliquons encore dans nos vers, et qui malheureusement trop tôt résolues par nos cœurs moins aimans, n'aiguisent plus que notre esprit; ce fut alors enfin, que le mélange bizarre de la piété, de la folie et de l'amour donnèrent à ces siècles de galanterie et de jeux un caractère particulier que l'on n'avoit point vu, et que l'on ne reverra

Restes d'un Acqueduc près d'Aix.

verra plus sans doute. René, celui qu'ils appellent encore dans le pays le *bon roi René*, acheva d'enflammer toutes les têtes, et de donner la dernière impulsion à ce mouvement général que ses prédécesseurs avoient imprimé à toutes les passions généreuses. Ainsi se créa ce mot honneur, inconnu jusqu'alors, qu'inventa la vertu sans en être la mère, pour inspirer à la foiblesse humaine un frein que les lois n'avoient pas la puissance de forger; mot dont l'orgueil s'empara bientôt, qu'il transforma en privilége, et dont il abusa tant de fois depuis pour venger ses injures, appuyer ses préjugés, excuser ses crimes, et opprimer le véritable honneur.

Aix est une grande ville bien percée, bien bâtie, dont les maisons sont élégantes, les édifices publics considérables, les places régulières, les fontaines magnifiques; mais ce qui la distingue, ce qu'on ne voit point ailleurs, ce qu'elle possède seule, c'est la promenade que l'on appelle le cours. Que ceux qui n'ont point vu cette promenade, transportent en imagination une avenue à double rangée d'arbres, semblable à celle que l'on appela long-tems à Paris le cours de la Reine, et qui borde encore la Seine; aussi longue, mais plus large, ornée d'arbres plus élevés, plus antiques, plus épais, et d'une végétation plus vigoureuse; qu'ils la transportent, dis-je, au milieu d'une grande ville presque toujours poursuivie par un soleil ardent; qu'ils l'embellissent de fontaines sans cesse jaillissantes; qu'ils la bordent de chaque côté d'hôtels majestueux, de cafés

C

vastes et beaux, de boutiques enrichies par les productions de tous les arts ; qu'ils couronnent l'une des extrémités par le péristile d'un temple, et l'autre par une terrasse dominante sur un faubourg et des vallons enchantés ; qu'ils la peuplent de toutes les grâces dont les femmes se composent, de toute l'élégance que les hommes recherchent, de tout ce que la parure ajoute à la beauté, de tout ce que la volupté prépare à l'appétit des desirs, et de tout ce que le luxe ajoute à l'éclat des richesses, et ils auront une idée du cours d'Aix. La magnificence des étés, le besoin de la fraîcheur, la beauté des soirs, la douce chaleur des nuits, et cette voix de l'amour qui dans ces contrées se fait entendre avec un si puissant empire, qui frappe l'homme à son réveil, l'enchante pendant la journée, appelle le sommeil sur sa paupière, embrâse son existence, charme ses loisirs, anime son travail, décore ses songes, ajoutent encore à cette promenade une inconcevable magie qui la nuance, la colore, la pénètre, et lui porte un attrait supérieur aux attraits qu'elle tient des dons de la nature et des efforts de l'art. Promenade enchanteresse qu'il faut voir, et qu'on ne peut décrire ! où l'on ne marche qu'entouré de sentimens, que bercé par les douces illusions, qu'enivré du délire des passions aimables ; où tous les jours semblent purs ; où toutes les nuits sont amoureuses ; où jamais les oiseaux ne soupçonnent l'hiver de la nature ; où jamais l'homme ne songe à l'hiver de la vie. C'est peu pour elle d'être l'asyle de tous les délices ; elle est encore le théâtre de toutes les pompes ; c'est là que le faste des religions vint si souvent amuser les yeux; c'est là que la politique étale aussi ses cérémonies; que la magistrature se promène avec ses faisceaux; que la fierté de la patrie fait manœuvrer ses bataillons; que l'airain des lois suspend ses tables vénérées; que les jeux publics tressent leurs couronnes et leurs guirlandes; et il sembleroit que dans cette ville il faut que tout obtienne la sanction du cours pour avoir des droits au respect comme aux amusemens.

Sans doute cet esprit de galanterie, ce penchant pour le plaisir, cet amour des fêtes, cet appareil de grandeur, qui répandirent un si vif éclat sur Aix, dans des siècles où toute l'Europe croupissoit encore dans les ténèbres de l'ignorance, donnèrent l'idée dans des siècles plus rapprochés de dessiner ce cours. Quelle majesté auroient eu ces tournois dont il nous reste des descriptions si fastueuses, s'ils se fussent exécutés dans une semblable lice! Mais quand ce cours fut planté, les tournois n'existoient déjà plus; et ce n'est pas une chose indigne de remarque, que cette singularité qui effaça tous les usages marqués au coin de l'ancienne politesse de la cour de Provence avec beaucoup plus de rapidité que ceux qui participoient de la grossièreté alors générale; quoique cependant, à mesure que la marche des choses prenoit cette tournure singulière, elle se rapprochât davantage de nos tems où les lumières et l'urbanité s'étendoient de plus en plus, et que la raison semblât indiquer précisément un résultat entièrement contraire. Ainsi voyons-nous encore avant la révolution les grotesques cérémonies de la fête-dieu être l'unique débris des fêtes brillantes de la cour des comtes de Provence, et ne plus rester des aimables chansons de ce René si vanté, que les accens lugubres et monotones du cortége de la *reine de Saba*, et des noirs quadrilles des esprits infernaux, dont les danses ridicules préludoient au triomphe solemnel et religieux du Sacrement des chrétiens. Seroit-ce que le spectacle des extravagances de l'esprit humain exerce dans tous les tems un irrésistible empire sur les sens du peuple, et que par-tout les religions ont mieux connu que les philosophes, le secret d'amuser sa foiblesse ?

Rien n'étoit plus digne en effet de faire gémir la sagesse, que cet inconcevable mélange d'inconséquentes folies et de gravité religieuse dont la procession d'Aix frappoit les yeux. Qu'on se figure, s'il se peut, un spectacle plus inconsidéré. La procession marche ; soyez attentif ; elle va passer ; elle passe. Voici douze énormes démons aux pieds fourchus, aux ongles de fer, cornes en tête, queue sur les reins, armés de fourches, de crocs, de serpens et de fouets ; pinçant, tourmentant, flagellant le roi Hérode, qui de son sceptre de fer assène maint horion sur le croupion des diables. Quel est cet enfant paré de fleurs, de guirlandes, de rubans, que conduit un ange au corset aurore, aux ailes d'azur ? C'est une ame bienheureuse qui voyage vers le paradis, malgré les efforts de Satan et de ses sujets, dont les gueules énormes vomissent sur elle le feu, le soufre et la fumée. Mais vous! homme dévot et stilé dans les préceptes lumineux des prêtres de l'église, n'avez-vous pas peur que le diable en personne ne se mêle parmi ces hommes qui jouent si bien son rôle, et que, pour reconnoître leurs talens, il n'en fasse sa proie ? Rassurez-vous ; tous ces diables factices ont entendu la messe à Saint-Sauveur. Ces gouttes d'eau que vous apercevez encore sur les rouges écailles de leurs cuisses circonflexes, sont les traces de l'eau bénite dont on les aspergea, pour dégoûter le diable de leur compagnie. Prenez garde : voici le chat d'Egypte, le veau d'or du désert; Moïse, sa barbe et ses rayons; Aaron et sa mître, et des juifs impolis qui bernent ces messieurs. Qui leur succède? la reine de Saba les poings sur les côtés ; les dames de sa cour, les danseurs de son théâtre, les ménétriers de ses guinguettes; puis l'étoile, puis les mages, puis les pages de ces rois voyageurs faisant de certains gestes que vous me dispenserez de vous décrire; puis encore Hérode, présidant au massacre des innocens qu'il fait tuer à coups de pistolet, pour observer l'ordre de la chronologie. Après lui, sont les apôtres; Judas que l'on bâtonne; les quatre évangélistes et le bœuf de saint Luc, et Jésus-Christ qui sourit, et la mort un bandeau sur les yeux. Après la mort, les chevaux de carton, pères heureux des coursiers de Nicolet ruant, sautant, caracolant autour des lépreux qu'on étrille, et pour cause; et que suit à pas lourds un Saint-Christophe de trente pieds de haut ; derrière lui, la renommée, qui publie la vérité de sa stature ; puis le duc et la duchesse d'Urbain montés sur des ânes moins étonnés que leurs maîtres de se trouver ici. Place ! voici l'Olympe ; c'est Momus, Mercure, la Nuit, Pluton et Proserpine ; Amphitrite et Neptune ; les Faunes et les Driades, Pan et Syrinx, Mars et Minerve, Apollon et Diane, Saturne et Cybèle, tous à cheval ; Bacchus en cabriolet ; Jupiter, Junon, Vénus et l'Amour en carosse ; les Jeux sur l'impériale, et les Parques aux portières ; puis le clergé, puis l'or des chappes, des dalmatiques et des étoles ; puis la musique, puis les anges et les fleurs, puis cinquante encensoirs, puis le dais, puis l'archevêque, puis le Dieu de l'univers.

Telle étoit cette procession, dont l'indécence frappoit encore les regards il y a dix ans ; bouffonnerie gothique dont on révoqueroit en doute la longue existence, si l'on ne connoissoit l'autorité du mensonge et de la crédulité sur les hommes.

Faut-il s'étonner ensuite, quand on observe cet acharnement à dégrader la raison dans des têtes sans cesse exaltées par la chaleur du climat, de voir sortir d'un semblable foyer tous les excès du fanatisme ? Qui pourroit dire jusqu'à quel point les prestiges de semblables objets, dénaturant les idées chez des hommes superstitieux, purent influer sur le massacre des malheureux habitans de Cabrières et de Merindol, massacre qui signale d'une si atroce manière l'histoire du parlement d'Aix ? Qui doute que la justice, la tolérance, la modération, l'humanité mises en action, par exemple, à la place de ces farces sanglantes, n'eussent adouci les cœurs, et ne leur eussent appris que le crime est dans les actions et non dans les croyances ? Qui jamais se rappellera sans frémir cet arrêt d'un corps de magistrats qui se disoient constitués pour la défense du peuple ? De quel droit se mêloit-il de l'opinion que l'homme peut avoir des dieux ? Quoi ! les livres catholiques sont pleins de déclamations contre les persécutions des empereurs, et des juges catholiques surpassent leur férocité ! En 1540, sans autre motif que le caprice, sans autre raison qu'une fureur aveugle, le parlement d'Aix fait citer à sa barre tous les protestans de la Provence ! C'est pour juger et punir, dit-il ; et il s'offense de ce qu'ils ne comparoissent pas ! Alors, sans les avoir entendus, sans connoître leur nombre, sans savoir jusqu'à quel point la tranquillité de l'Etat peut être compromise, ce parlement rend un arrêt à jamais exécrable, qui condamne en masse au dernier supplice les habitans de deux villes et de leur territoire ; ordonne que leurs maisons, leurs bois, leurs moissons seront rasés et brûlés, et que leurs biens seront acquis au profit du roi.

Mais c'est peu ; et qui pourroit le croire ? c'est le premier président, c'est le chef de ces juges iniques qui se met lui-même à la tête des bourreaux ; c'est le trop fameux baron d'Oppède, qui fait ravager, brûler, détruire enfin de fond en comble vingt-deux bourgs et villages ; qui fait périr dans les flammes quatre mille hommes. Vieillards, femmes, filles, enfans, rien ne lui fut sacré. O fanatisme (5) ! et il est encore des hommes qui te regrettent ! Mais hâtons-nous de fermer la chronique de ces horreurs, et occupons-nous des arts qui consolent l'homme de la méchanceté des hommes.

Quelques antiquités rappellent ici la splendeur romaine qui décora tant de villes dans cette partie des Gaules. Telles sont huit magnifiques colonnes d'ordre corinthien que l'on croit avoir appartenu à un temple du soleil. Elles supportent aujourd'hui le dôme du baptistaire dans l'édifice gothique qui servoit de cathédrale; six sont de marbre, et deux de granit. Cette chapelle ou baptistaire est d'un bon style; elle est à huit pans, ou octogone. Le dôme est ouvert, et l'effet en est agréable. Cependant il faut convenir que ces sortes de chapelles, d'un beau genre d'architecture, adaptées à de vastes monumens gothiques, jurent singulièrement, et au lieu d'embellir l'édifice, font le plus mauvais effet. Cette cathédrale est du onzième ou dixième siècle. Le gothique en est assez léger; mais elle est extrêmement sombre, et j'ai remarqué que c'étoit dans les différentes villes de Provence assez en général le défaut de ces espèces de monumens, non que ce soit un des caractères particuliers de ces sortes de constructions, puisqu'il est en France et ailleurs beaucoup de ces églises gothiques très-éclairées; mais parce que, dans les contrées où nous nous trouvons, il est possible que ce soit le même architecte, ou les élèves du même architecte, qui aient construit ces diverses basiliques. Quoi qu'il en soit, il est certain que les cathédrales d'Arles, d'Aix, de Marseille, de Toulon, de Fréjus, d'Antibes, etc. offrent toutes la même obscurité.

Quelques sculptures du Pujet et de Veyrier, son élève, plusieurs tableaux de Mignard, voilà ce que les arts modernes présentent de plus recommandable dans cette ville. La salle de spectacle est médiocre, et le palais où s'assembloit l'ancien parlement n'a rien de bien remarquable.

Les eaux minérales ont perdu de leur ancienne réputation, et il paroît même que dès le temps de Strabon, elles étoient déjà déchues de leur célébrité. Il faut croire cependant que, par la magnificence des anciens bains dont on a découvert les débris dans les fouilles, elles étoient aussi estimées que fréquentées par les Romains. Ce fut au commencement du dix-huitième siècle, qu'en travaillant aux bâtimens que la ville faisoit élever pour la commodité publique des malades étrangers, que l'on espéroit attirer à cette source, l'on trouva une quantité considérable de colonnes tronquées, de chapiteaux, de frises, d'inscriptions, de médailles, incontestables gages de la beauté des édifices qui, jadis, existèrent à cette place. Une statue du dieu des jardins que l'on trouva parmi ces ruines, sembloit indiquer le genre des maladies auxquelles la vertu de ces eaux thermales s'appliquoit plus spécialement. Aujourd'hui cette statue est dérobée aux regards du public, et on ne la montre qu'aux curieux. Les bâtimens modernes sont beaux et commodes : les bains sont en marbre ; toutes les recherches s'y trouvent ; mais ces soins divers n'ont point inspiré la confiance pour ces eaux : les médecins les conseillent rarement, et elles sont peu usitées.

Les campagnes des environs d'Aix sont peuplées; mais, en général, les maisons de plaisance sont petites; et l'on voit très-peu de ces maisons vastes, qu'autrefois on appeloit châteaux, et qui, dans d'autres départemens, annoncent le voisinage des grandes cités. Ici elles ressemblent déjà à ces jolies bastides dont la campagne de Marseille est couverte. Au reste, le paysage a peu de fraîcheur; les oliviers dont les champs sont plantés, les câpriers, dont les touffes également espacées ne cachent qu'en partie l'aridité du sol, le verd pâle des uns, le verd sombre des autres ne récréent point l'œil: quelques orangers se montrent dans les jardins; quelques vignes de loin en loin, garnissent de leurs pampres quelques côteaux; mais cette parure est si rare, qu'elle dédommage foiblement de l'ennui qu'on éprouve en voyageant dans la ci-devant Provence; et quand bien même les sites seroient plus agréables, par un usage bizarre et particulier à ce pays, le voyageur n'en jouiroit pas. La funeste habitude d'encaisser tous les chemins entre deux murs de bauge extrêmement élevés, y rend les voyages insupportables. Pendant les étés, communément très-secs, la poussière s'accumule entre les murailles à une élévation extraordinaire; le soleil presque perpendiculaire pendant une partie du jour, fait des poëles ardens de ces espèces de chemins : on n'y respire ni en voiture, ni à cheval, ni à pied; et dans les grandes chaleurs, il n'est point rare d'y voir les hommes et les bêtes de somme y tomber de lassitude, de chaud et de soif, et y

Notre-dame des Anges près Marseille.

périr sur la place; et c'est sur-tout dans la marche des troupes, que ces accidens sont fréquens. Tels sont presque tous les chemins entre Saint-Remy et Aix, entre Aix et Toulon, entre Toulon et Marseille, et ailleurs.

Il est donc facile de deviner quel besoin l'on ressent de rencontrer un point de vue agréable; et c'est encore cette privation et cette pénurie de paysages qui rend l'aspect de Marseille, de son bassin enchanteur, et de la mer qui le borne à l'horizon, si délicieux, si ravissant, si admirable, lorsque l'on parvient, en partant d'Aix, au sommet d'une montagne dont le nom m'est échappé, et d'où l'on découvre ce spectacle si riche. Il est peu de voyageurs qui ne s'arrêtent quelques instans pour en jouir, et ils ont raison, car une fois descendus au pied de la montagne, on se retrouve entre les murailles qui ne vous abandonnent plus jusqu'aux portes de Marseille. Au reste, de quelque côté que l'on aperçoive cette ville, soit par mer, soit par terre, il est impossible de se faire une juste idée de sa grandeur. Du côté de la mer, on confond avec elle les trois îles qui couvrent son port; tandis qu'elle paroît immense du côté de la terre. Cet énorme amas de petites maisons appelées bastides, si multipliées, si rapprochées, semblent faire partie de la ville, de telle sorte, qu'elle paroît plus vaste que Paris même; et quand on est dans Marseille enfin, l'on est surpris de reconnoître que, pour peu que l'on ait parcouru l'Europe, on a vu vingt villes plus considérables. Quelle richesse, quel commerce, quelle grâce dans ses bâtimens! quelle magnificence et quel mouvement dans son port! mais sur-tout, quelle dignité dans son histoire, et quelle antiquité dans sa durée!

Petite fille d'Athènes, elle dut le jour aux Phocéens, enfans de cette métropole de l'antique Grèce. A peine Rome étoit-elle bâtie, que Marseille étoit déjà fameuse : plus cette ville a été importante dans tous les tems, plus on a dû se plaire à entourer son origine de fables. Combien de gens ont traité les villes comme les hommes, qu'ils ne supposoient dignes d'estime que par leurs aïeux! Heureux encore quand on jugeoit les princes ou les rois assez nobles pour en être les fondateurs, et quand on ne leur donnoit pas des dieux pour premiers architectes! C'est ainsi, par exemple, que, pour relever l'origine de Marseille aux yeux des hommes qui s'imaginent que l'opulence, que l'industrie d'une grande cité, ne vaudroient pas, sans doute, la peine d'être remarqués, si quelques mains royales n'avoient bâti les maisons où s'exerce son négoce, certains chroniqueurs ont voulu qu'une Princesse fille d'un roi du pays soit devenue subitement amoureuse du chef des Phocéens quand ils débarquèrent dans cette partie des Gaules, et que son père, complaisant pour les amours de sa fille, lui ait donné pour dot le terrain où gît aujourd'hui Marseille. Quoi qu'il en soit de ces fables, toujours est-il à croire que quelqu'événement a pu leur donner lieu; et quand on réfléchit à ce que devoient être dans ces tems reculés ces petits chefs de peuplades à qui l'opinion que l'on se forma dans la suite, de la splendeur que prête la couronne, aura fait donner le nom de rois, on sent que les Phocéens, en débarquant, auront pu disputer le terrain à quelques-unes de ces peuplades; qu'un accord aura été le terme de cette rixe, et que le mariage de la fille du chef gaulois avec le chef grec en aura été le résultat.

Ce qu'il y a de plus certain, c'est que les Phocéens y apportèrent la sagesse de l'antique Grèce, ses lois, ses connoissances en agriculture, et son amour pour les sciences et les beaux-arts. Des navigateurs fameux s'y formèrent; et l'on cite, entr'autres, *Pytheas* et *Euthymène*, qui, les premiers, franchirent le détroit connu aujourd'hui sous le nom de Gibraltar, dont l'un prit au nord, et s'avança jusqu'en Islande, tandis que le second, en côtoyant les côtes occidentales de l'Afrique, parvint jusqu'au Sénégal : alors se fonda ce grand commerce de Marseille, qui subsista presque sans interruption jusqu'à nos jours.

La forme républicaine de son gouvernement, la liberté dont jouirent les citoyens, leur sagacité naturelle, leur amour pour le travail, les richesses qui en sont le fruit, élevèrent chez eux les arts à un degré de perfection qui les rendent rivaux de tout ce que l'antiquité possédoit de rare en ce genre. Cicéron ne parloit jamais de Marseille, qu'en la qualifiant du nom de l'Athènes des Gaules. Pline l'appelle la souveraine des études. Enfin, Aristote en faisoit assez de cas pour en avoir fait l'objet d'un ouvrage particulier qui, malheureusement, ne nous est point parvenu.

Un demi-siècle avant l'ère chrétienne, elle opposa une vigoureuse résistance aux armes de César. Il faut lire dans les commentaires de ce général les détails de ce siége, qu'il range parmi les plus célèbres connus jusqu'à lui. Enfin, elle subit le joug des Romains; elle perdit sa liberté, ses lois, ses magistrats, et même une partie de sa splendeur, infortune commune à toutes les villes où s'introduit l'esclavage. Vinrent ensuite les ravages des Barbares, qu'elle éprouva comme toutes ses voisines; et à son tour, l'anarchie féodale, qui lui donna des vicomtes particuliers; mais ici, tout comme à Aix, cette puissance n'eut rien de cette tyrannie sombre, farouche, spoliatrice et soupçonneuse, qui marquoit par-tout ailleurs le caractère de ce peuple de souverains qui s'étoient divisés l'Europe sous l'apparente protection de quelques rois, qu'ils opprimoient aussi bien que les peuples; et les vicomtes introduisirent à Marseille les troubadours, la poésie, les fêtes, l'amour et les jeux, et dans ces siècles de douleur pour le reste du monde, elle échappa aux souffrances qui pesoient sur toutes les nations. Depuis, sous la monarchie, elle fut toujours comptée au rang de ces villes puissantes que les rois caressoient et ménageoient plutôt par crainte que par amour; et il faut le dire à la gloire de Marseille, elle conserva constamment de ses anciennes mœurs une sorte d'esprit républicain, qui tint sans cesse la monarchie dans une espèce de respect vis-à-vis d'elle.

A la manière dont César décrit cette ville, il sem-

Le Port de Marseille

bleroit que deux des trois îles qui couvrent l'entrée de son port, n'existoient pas encore; il n'en cite qu'une. Il faudroit donc présumer de là que depuis ces deux îles sont sorties de la mer, ou qu'elles se sont démembrées de celle dont parle César, et qu'il ne désigne pas, par quelques grands accidens de la nature. Marseille se trouve située dans le fonds d'une baie que forme la Méditerranée sur cette côte. Quand on y arrive par mer, la vue de ses forts, de sa citadelle, de ses églises, de ses édifices publics, et de l'étendue des bâtimens qui s'élèvent en-deçà et au-delà de son port, lui donne un air de grandeur et de majesté qui flatte et surprend tout-à-la-fois.

Aux différens avantages qu'elle tire de sa situation, elle unit encore la force. Il ne peut entrer qu'un seul vaisseau à-la-fois dans le port de Marseille; et au besoin, on peut le fermer d'une chaîne : sa figure est ovale, un quai très-large l'environne, et de belles maisons le décorent.. De là, la ville semble s'élever en amphithéâtre, et forme un point de vue magnifique. On donne une longueur de mille mètres à ce port, qui s'étend de l'ouest à l'est, sur une largeur de quatre cents mètres : on prétend qu'il peut contenir jusqu'à mille vaisseaux; mais je crois ce nombre exagéré; d'autres disent cinq cents, et cela me paroît raisonnable. Malgré tant d'avantages, il a l'inconvénient de ne pouvoir recevoir des vaisseaux de guerre, n'ayant pas assez de profondeur pour ces sortes de bâtimens. Le château d'If, la citadelle, le fort Jean, défendent Marseille et par leur élévation, et par le nombre de leurs ouvrages. Elle est elle-même entourée de murailles flanquées de forts et de bastions, et sous Louis XIV, on ajouta beaucoup à ces fortifications. Il est dans l'un des forts une église que l'on appelle Notre-Dame-de-la-Garde à laquelle les matelots ont singulièrement dévotion, et dont les murs sont couverts *d'exvoto*.

Marseille est divisée en ville vieille et ville neuve. La première est comme toutes les anciennes villes, c'est-à-dire, que les rues en sont étroites, les maisons gothiques, mal bâties et incommodes. La ville neuve, au contraire, ne le cède en beauté à aucune ville de la république. Une superbe rue la traverse dans sa longueur, et conduit de la porte d'Aix à la porte de Rome ; elle a près d'une demi-lieue de long. L'architecte Louis, que les arts ont perdu il y a peu de tems, a présenté un plan pour reconstruire cette porte d'Aix, qui alors auroit offert un arc de triomphe, et introduit avec une majesté convenable à la beauté de la ville dans cette superbe rue. Il seroit à souhaiter que ce plan fût exécuté. Le cours occupe au moins un tiers de cette rue, et se trouve précisément dans le milieu. En examinant l'emplacement qu'il occupe, il ne m'a pas paru certain que l'intention première eût été d'en faire un cours, et il me paroît plus raisonnable de penser que l'on a voulu en faire une place plus longue que large, à laquelle venoient aboutir les deux rues d'Aix et de Rome ; mais l'ardeur du soleil et la chaleur du climat auront fait desirer de jouir de quelqu'ombrage sur cette place, qui devoit être

un

un foyer insupportable avant qu'elle fût plantée d'arbres. Quoi qu'il en soit, malgré la magnificence des maisons qui bordent le cours, malgré les bancs que l'on a placés le long des allées, malgré les richesses des boutiques et la foule qui peuple communément cette promenade, il s'en faut de beaucoup qu'elle soit aussi agréable que celle d'Aix. Les arbres y donnent moins d'abri; elle ne jouit point de fontaines dont les eaux rafraîchissent l'air; souvent la poussière y est insupportable, et quand le vent que l'on appelle le mistral en Provence, vient à souffler, ce cours si vanté n'est pas tenable. A droite de ce cours est la ville neuve proprement dite, l'arsenal, la bourse, la comédie, enfin le quai.

Marseille compte six portes, qui n'ont rien de bien extraordinaire. Un de ses plus singuliers bâtimens est la cathédrale, que l'on appeloit la Major. Sa forme est triangulaire, ce qui prouve à combien de reprises on y a travaillé, et qu'elle fut l'ouvrage de différens siècles. Elle est extrêmement obscure, et dans le quartier le plus ancien de la ville, ce qui doit être naturellement. On prétend que ce fut autrefois un temple du paganisme que l'on donne indifféremment à Cybèle, à Isis et à la déesse d'Ephèse, ce qui ne prouveroit pas que ce fût trois déesses différentes; mais bien peut-être trois noms différens donnés à la même déesse. Quoi qu'il en soit, l'opinion dévote veut que ce soit la Madeleine qui ait délogé Cybèle de son temple; et l'on montre encore auprès de cette église une très-petite chapelle où se retiroit cette sainte, après avoir prêché vrages. Elle est elle-même entourée de murailles flanquées de forts et de bastions, et sous Louis XIV, on ajouta beaucoup à ces fortifications. Il est dans l'un des forts une église que l'on appelle Notre-Dame-de-la-Garde à laquelle les matelots ont singulièrement dévotion, et dont les murs sont couverts *d'exvoto*.

Marseille est divisée en ville vieille et ville neuve. La première est comme toutes les anciennes villes, c'est-à-dire, que les rues en sont étroites, les maisons gothiques, mal bâties et incommodes. La ville neuve, au contraire, ne le cède en beauté à aucune ville de la république. Une superbe rue la traverse dans sa longueur, et conduit de la porte d'Aix à la porte de Rome ; elle a près d'une demi-lieue de long. L'architecte Louis, que les arts ont perdu il y a peu de tems, a présenté un plan pour reconstruire cette porte d'Aix, qui alors auroit offert un arc de triomphe, et introduit avec une majesté convenable à la beauté de la ville dans cette superbe rue. Il seroit à souhaiter que ce plan fût exécuté. Le cours occupe au moins un tiers de cette rue, et se trouve précisément dans le milieu. En examinant l'emplacement qu'il occupe, il ne m'a pas paru certain que l'intention première eût été d'en faire un cours, et il me paroît plus raisonnable de penser que l'on a voulu en faire une place plus longue que large, à laquelle venoient aboutir les deux rues d'Aix et de Rome ; mais l'ardeur du soleil et la chaleur du climat auront fait desirer de jouir de quelqu'ombrage sur cette place, qui devoit être

un

un foyer insupportable avant qu'elle fût plantée d'arbres. Quoi qu'il en soit, malgré la magnificence des maisons qui bordent le cours, malgré les bancs que l'on a placés le long des allées, malgré les richesses des boutiques et la foule qui peuple communément cette promenade, il s'en faut de beaucoup qu'elle soit aussi agréable que celle d'Aix. Les arbres y donnent moins d'abri; elle ne jouit point de fontaines dont les eaux rafraîchissent l'air; souvent la poussière y est insupportable, et quand le vent que l'on appelle le mistral en Provence, vient à souffler, ce cours si vanté n'est pas tenable. A droite de ce cours est la ville neuve proprement dite, l'arsenal, la bourse, la comédie, enfin le quai.

Marseille compte six portes, qui n'ont rien de bien extraordinaire. Un de ses plus singuliers bâtimens est la cathédrale, que l'on appeloit la Major. Sa forme est triangulaire, ce qui prouve à combien de reprises on y a travaillé, et qu'elle fut l'ouvrage de différens siècles. Elle est extrêmement obscure, et dans le quartier le plus ancien de la ville, ce qui doit être naturellement. On prétend que ce fut autrefois un temple du paganisme que l'on donne indifféremment à Cybèle, à Isis et à la déesse d'Ephèse, ce qui ne prouveroit pas que ce fût trois déesses différentes; mais bien peut-être trois noms différens donnés à la même déesse. Quoi qu'il en soit, l'opinion dévote veut que ce soit la Madeleine qui ait délogé Cybèle de son temple; et l'on montre encore auprès de cette église une très-petite chapelle où se retiroit cette sainte, après avoir prêché

D

les Marseillois; et pour tout dire, ce n'est pas sans une sorte d'étonnement, que l'on voit le Lazare, Marthe et Madeleine ses sœurs, cette famille amie de Jesùs-Christ, et l'une de celles qui s'honorèrent le plus en Judée par l'hospitalité qu'elle donna si souvent à ce sage législateur, qu'on voit, dis-je, cette famille transportée en Provence, si loin des lieux où tant d'intérêts sembloient devoir l'attacher.

Un des objets les plus curieux de cette cathédrale, sont trois tableaux du Pujet, sculpteur célèbre, qui naquit à Marseille, et se plut à décorer sa patrie, non-seulement par les tableaux dont nous parlons ici, mais encore par différens morceaux de sculpture à la bourse, et par un magnifique bas-relief que l'on voit dans un bâtiment du port appelé la Consigne, et représentant saint Charles Boromée administrant les pestiférés de Milan. On voit encore de lui deux autres fort beaux tableaux, l'un dans la chapelle de Saint-Nicolas, l'autre dans l'église du *château Gombert*. Celui-ci passe pour son chef-d'œuvre, et sa réputation s'en accrut par une circonstance assez singulière. Ce tableau représente la vocation de saint Mathieu. On prétend que lorsqu'on le plaça, un moine ami du Pujet, nommé le père Bouligou, étoit présent, et lui représenta que, pour la vérité historique, il falloit une figure de plus dans le tableau. Le Pujet naturellement impatient, et ne voulant pas faire remporter le tableau dans son atelier, le fit descendre; et à l'instant dans l'église, ne voulant pas différer la correction indiquée, et n'ayant point de modèle, il dessina et peignit le père Bouligou lui-même en apôtre, et il le fit d'une ressemblance si frappante, que le desir de voir le portrait de ce moine, qui étoit extrèmement connu, attira toute la ville, et donna une grande renommée au tableau.

Le bâtiment que l'on appeloit avant la révolution l'abbaye de Saint-Victor, a plus l'air d'une forteresse que d'une habitation de religieux. Il est entouré d'épaisses murailles et de tours. Les uns lui donnent pour fondateur un savant du quatrième siècle, nommé Cassien ; d'autres veulent que cette abbaye ait été bâtie par les rois Bourguinons de la race des Mérovingiens. C'étoit la plus ancienne des maisons de bénédictins en France, la plus grande et la plus riche : elle fut, à certaines époques, habitée par plus de cinq mille religieux. Elle tenoit à gloire d'avoir beaucoup de reliques. On calculeroit difficilement le nombre de vases d'or et d'argent, de pierres précieuses, d'ornemens de toute espèce qu'elle possédoit. Dans la suite, ces richesses même amenèrent peut-être le relâchement : elle fut sécularisée par le pape Clément XII. L'orgueil succéda à l'humilité chrétienne, et il falloit être noble de six quartiers, pour être chanoine de Saint-Victor. Un des plus beaux monumens de l'église est le tombeau d'Urbin V pape, dont j'ai eu plus d'une fois occasion de parler dans le cours de ce voyage, et qui avoit été abbé dans cette maison. Elle renferme aussi dans ses galeries souterraines plusieurs tombeaux antiques, et que l'on croit renfermer des cendres de payens. On en juge par ces deux lettres D. M. que portent la plupart d'entr'eux, et que l'on explique par ces mots *Diis Manibus;* mais il vaut mieux s'en rapporter aux inscriptions qu'ils peuvent offrir, parce que dans les tombeaux des chrétiens, sur-tout de ceux des premiers siècles, on trouve aussi quelquefois ces deux lettres.

L'histoire des églises de Marseille rapporte quelques traits de dévouement fanatique, les uns fondés sur un enthousiasme de vertu que la morale admire en frémissant, et qu'il ne lui appartient pas de condamner, les autres sur une opiniâtreté ridicule, et dont la raison gémit. L'un d'eux appartient aux religieuses bénédictines de Saint-Sauveur. Dans le huitième siècle, lorsque les Sarrazins prirent Marseille, ils pénétrèrent dans ce couvent. L'abbesse, pour conserver la chasteté de ses filles et la sienne, les détermina à se mutiler la figure pour effrayer les vainqueurs par cet horrible spectacle, et leur donna l'exemple de cet affreux sacrifice. Il les conserva pures; mais il ne leur sauva pas la vie. Les barbares les massacrèrent. L'autre trait appartient aux cordeliers. On se rappelle la grande question qui divisa cet ordre sur la forme des capuchons, et sur la propriété vraie ou fausse de leurs alimens. Ceux de Marseille luttoient pour les capuchons pointus et la non propriété de la soupe; ils étoient de la secte des *spirituels :* leurs antagonistes l'emportèrent, et ils ne voulurent pas obéir. L'inquisition s'en mêla, et les jugea hérétiques, et d'après sa sentence en 1318, ils furent brûlés sur la place publique. Hélas! n'appelons pas barbares ces siècles éloignés; les plus voisins de nous ne valent pas mieux, et il n'y a pas deux cents ans que l'on a brûlé un chanoine de Saint-Victor de Marseille pour crime de sorcellerie.

Le lazaret n'est pas le moins beau ni le moins important des édifices de Marseille. Il est au nord de la ville sur le bord de la mer, et dans une situation très-saine et très-aérée. Le commerce du levant et les dangers qui en résultent, ont déterminé l'administration publique à construire ce bâtiment, où les personnes qui font la quarantaine trouvent toutes les commodités et tous les secours possibles, aux communications près avec la ville, qui leur sont sévèrement interdites. Le fléau de la peste auquel le commerce de l'orient a exposé cette ville, auroit dû faire naître bien plutôt l'idée de cet établissement. Ce fut pour la neuvième fois, qu'en 1720 et 1721, Marseille fut dévastée par cette horrible maladie; et dans ces neuf époques, ce fut celle aussi où elle fit le plus de ravages. On peut dire que jamais en France spectacle plus affreux n'épouvanta l'humanité. On croit qu'un vaisseau venu de Seyde en répandit le premier venin. Que l'on se représente, s'il se peut, l'alarme épouvantable d'une population de cent mille ames à ce premier mot, la peste est ici : avec quelle affreuse rapidité ce bruit court, se répand, se propage, s'accroît! Un seul homme n'est pas encore atteint peut-être, et déjà toutes les horreurs du trépas sont présentes à tous les individus. O malheureuses mères, qui, d'avance, mourez dans vos enfans, où les cacherez-vous? Epoux infortunés, qui sauvera ce tendre objet de votre amour? Qui garantira la tête vénérable de ce père, dont l'œil inquiet observe déjà la pâleur de vos traits? Il faut fuir; vous l'essaierez en vain. Voyez-vous ce cercle de soldats, que l'humanité pour la première fois barbare, a placé sur vos frontières? Impénétrables remparts, qui, par respect pour la vie, vous condamnent à lutter contre la mort! Mais déjà les funérailles s'accumulent, les bras ne peuvent plus suffire à creuser les tombeaux; tout meurt à la même heure, et les malheureux étendus sur le brâsier d'un lit pestiféré, et l'imprudent et religieux ami qui lui ferme la paupière, et l'indifférent mercenaire qui les traîne ensemble à leur dernier asyle. Les cadavres s'amoncèlent sous les portiques; les rues en sont peuplées, les maisons les recèlent. Là, l'enfant décoloré expire sur le sein de sa mère expirée; ici, le vieillard chancèle dans les bras de son fils affoibli, qui le précède dans la tombe; plus loin, c'est l'aliment offert par l'amitié qui glisse le trépas au sein de l'ami reconnoissant. Déjà les cloches n'annoncent plus le départ des convois. Au funèbre bruit des marteaux qui scelloient les cercueils, a succédé le silence plus formidable encore. On n'entend plus ni les cris, ni les pleurs, ni le tumulte des secours, ni l'anxiété qui interroge. Je meurs, voilà les seuls mots héritiers de la langue de tout un peuple; tout se tait, tout est glacé, tout tombe, tout gît étendu et sans couleur et sans voix et sans vie; et de la vaste agitation d'une immense cité, il ne reste plus que les replis par les vents déroulés de ce drapeau lugubre qui, du haut des tours, défend aux humains d'approcher de ces murs empoisonnés. Oh! qu'il est bien alors l'image de la Divinité, l'homme qui, nourri dans la science d'Esculape et d'Hygie, traverse d'immenses espaces, pour venir répandre sur un peuple infortuné les secours d'un art, consolateur du moins, s'il n'est pas infaillible, et mourir sans regret dans les bras de quelques malheureux qu'il arrache au trépas! Oh! qu'alors aussi elle est auguste, cette religion, quand des prêtres, par le spectacle de la calamité publique et le sentiment de leurs propres dangers, dépouillés de leur pompe, du fanatisme, de l'orgueil et des préjugés du sacerdoce, n'ont plus que des caresses, des consolations, des prières à donner à leurs semblables, et bénissent l'homme à côté du tombeau, où l'instant après, ils vont se coucher avec lui! Mais, ô bizarre obscurité des replis du cœur humain; c'est du sein même du plus grand châtiment, que l'homme criminel peut, dans son juste effroi, imputer au courroux céleste, que le crime effronté s'assure pour ainsi dire l'impunité, et se crée le préservatif d'un fléau qui frappe indifféremment et les longues vertus et l'innocence au berceau : quatre hommes, pour jouir en paix de la facilité du crime, inventent ce spécifique aujourd'hui la ressource de la terre, dès qu'au premier bruit de la contagion l'imagination en devance les horreurs.

En voyant le lazaret de Marseille, on ne peut s'empêcher de gémir que les objets d'une telle utilité publique ne soient pas nés de la précaution plutôt que de l'expérience, et qu'il ait fallu que l'horrible tableau que je viens de mettre sous les yeux du lecteur, se répétât neuf fois avant que l'on songeât aux moyens de s'en garantir. Seroit-il donc vrai que la sagesse ne fût pas une qualité innée dans l'homme, et qu'elle ne fût qu'une combinaison et non pas une vertu?

Quoique Marseille soit, à coup-sûr, l'une des plus anciennes villes de l'Europe, c'est cependant celle où l'on trouve le moins de vestiges de l'antiquité; et c'est, à mon avis, la preuve la plus certaine de sa constante splendeur. Les siècles ne se reconnoissent plus dans les villes où chaque siècle est marqué par la richesse, le commerce, le goût des arts et le luxe, parce que chacun veut couvrir de son éclat celui qui l'a précédé, et détruit sans cesse pour rebâtir sans cesse tout-à-la-fois par amour de la gloire et par amour-propre; et par le même principe, on pourroit dire que la meilleure manière de concevoir une idée juste de l'ancienne magnificence de Marseille, c'est d'en juger par sa magnificence actuelle. Il est aujourd'hui peu de villes auxquelles on puisse la comparer; et l'on voit que sous le règne d'Auguste, on l'assimiloit aux plus belles villes d'Asie. Ainsi la situation est pareille : et combien cette magnificence avoit-elle précédé le siècle d'Auguste, puisque Strabon, auteur contemporain, en considérant alors Cysique comme une des plus superbes villes de l'Asie, apporte en preuve de la justesse de son opinion, que cette ville étoit enrichie des mêmes ornemens qu'on avoit autrefois admirés à Rhodes, à Carthage et à Marseille!

C'est donc vainement que, d'après ce même Stra

bon, on chercheroit aujourd'hui dans Marseille la place où existèrent les fameux temples de Diane et d'Apollon. On ne détermineroit pas avec plus de facilité la place où le célèbre Pithéas établit le gnomon, ou l'aiguille qu'il fit dresser pour fixer la hauteur du pôle.

Malheureusement les mœurs n'ont pas marché de pair avec tant de titres à la gloire. Le tems des vertus passa avec le tems de la sagesse de ses lois. Elle avoit joui d'un crédit presque illimité dans Rome ; mais elle eut le malheur, ou pour mieux dire, la magnanimité d'embrasser le parti de Pompée, et elle s'attira le ressentiment de César. Elle fut soumise; elle ne perdit ni ses arts, ni sa politesse, ni son éloquence ; mais elle perdit son gouvernement républicain. Alors il lui arriva ce qui arrive à toutes les villes dont la politesse est fameuse lorsqu'elles tombent sous le joug ; elle se consola de l'esclavage par les plaisirs, et les mœurs disparurent.

C'est à cela qu'il faut attribuer la foiblesse avec laquelle une ville qui, pour ainsi dire, avoit disputé l'empire du monde à l'homme le plus célèbre dans la guerre que la terre eût connu avant la révolution française, succombe tour-à-tour sous les Visigoths, sous les Mérovingiens, sous de simples ducs, sous les Carlovingiens, sous les rois de Bourgogne, et sous les comtes d'Arles. Plus de courage, plus d'énergie où les mœurs ne sont plus.

Cependant, quelques lueurs de cette énergie se retrouvent dans son histoire ; mais, comme chez tous les peuples qui se sont laissé ravir leur liberté, ce ne sont que des réminiscences d'un bien dont on a joui, et qu'on ne recouvre jamais. Ce fut ainsi qu'au treizième siècle, en 1226, elle redevint république; mais les élémens de ce gouvernement, la simplicité, la frugalité, le véritable amour de la patrie n'y étoient plus, et dès 1262, un frère de Louis IX la soumit: de cet effort impuissant, elle ne retint que des priviléges qui ne sont pas la liberté, et qui, dépouillés de l'opiniâtre résistance que celle-ci oppose à ses ennemis, n'ont besoin, pour être brisés, que de la puissance d'un despote; ce qui arriva. Louis XIV lui ravit ses droits, ses franchises, ses prérogatives; l'entoura de bastilles; et tel seroit l'état dans lequel elle languiroit encore, sans la révolution française qu'elle accueillit avec enthousiasme, et pendant laquelle il eût été quelquefois à souhaiter qu'elle eût fait concevoir moins d'alarmes à l'humanité. Mais quoi qu'il en soit de cette réflexion, la vérité veut que l'on dise qu'elle sera toujours chère aux amis de la liberté, et que si les services qu'elle lui rendit furent quelquefois marqués d'un caractère terrible, ils furent toujours au moins suivis de résultats importans pour elle. Ses services ressemblèrent à des victoires.

Pendant les guerres de religion, elle eut le malheur d'embrasser le parti de la ligue; et telle étoit l'aberration des principes des hommes de ce tems, que l'on peut dire qu'alors le parti de la liberté étoit le parti de Henri IV. On retrouve au nombre des infortunés persécutés dans Marseille par la ligue, une dame de Mirabeau; et ce n'est pas sans intérêt, que l'on voit deux cents ans avant la révolution, le fanatisme imposer à ce nom célèbre le devoir de le punir un jour de ses atrocités. Deux frères nommés *Libertat*, et dignes de ce nom, délivrèrent leur patrie de leurs tyrans sacrés, l'un d'eux en attaquant *Cazault*, l'un des chefs des ligueurs, et l'autre en introduisant les troupes d'Henri IV dans la ville. Le succès de cette conjuration ne coûta point de sang (7).

La magnificence de Marseille s'est toujours distinguée dans les fêtes publiques (8). Telles furent celles données, par exemple, à Marie de Médicis et à la comédienne Saint-Huberti deux siècles après. Ces rapprochemens sont assez piquans; on voit que l'égalité n'est point un principe étranger aux plaisirs. Le goût de la richesse a toujours précédé le goût des beaux-arts; et si la galère de Médicis avoit été faite par Plutus, Apollon, l'Amour et les Grâces avoient présidé à l'ornement de l'esquif où la comédienne fut promenée en triomphe. On a conservé dans les archives de Marseille la description de cette galère de Marie de Médicis; elle avoit cent quarante pieds de long et vingt-sept rames de chaque côté; en dehors, elle étoit entièrement dorée; sa poupe étoit en marqueterie de bambous des Indes, de lapis, d'ivoire, d'ébène, de nacre et de grenats: ce qui étoit fort riche sans doute, mais devoit être d'un fort mauvais goût. Vingt cercles de fer soutenoient la couverture, et ils étoient enrichis de perles, de topazes, d'émeraudes et autres pierres précieuses. Les armes de France étoient faites en diamans de grand prix, et celles de Toscane de cinq gros rubis, d'un saphir, d'une grosse perle et d'une grande émeraude. Elles étoient attachées au trône aussi bien que deux grandes croix, l'une en diamans, l'autre en rubis. La tapisserie étoit de drap d'or, ainsi que les rideaux; les vîtres étoient de crystal; les forçats vêtus en écarlate brodée d'or, etc. Tel étoit le riche bâtiment qui conduisit Marie de Médicis en France : cela valoit bien la peine de marcher avec tant de luxe, pour venir chercher tant de malheurs !

Les bastides dont nous avons déjà parlé, rendent la campagne de Marseille charmante. Là le plaisir se présente sous toutes les formes : il est dans la beauté du ciel, dans le parfum des fleurs, dans l'aspect brillant des mers, dans la majesté des montagnes, dans l'agitation du commerce, dans la grâce des femmes, dans la gaieté des hommes, dans la vivacité de la langue, dans l'impétuosité de l'amour. Puisse-il bientôt se trouver aussi dans la concorde, que les opinions seules ont troublée, et que le tems, ce tombeau des opinions, ramènera sans doute !

NOTES.

(1) J'ai passé deux jours, en 1769, avec ce religieux. Ces moines faisoient un vilain métier, selon moi : ils gardoient des prisonniers par lettres de cachet. Cependant on leur doit cette justice, que de tous les religieux, lazaristes, yonistes, bénédictins et autres, qui s'étoient dégradés jusqu'à devenir les instrumens passifs des injustes caprices du pouvoir arbitraire, les cordeliers et les récollets étoient ceux qui le faisoient avec le plus d'humanité.

Ce supérieur étoit instruit. Il avoit fait beaucoup de recherches sur le monument en question, et sollicité plus d'une fois la permission de l'intendant de sa province de fouiller dans les environs, et de déterrer la partie cachée de l'arc-de-triomphe. Il me paroissoit convaincu que jadis la ville de Saint-Remy s'étendoit jusques là ; que cet arc-de-triomphe se trouvoit à l'une des entrées, et peut-être lui servoit de porte ; que le tombeau, suivant l'usage assez ordinaire des Romains, se trouvoit sur le bord du chemin ou de la voye, qui, selon lui, devoit aboutir à l'arc-de-triomphe, et qu'il présumoit devoir être celui ou celle qui conduisoit de Saint-Remy ou de *Glanum-Livii* à Rome ; et de cette circonstance il tiroit la conséquence qu'il n'y avoit point le moindre rapport entre l'arc-de-triomphe et le tombeau, qu'il jugeoit être de deux siècles différens. Il étoit persuadé que s'il eût obtenu la permission de fouiller, il eût trouvé des vestiges de la voye qu'il supposoit avoir passé là. Il avoit rassemblé ses recherches et ses conjectures dans un manuscrit dont il voulut bien me communiquer une grande partie. J'ignore ce que ce manuscrit sera devenu. Il avoit de même une petite collection de médailles, de vases, de patères, qu'il avoit trouvés en faisant travailler dans les jardins de sa maison.

Je ne puis parler de ce religieux, qui pouvoit avoir alors soixante ans, et que je n'ai jamais revu, sans un sentiment de reconnoissance. En 1769, j'étois très-jeune, un peu plus ignorant que je ne le suis aujourd'hui, c'est-à-dire que je l'étois beaucoup, et doué de toute l'étourderie commune aux jeunes militaires. Cependant, les noms de Marius, de Sylla, de César me montoient fortement la tête ; et je parcourois avec avidité tout ce qu'il possédoit de l'antiquité romaine dans son petit cabinet. Mon enthousiasme l'amusoit, et le dédommageoit sans doute des questions ridicules dont un étourdi de dix-huit ans l'accabloit. Pour m'expliquer quelque chose, il prit un Tacite ; je savois encore alors un peu de latin : on l'appela à l'instant même pour quelques détails de sa maison. En son absence, qui dura à-peu-près une heure, je m'amusai à traduire le passage. Quand il rentra, j'écrivois encore. Que faites-vous? me dit-il. Une version, répondis-je en riant, et lui donnant le papier. Il la lut, et, jetant sur moi un regard qui ne sortira jamais de ma mémoire : Si vous étiez mon fils, me dit-il, vous portez là un habit très-respectable ; eh bien ! vous ne le porteriez pas deux heures. Je me fâchai presque. Mon habit ! repris-je avec rudesse : eh que ferois-je ? Ce que vous ferez un jour, répondit-il avec douceur; vous écririez. Quoi qu'il en soit, vous pardonnerez à un vieillard d'être franc : vous ne savez rien ; mais, sans vous en douter, vous avez le desir de savoir. Lisez donc, lisez beaucoup ; cela sert toujours : vous ne savez pas ce qu'il vous prendra fantaisie de faire un jour. Dès le soir même, le moine, le conseil, Tacite et les médailles, tout étoit oublié ; mais l'avis germa à mon insçu ; je lus un peu, et dix ans après, quand pour avoir fait une mauvaise chanson (Non, non, Doris) je conclus que je pouvois faire un livre, je me souvins du bon moine, et j'aurois donné beaucoup pour le revoir. Certes, aucun sentiment d'amour-propre ne me fait écrire cette anecdote, qui m'est particulière ; mais je ne la rapporte que parce qu'elle peut servir à l'étude de la marche de l'esprit humain.

(2) La belle Vénus connue sous le nom de la Vénus d'Arles, fut découverte en 1651, en creusant un puits dans le cloître du couvent de la Miséricorde. Elle fut placée dans l'hôtel-de-ville, aujourd'hui la maison-commune, à la place où l'on voit encore la mauvaise copie que l'on en a faite. Trente-trois ans après, Louis XIV témoigna le desir de la voir, et les habitans lui en firent présent. On prétend que la restauration des bras et des mains a été faite par Girardon. Elle fut placée dans la galerie de Ver-

sailles, où elle est demeurée quelques années encore après la révolution, jusqu'au moment où elle a été transportée à Paris, pour être placée, avec les statues apportées d'Italie, dans la galerie des Antiques.

Il n'est pas très-extraordinaire que les antiquaires aient été divisés d'opinion sur cette statue. Nue jusqu'à la ceinture, et les autres parties du corps se trouvant couvertes d'une draperie, on a pu la prendre pour une Diane sortant du bain. L'opinion qui veut que ce soit une Vénus a prévalu : il paroît que, dans le tems, on la soutint avec chaleur, même par des épigrammes. Dulaure en rapporte une de M. Terin, qui étoit entré dans la lice sous le nom de Calisthène, et disputoit pour Vénus. Cette épigramme piqua-t-elle les dames d'Arles ? c'est sur quoi je ne me charge pas de prononcer. La voici :

  Silence, Calisthène ! et ne dispute plus ;
   Tes sentimens sont trop prophanes :
  Dans Arles c'est à tort que tu cherches Vénus ;
   On n'y trouve que des Dianes.

(3) Eschile dans une de ses tragédies, a dit, en parlant de cette plaine, que Jupiter avoit fait pleuvoir ces pierres pour fournir des armes à Hercule lorsqu'il eut épuisé tous ses traits contre les Liguriens. Aristote veut qu'elles soient les vestiges de quelque tremblement de terre qui les auroit détachées de quelque montagne, et cette opinion n'est pas soutenable.

(4) Ce fut en 1558 qu'un *gentilhomme* de Salon, nommé *Adam de Craponne*, fit creuser un canal qui traverse cette plaine couverte de cailloux et la fertilise. Ce canal a conservé le nom de son auteur, et est vulgairement connu dans le pays sous le nom de *Fosse craponne*. Le territoire d'Arles étant plus bas que celui de Cabannes et de Noves, il a fallu construire un aqueduc pour conduire ce canal jusqu'au Rhône, dans lequel il tombe à un quart de lieue de la ville. C'est un fort bel ouvrage.

(5) Ces cruautés exercées contre les malheureux habitans de Cabrières et de Mérindol, en 1545, révoltèrent à un tel point, que dans la suite ce baron d'Oppède, premier président du parlement de Provence, un baron de la Garde, et un Guérin, avocat-général au même parlement, furent recherchés pour les excès auxquels ils

s'étoient livrés, et les horreurs qu'ils avoient commises. Ces forfaits s'étoient commis sous François I.er; mais ce fut sous Henri II que se poursuivit en apparence la punition de ces bourreaux. Mais sous un règne corrompu, l'intrigue, l'injustice et la vénalité prévalurent. D'Oppède et la Garde, détenus en prison, furent mis en liberté en 1552 et 53. Guérin, qui, selon toute apparence, n'eut point d'argent à donner, fut pendu en 1554. Il fait beau voir le président Hénault dire qu'il ne fut pendu que parce qu'il fut accusé de bien d'autres crimes, comme s'il n'en étoit pas un seul qui ne fût graciable, en le comparant avec celui du massacre de Cabrières! Et quand on prononce de la sorte, on prétend écrire l'histoire!

(6) Nous avons remis à parler ici des hommes célèbres que cette partie de la république a produits. Il ne faut pas oublier à Arles le brave *Porcelet*, qui sacrifia sa vie pour sauver celle de Richard Cœur-de-Lion, surpris par les Sarrasins. Il s'écria dans leur langue, *Je suis le Roi*, et attira sur lui les coups des ennemis. Il ne faut pas considérer ici que c'est un roi qu'il arracha à la mort, mais un homme. A Aix, le célèbre *Mirabeau*, dont la lutte des opinions n'est point parvenue à étouffer la mémoire illustre, et que la France citera toujours avec orgueil parmi les hommes les plus étonnans de tous les âges, de tous les tems, de toutes les conditions. Le marquis d'*Argens* étoit aussi d'Aix, et son mausolée, ouvrage du sculpteur *Bridan*, se voit dans l'église qui appartenoit aux religieux nommés minimes. Ce philosophe, don le nom de famille étoit Boyer, fut chambellan et long-tems favori du grand Frédéric, roi de Prusse. Dans sa jeunesse, il avoit servi en France dans un régiment d'infanterie; mais l'amour des voyages, mais l'amour de la liberté, mais l'amour de l'étude, qui ne se concilient jamais avec les devoirs militaires, lui avoient fait abandonner la profession des armes. Il parcourut l'Italie, l'Allemagne, les Pays-Bas, etc. Cette vie errante déplut à sa famille. On se rappelle les préjugés des nobles contre ceux de leurs membres qui sacrifioient l'ambition des honneurs aux charmes littéraires. Son père le déshérita; mais son frère aîné, homme moins célèbre par ses talens sans doute, mais non moins estimable par ses vertus, ne partagea point l'erreur paternelle, et conserva au marquis d'Argens la part qu'il avoit droit d'attendre dans l'héritage paternel. Sa *Philosophie du bon sens*, ses *Lettres juives*,

juives, et plusieurs autres ouvrages, lui valurent une haute réputation. Il fut directeur de l'académie de Berlin; et la faveur de Frédéric ne le sauva pas toujours des sarcasmes de Voltaire, ni même, il faut le dire, des sourdes menées que plus d'une fois cet homme célèbre employa contre ceux qu'il lui prenoit fantaisie de haïr. Vers les derniers tems de sa vie, la cour étoit devenue insupportable à d'Argens. Personne plus que lui n'avoit aimé Frédéric, et Frédéric n'avoit pas été aussi constant en amitié. De là les dégoûts, de là les couleuvres sans nombre. Il avoit épousé une comédienne de Berlin, et ce mariage avoit déplu à Frédéric. Il existoit entre le monarque et le philosophe un traité par lequel celui-ci, arrivé à l'âge de soixante ans, seroit libre de se retirer; et quoique l'amitié se fût extrêmement réfroidie entr'eux, le roi ne vouloit pas entendre à l'execution de la clause du traité. Ce ne fut qu'avec beaucoup de peine qu'à l'âge de soixante et quelques années d'Argens obtint un congé de six mois, pour venir en France voir son frère. Frédéric lui fit donner sa parole qu'il retourneroit à Berlin. Il y fut fidèle, malgré les sollicitations de son frère, qui vouloit le retenir, malgré son extrême répugnance pour une cour où son crédit étoit entièrement déchu; il partit : mais, tombé malade en route, il fut obligé de s'arrêter, et n'arriva point à Berlin à l'époque convenue. Ses ennemis en profitèrent pour achever de le noircir auprès de Frédéric, qui, sans reconnoissance comme sans justice pour un homme que pendant tant d'années il avoit regardé comme un autre lui-même, dont il avoit reçu des services importans, et dont il avoit été tendrement aimé, le dépouilla de toutes ses pensions, de ses honneurs et de ses places, et livra sans pitié à la misère les derniers jours d'un vieillard; car enfin il ignoroit la conduite généreuse que le frère de d'Argens avoit tenue vis-à-vis de lui. Cela vaut bien la peine d'ambitionner le titre de roi-philosophe, pour ne se conduire que comme un autre roi! cela vaut bien la peine d'être l'apôtre de la philosophie, pour faire dépendre son bonheur des caprices d'un monarque!

(7) Trois mille ans de renommée ont dû rassembler dans l'histoire de Marseille des hommes de tous les genres de célébrité. C'est ainsi qu'on lui voit donner naissance à Pithéas, l'homme le plus illustre de l'antiquité dans les hautes sciences, et le plus renommé par la pureté de ses mœurs, contemporain d'Alexandre, astronome profond, et géographe célèbre, dont les observations

n'ont rien perdu de leur importance : et ce Pétrone, si débordé dans sa vie, si délicat dans ses vers, arbitre et censeur des plaisirs de Néron, et qui ne dut qu'au hasard qui le fit vivre sous un tyran, la gloire de mourir comme les gens de bien. Parmi les romanciers, Marseille compte d'Urfé, auteur de l'*Astrée*, ce livre si célèbre quand on le lut, et si célèbre encore parce qu'on ne le lit plus. Parmi les historiens, Antoine de Ruffi, excellent écrivain, de plus intègre juge, qui, rapporteur d'un procès dont il crut reconnoître la perte dans quelque négligence de sa part, remit à son client la valeur de l'immeuble dont l'arrêt le privoit. Parmi les orateurs, le père Mascaron, qui n'eut d'autre malheur que les talens de Bossuet. Parmi les astronomes et les botanistes, le père Feuillée. Parmi les voyageurs, d'Arvieux et Plumier. Dans la sculpture, l'inimitable Puget, auteur de l'Andromède, du Milon, du bas-relief d'Alexandre, admiré par le Bernin, caressé par Louis XIV, rudoyé par Louvois, et fameux encore par cette réponse si fière et si digne d'un grand homme, qu'il fit au ministre qui lui disoit à-propos d'une somme qu'il demandoit pour un travail : Le roi n'en donne pas davantage à ses généraux. — Il peut en trouver facilement ; mais il ne trouvera pas deux Puget, etc.

(8) Elle eut bien aussi ces solemnités ridicules, comme Aix sa voisine. Témoin le bœuf-gras, orné de festons et de fleurs, sur lequel on promenoit le petit Saint-Jean à la procession de la Fête-Dieu ; mais ici comme ailleurs, le mélange des lumières et de l'ignorance, le bœuf-gras et une académie de belles-lettres, des farandoles et des écoles d'hydrographie et d'architecture navale, etc.

F I N.

VOYAGE

DANS LES DÉPARTEMENS

DE LA FRANCE,

PAR UNE SOCIÉTÉ D'ARTISTES

ET GENS DE LETTRES;

Enrichi de Tableaux Géographiques
et d'Estampes;

L'aspect d'un peuple libre est fait pour l'univers.
J. LA VALLÉE. *Centenaire de la Liberté*. Acte Ier.

A PARIS,

Chez Brion, dessinateur, rue de Vaugirard, N°. 98,
   près le Théâtre-François.
Buisson, libraire, rue Hautefeuille, N°. 20.
Desenne, libraire, galeries du Palais de l'Egalité,
   N°s. 1 et 2.
L'Esclapart, libraire, rue du Roule, n°. 11.
Et les Directeurs de l'Imprimerie du Cercle Social,
   rue du Théâtre-François, N°. 4.

1792.

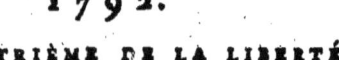
L'AN QUATRIÈME DE LA LIBERTÉ.

AVIS AUX SOUSCRIPTEURS.

C'est avec regret que nous prévenons les acquéreurs de cet ouvrage qu'à l'époque du n°. 34, département de l'Orne, nous serons obligés d'augmenter chaque cahier de 10 sous. Ils coûteront alors 3 liv. au lieu de 2 liv. 10 s., et 3 liv. 10 s. pour les départemens, franc de port. Ce renchérissement est causé par la hausse énorme du papier, œuvres d'impression, etc. Ce léger sacrifice, de la part de nos concitoyens, n'est que le dédommagement d'une partie de l'augmentation que nous éprouvons depuis long-tems.

Nota. Le Citoyen Brion fils, éditeur et dessinateur de cet ouvrage, vient de mettre au jour une gravure représentant l'assassinat de MICHEL LEPELLETIER; elle se vend chez lui et chez tous les marchands d'Estampes. Prix 10 livres colorée, et 5 livres à la manière noire.

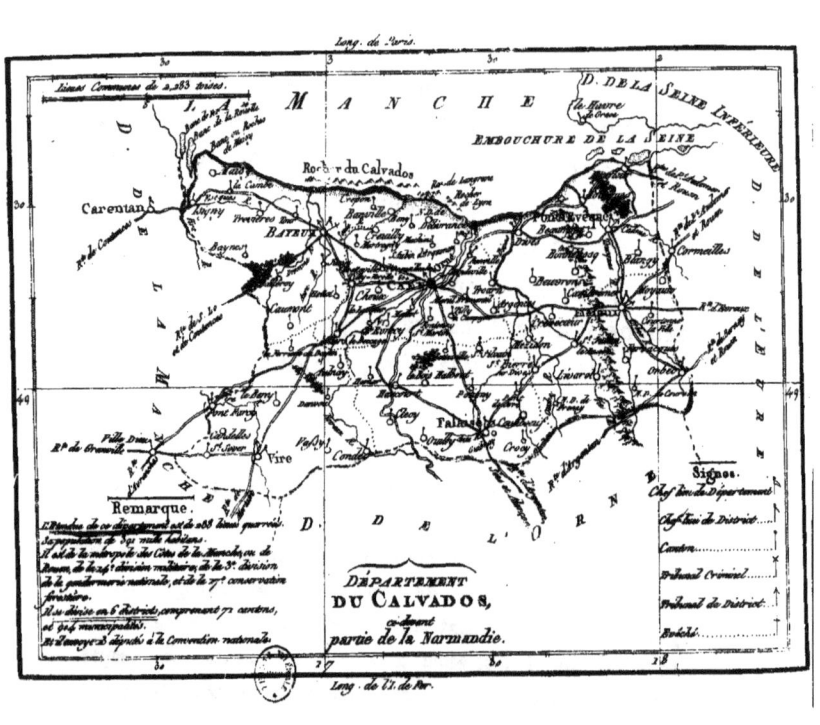

VOYAGE
DANS LES DÉPARTEMENS
DE LA FRANCE.

DÉPARTEMENT DU CALVADOS.

POLYCRATE, tyran de Samos, ennuyé de son immuable prospérité, et voulant qu'une fois au moins dans sa vie la fortune lui fût contraire, essaya de la contraindre à cesser d'être constante pour lui seul. Il choisit donc le plus riche bijou qu'il possédât dans son trésor, et courut le jetter au fond de la mer. La fortune, qui se moque de ceux qui la cherchent, se moqua également de l'homme qui vouloit la bannir. Le lendemain, on sert un poisson superbe sur la table de Polycrate, et le bijou se retrouve dans le corps de l'animal (*).

(*) Pareille aventure est arrivée à Dupleix, l'un de ces hommes cités comme un de ces exemples rares parmi les favoris de la fortune, et qui cependant est presque mort à l'hôpital. Dupleix fut un de ces petits tyrans qu'une compagnie de marchands, appellée compagnie des Indes, avoit l'orgueil d'envoyer en Asie rivaliser avec les Nababs et même avec le Mogol, et pour opprimer, sous ses ordres

Telle est l'image à peu près du département du Calvados : ainsi que Polycrate, il jetta au fond de la mer le plus riche trésor que l'homme puisse posséder, la liberté. Mais cette folie d'un moment fut bien

à tant par mois, et les Français et les Indiens. Enfin telle étoit *la sagesse*, telle étoit *la raison* des préjugés du siècle, que, tandis que tous les hommes, en France comme en Europe, étoient prosternés au pied des rois, nul ne s'étonnoit que le premier commis d'une société de marchands fût roi, sinon de titre, mais au moins de fait; que ce roi de comptoir fût prosterné aux pieds de ses maîtres les marchands, qui se prosternoient eux-mêmes devant le premier *comte* ou *marquis* qui leur faisoit l'honneur de les faire attendre dans son antichambre, et que le *royal* commis exigeât que tous les souverains de l'Inde se prosternassent devant lui. Ainsi, par une dégradation d'orgueil assez plaisante, que le souvenir des ridicules de l'ancien régime offre comme possible à ma réflexion, il n'eût pas été étonnant, par exemple, qu'un *duc et pair* n'eût pas daigné admettre à sa table les directeurs de la compagnie des Indes, les directeurs de la compagnie des Indes, leur premier commis *roi* à la leur, et le premier commis le grand mogol à la sienne. Pour revenir à la fortune de Dupleix, ce gouverneur de Pondichery, dînant un jour dans la rade de Madras, à bord du vaisseau de la compagnie des Indes *le Content*, laissa tomber par mégarde dans la mer un superbe diamant de dix mille pagodes, qu'il portoit au doigt ; il dit en plaisantant, aux officiers qui l'entouroient : voilà la première fois que j'ai à me plaindre de la fortune, et n'y pensa plus. Quelques jours après on servit chez lui un poisson magnifique : le vite réparée : et le génie de la France, qui ne veut pas que la liberté périsse pour aucun de ses enfans, fit auprès de lui le rôle que la fortune avoit fait auprès de Polycrate, et lui rendit cette liberté à l'instant même où il devoit le moins s'y attendre.

En parcourant ce département où nous sommes entrés par Lisieux, nous n'avons pas été surpris que ses richesses pussent tenter quelques ambitieux;

diamant se trouva arrêté entre les ouies. L'orgueil est le compagnon ordinaire de la grande prospérité; celui de la femme Dupleix, créole de naissance, étoit de la plus étonnante ineptie. Cette gouvernante de Pondichery, couverte de tous les rubis de l'Orient, le jour qu'Averowdikan fit son entrée dans cette ville, demandoit, avec tout le sang-froid de la bêtise, si la *reine de France* avoit de plus beaux diamans qu'elle ? Elle fit un voyage à Paris, et s'imagina sans doute que l'arrivée de *madame Dupleix* devoit faire une grande sensation en Europe. Elle logea dans la rue des Capucines. Le hazard fit que le soir même de son arrivée, une dame du voisinage (je crois madame Dubois de la Motte) donnoit une fête chez elle, où un feu d'artifice et quelques fusées furent tirés. Madame Dupleix eut la bonhommie de se mettre en tête que c'étoit une fête occasionnée par l'allégresse publique sur le bonheur que Paris avoit de la posséder dans ses murs. Elle envoya un de ses gens dire à cette dame qu'elle lui tenoit compte de son attention, mais qu'elle fît cesser l'artifice qui l'empêchoit de dormir. Personne de la société de cette dame ne savoit qu'il existât une dame Dupleix. On rit beaucoup du message, et, sans respect pour la gouvernante, l'artifice continua.

mais nous avons reconnu cette vérité de tous les tems, c'est que les ambitieux oublient toujours de calculer leurs projets sur l'esprit ou le caractère des peuples qu'ils veulent séduire Avec une connoissance plus approfondie du génie des habitans du Calvados, ils auroient vu qu'ils établissoient un colosse de grandeur sur le sable, et que bientôt l'intérêt, tout puissant ici, renverseroit une idole qui n'ajouteroit rien à l'émulation dont il y pénètre tous les cœurs.

L'homme de ces cantons a reçu de la nature une sagacité étonnante sur tout ce qui lui est personnel : une aptitude extrême pour entreprendre : une inépuisable fécondité de ressources dans l'imagination, pour doubler, par l'industrie, les jouissances de la vie : un besoin dévorant d'opulence, par le spectacle continuel de l'aisance de ses semblables : une haine invétérée contre la paresse, ce vice que l'on prend pour la volupté quand on prend la volupté pour une vertu, et, par une conséquence bien juste, une avidité désordonnée pour le travail, par l'appétit des plaisirs qu'il espère trouver dans les fruits qu'il en retire : plaisirs ! dont cependant il jouit rarement, dans la crainte de dépenser dans leur jouissance un temps qu'il croit mieux employé à l'espérance d'en jouir.

D'après ce caractère, on sent en combien de petites ramifications l'intérêt s'est subdivisé pour frapper ici le cœur de l'homme. La fortune de son semblable n'excite point son envie, mais son envie se porte à égaler la fortune de son semblable. Il ne sera point jaloux de l'invention d'un autre, mais il est jaloux d'inventer lui-même; il ne sera point découragé des préférences que la nature accordera au sol de son voisin, mais il encouragera l'art sur le sien pour faire rougir la nature de l'avoir oublié : il ne connoîtra point l'injustice d'envahir aux autres pour s'épargner le chagrin d'acquérir, mais il a la justice exacte de ne rien abandonner pour économiser la possibilité d'avoir. Enfin, naturellement généreux, il est capable de donner beaucoup, mais de céder peu : parce que le don porte intérêt, et que la cession est un fonds perdu. Telles sont les bases de cette finesse si long-tems reprochée aux ci-devant normands, et qu'en l'analysant bien on peut trouver une vertu. Telle est l'origine de ce préjugé qui les taxoit d'un goût dépravé pour les procès ; préjugé que nous n'avons fait que vous indiquer dans le département de la Seine-Inférieure, et dont nous vous avions réservé le développement quand nous nous trouverions, comme aujourd'hui, au centre de cette nation qui long-tems porta le nom de Neustrie, comprise maintenant dans les départemens de la Seine-Inférieure et de l'Eure que nous avons déja visités, dans celui du Calvados où nous nous trouvons, et dans ceux de l'Orne et de la Manche qui nous restent à parcourir.

Sur un peuple semblable, la crédulité a peu d'accès, parce que la crédulité est, presque toujours, un délassement de l'oisiveté : sur un peuple semblable, le fanatisme catholique a peu de prise, parce que les promesses brillantes du fanatisme sont en contradiction avec son activité *mondaine*. On ne peut donc l'émouvoir que par l'apperçu d'un bien au-dessus de celui dont il jouit ; mais s'il n'y touche bientôt, son ardeur est refroidie dans la minute, et tel qui l'a déçu ne doit plus compter de le décevoir encore. Et peut-être seroit-il vrai de dire que c'est cette ame intéressée que l'on suppose, souvent mal à-propos, aux ci-devant normands, qui fut, dans ce moment-ci, le palladium de leur liberté. Les promesses ne coûtent rien à l'ambition ; mais que peut tenir celui qui a besoin de tout obtenir ?

Quelle que soit donc la manière dont l'histoire traitera l'erreur passagère où le département du Calvados a pu donner à l'époque actuelle, quel que soit l'esprit dont les écrivains seront animés en traitant ce sujet : quant à nous, nous aurons rempli le devoir que dicte la vérité, en mettant et sa faute, et la subite réparation de sa faute même, je ne dis pas sur le caractère national, mais sur les habitudes de ce peuple ; habitudes que par-tout on prend pour caractère national qui dans le fonds n'est qu'un être de raison : car la race humaine étant générale, il ne peut y avoir qu'un caractère d'espèce et des habitudes de localité. Que la postérité ne s'y trompe donc pas : qu'elle n'aille point chercher la révolte momentanée du Calvados, que l'histoire à coup-sûr lui transmettra sous des nuances diverses ; qu'elle n'aille point, dis-je, l'attribuer ni à la haine pour la liberté, ni à une crédulité puérile en quelques hommes, ni à une inconstance qui lui soit particulière, ni moins encore à un défaut de lumières ; mais bien à un penchant toujours le même vers tout ce qui peut flatter son intérêt ; penchant qui, tour à tour, l'entraîna dans les folies de ses ducs particuliers, dans les projets ambitieux des Anglais, dans les fallacieuses promesses des rois français, dans la cause des Guises, dans celle d'Henri IV, dans la marotte de la fronde, dans le parti des parlemens, etc ; penchant enfin qui l'a rendu à la liberté et à l'unité de la république presqu'aussitôt qu'il eut failli. Que nos lecteurs nous pardonnent cette courte digression. Notre plan n'est pas d'écrire l'histoire du jour, mais plutôt de comparer les causes anciennes avec les effets présens. Mais la postérité saura que nous avons écrit dans les tems, et si elle ne nous demande pas compte des événemens, elle aura vu par la lecture des volumes précédens de notre ouvrage, qu'elle est en droit de nous demander compte des causes morales.

La province que l'on appelloit ci-devant Normandie, ne comprenoit pas tout le pays que l'on appela jadis Neustrie ou Westrie. La Neustrie, telle qu'elle étoit quand elle porta le titre de royaume, s'étendoit depuis la Saône et la Meuse, jusqu'à la Loire et l'Océan. Depuis il y eut une partie de pays que l'on nomma Neustrie-propre, que Charlemagne resserra entre la Seine et la Loire jusqu'à leurs embouchures, à partir depuis Paris et depuis Orléans. On la divisa encore en Neustrie-inférieure et Neustrie-supérieure, et c'est principalement de celle-ci que s'est formée la Normandie.

Cependant avant même que ce pays portât le nom de Neustrie, ou qu'il fît partie du royaume de Neustrie, les peuples qui l'habitoient étoient célèbres dans l'histoire, et les Romains les désignoient sous le nom de ligue des onze cités. Ils soutinrent long-tems le choc de ces Romains avant de perdre leur liberté, et ce ne fut qu'avec peine que Sabinus, lieutenant de César, parvint à les soumettre au joug du capitole.

De ces onze peuples ou cités (1), *les Lexoviens* sont ceux dont nous voyons les descendans aujourd'hui dans le département du Calvados : descendans toutefois dont le sang s'est mêlé avec ces Normands qui se débordèrent au neuvième siècle sur la surface de l'Europe occidentale, et qui semblèrent ne se fixer dans la Neustrie-supérieure que parce que la terre leur manqua.

C'est à cette époque que l'on trouve Caen pour la première fois, sous le nom de *Cathim* ou *Catheim*, mot moitié gaulois, moitié saxon, et que les commentateurs expliquent par *séjour de guerre*. Comme dans la prononciation de Catheim l'h étoit aspirée; insensiblement on a prononcé et écrit *Cahem*, et de Cahem à la longue on a formé Caen dont longtems on fit deux syllabes, et que l'on prononce aujourd'hui comme s'il y avoit *Can*.

Les amateurs du merveilleux ont voulu une origine plus relevée à cette ville, et lui ont donné, pour fondateur, Cadmus. Il seroit plaisant que le fils du roi de Tyr et de Sydon fût venu, tout exprès, bâtir une ville dans un pays où il n'y avoit point d'hommes encore, puisque ce Cadmus cherchoit sa sœur Europe que Jupiter n'avoit enlevée que pour être tête à tête avec elle. Les partisans du mensonge n'y regardent pas de si près. D'autres ont voulu trouver l'étymologie de Caen dans ces deux mots latins, *Caii domus*, maison de Caïus, et en ont conclu que ce devoit être primitivement une maison de Caïus-Julius César.

De toutes les sciences, la plus inutile est celle de ces recherches sur l'origine des villes. Ne s'appuyant communément que sur des conjectures, elle marche d'erreurs en erreurs. L'étymologiste amoureux des fantômes que son imagination lui crée, se convainc, insensiblement, de leur réalité. Il les écrit comme des vérités. Après lui cent écrivains, ou dupes, ou paresseux, les répètent à l'envi : et vous êtes tout étonné de trouver, en lisant ce qu'ils ont écrit sur ces noms et ces fondations, qu'ils suivent en cela l'opinion du *savant* un tel, ou du *très-célèbre* un tel. O frivoles dissipateurs du tems ! ce savant que savoit-il ? Ce *très-célèbre* qu'a-t-il fait ? Qu'est il revenu à l'humanité de l'emploi de leurs jours ? Ils les ont consumés à deviner comment s'est formé le nom de tel ou tel endroit, et comment leur flatterie pourra inventer que tel ou tel aïeul de conquérant ou de roi a fondé telle ville. Eh, malheureux ! que ne cherchiez-vous plutôt comment la vertu s'est exilée de la terre, comment le vice s'en est rendu souverain ? Que m'importe le nom d'une ville, si les hommes qui l'habitent sont méchans ? On vous dit savans, on vous dit célèbres ! Eh bien ! je dirai aussi qu'il sera savant, qu'il sera célèbre le fou, ou l'imbécille qui cherchera paisiblement si les dents du tigre qui dévore ses enfans, sont d'os ou d'ivoire.

Quelle célébrité que celle d'un homme dont la science fut d'être sans utilité à ses semblables. Telle étoit cependant jadis la porte des grandeurs littéraires. Les rois savoient bien de quels hommes ils meubleroient les académies : voilà pourquoi ils les fondèrent. Un dictionnaire des recherches sur des médailles, des commentaires sur des manuscrits hébraïques etc., etc., tels étoient les fameux travaux qui valoient des statues : et l'Emile valoit l'exil ! et vous chantiez, vous dansiez alors, ô Français ! et vous vous disiez le premier peuple du monde !... Sterne avoit bien raison de dire que vous ressembliez à la monnoie dont l'empreinte s'efface par le frottement.

Caen est une des plus agréables villes de la république. Située au confluent des deux rivières de l'Orne et de l'Odon, d'immenses et superbes prairies l'enveloppent, et de loin elle semble une fleur que la nature a jetée sur l'émail des gazons. Elle forme le fer à cheval, et est entourée de quatre grands fauxbourgs décorés de maisons magnifiques, appelés fauxbourgs Saint-Julien, Saint-Gilles, Vaucelles et Bourg-l'abbé. Elle avoit une ceinture de murailles antiques, flanquées de vingt-une tours rondes et quarrées dont on voit encore plusieurs entières. Elles étoient garnies de plateformes propres à établir du canon. Ces murs avoient cinquante pieds d'élévation, sur une épaisseur de dix pieds. La rivière d'Odon et un bras de celle de l'Orne ceignoient ces murs et en défendoient l'approche. Au nord de la ville est ce château de Caen, espèce de bastille, que la liberté a, jusqu'ici, in-

Caen, vue du côté du Port.

discrétement respecté, et qu'il est de son intérêt de renverser pour anéantir jusqu'au souvenir de la tyrannie des rois qui l'élevèrent. Ce château qui, selon l'expression de Froissard, étoit *si durement grand et plantureux*, fut bâti par Guillaume-le-Conquérant, et achevé par Henri Ier., roi d'Angleterre, qui y ajouta une tour élevée que l'on nomma donjon. Des murailles flanquées de tours entourent ce donjon et reposent sur des fossés taillés dans le roc. On y a joint depuis deux ouvrages, espèces de *bonnets de prêtres*, qui lui tiennent lieu de demi-lunes. Louis XII, et, après lui, François premier firent réparer et agrandir ce château, ouvrage des Anglais. Là, plus d'une fois, les victimes du pouvoir arbitraire gémirent de la foiblesse que les hommes avoient eue de se donner des maîtres. Les rois crurent éterniser les trônes en les appuyant sur les verroux des cachots : ils étoient loin de prévoir, qu'à la longue, les larmes des infortunés pourriroient ces infâmes pilotis de leur puissance.

Les rues de Caen sont bien percées, ses promenades délicieuses, ses maisons d'une architecture élégante, ses places vastes et bien décorées. L'égalité a renversé le colosse de bronze que l'adulation avoit élevé à Louis XIV, et le nom de révolution, cette déité terrible qu'enfante, dans la lenteur des siècles le contact de la raison et du despotisme, a effacé le titre de *royale* que portoit cette place depuis cent sept ans. La philosophie, par un autre bienfait, a, de son côté, ouvert les portes des abbayes de Saint-Etienne et de la Trinité, les deux plus célèbres monumens de l'oiseuse volupté monachale que la religieuse paresse possédât en France, et rendu à la société des êtres jusqu'alors inutiles pour elle, et à l'état des richesses mortes pour lui. Ces deux abbayes, la première d'hommes, la seconde de femmes, ne possédoient que trois cent mille livres de revenu chacune, et toutes deux étoient de l'ordre de Saint-Benoît. Celle de Saint-Etienne avoit été fondée par Guillaume-le-Conquérant, et celle de la Trinité par Mathilde, fille de Baudouin, comte de Flandres, son épouse.

Ce Guillaume-le-Conquérant fut un de ces monstres ambitieux que le ciel jette quelquefois à travers les siècles pour apprendre aux humains quel excès d'influence les vices d'un seul homme peuvent avoir sur les nations. Et peut-être seroit-il permis de dire que les forfaits des tyrans furent utiles à la liberté du monde : mais ce n'est qu'aux sages à leur tenir compte de cet étrange bienfait. Ce Guillaume étoit bâtard. Par une déraison bisarre, la décence corrompue de l'ancien régime avoit adouci la crudité de ce nom par l'expression de fils naturel. Cette bêtise d'égards pour la chasteté des oreilles de tant d'êtres gangrénés étoit unique. Elle donnoit à l'enfant, que leur superbe dépravation dévouoit au mépris, le titre le plus cher. Fils naturel est bien plus sonore, ce me semble, pour un cœur sensible que fils légitime. Combien de formules aussi ridicules, alors inventées par l'hypocrisie des mœurs ? Entre les lèvres du débauché et la bouche du masque de la vertu, il falloit bien que le son des mots changeât.

Ce Guillaume étoit le fils de Robert Ier., duc de Normandie, et d'Arlette fille d'un Pelletier de Falaise. L'amour, quelquefois assez bon législateur, s'amusa souvent à décréter l'égalité. Guillaume, qui se disposoit à violer, dans le cours de sa vie, toutes les loix, ne crut pas devoir plus de respect à celle qui lui interdisoit l'héritage de son père : et s'empara, par force et par chicane, du duché de Normandie. A cette époque, la domination que les évêques de Rome vouloient étendre sur les trônes, commençoit à poindre, et Guillaume, trop adroit pour ne pas sentir combien l'assentiment d'un pape auroit d'influence sur la pieuse ignorance des peuples de son tems, tourna habilement au profit de son agrandissement la fureur que le prêtre du Vatican avoit de s'agrandir lui-même. Le testament d'Edouard-le-Confesseur, qui appelloit au trône d'Angleterre Guillaume-le-Bâtard, est un de ces romans que les écrivains serviles ont inventé pour éviter le ressentiment des rois toujours coalisés pour étouffer la vérité. Le testament qui l'appeloit à la couronne anglaise, n'étoit autre chose que ce *fidéi-commis* de destruction, que les grands scélérats se font adjuger dans le partage de vices et de vertus que la nature fait entre les humains. Il voulut usurper l'Angleterre, et, sur la conception d'un projet injuste, il appela la sanction du sacerdoce, en offrant de rendre la Grande-Bretagne tributaire du saint-siége. Alexandre II, pape alors, ne balança point, et trouva par la grace divine que Guillaume avoit un droit incontestable au sceptre anglais, du moment qu'il payoit pour que le pape le dît. Il lui fit cadeau d'un étendard béni, et d'un cheveu de Saint-Pierre. Je ne sais pas trop quelle allégorie cachoit ce cheveu de ce Saint Pierre qui étoit chauve : car assurément il ne prétendoit pas lui faire entendre que les projets d'un conquérant ne tiennent qu'à un cheveu. Le malin pape vouloit bien plutôt signifier, par là, que l'on mène les hommes avec un cheveu quand on est parvenu à flatter leurs passions. Mais le présent d'Alexandre II, le plus cher à Guillaume-le-Bâtard, fut une bulle d'excommunication contre quiconque trouveroit mauvais qu'il voulût envahir l'Angleterre. Ainsi, à cette époque, pour aller en paradis, il fallut croire que le vol, le brigandage et le meurtre étoient légitimes. Guillaume partit avec cent mille hommes presque tous Normands, Manceaux et Bretons, sur une flotte de neuf cents voiles, et débarqua sur les côtes de Sussex. A peine son armée fut-elle débarquée, que cet homme singulier et d'une audacieuse extravagance, fit incendier ses vaisseaux ; fermant ainsi à ses soldats tout espoir de retour, et ne leur montrant de salut que dans la victoire. Ils l'obtinrent : et la fameuse bataille d'Hastings, (1) où Harald, reconnu roi en Angleterre, fut vaincu et tué, lui donna la couronne.

A cette époque on pourroit croire qu'il cesse d'appartenir à l'histoire du département que nous sommes venus visiter : mais cette observation ne seroit pas tout-à-fait juste, car il conserva le duché de Normandie : et cette longue possession des rois Anglais d'un territoire aussi considérable en France, fut la
source

source de tant de guerres pour qu'on la perde de vue. Le brigandage avoit uni cette partie de la France entre les mains de cette dynastie d'hommes : car Guillaume-le-Conquérant descendoit de ce Rollon premier, duc de Normandie qui, par la terreur, avoit arraché cette souveraineté au foible et imbécille Charles-le-Chauve. Un crime atroce l'en fit sortir, et l'infâme Jean-sans-Terre, l'un des descendans de Guillaume, ayant fait crever les yeux au malheureux Artus son neveu, se vit déchoir de sa *souveraineté* par l'échiquier ou parlement de Normandie : parlement qui plaida alors la cause du peuple contre un roi, mais la plaida indignement, puisqu'il ne le dégagea du joug d'un tyran que pour le remettre sous celui d'un autre. C'étoit Philippe-Auguste, *roi* des Français. Ce fut en 1202 que ce fameux arrêt fut rendu.

Encore un mot sur ce Guillaume-le-Conquérant. Il est rare que, dans cet ouvrage, nous n'ayons justifié notre haine contre les tyrans que nous citons, et qu'avant nous l'histoire a toujours eu la foiblesse d'indiquer sans les juger. Sait-on ce qu'il en coûta à l'humanité pour l'ambition d'un homme ? Le massacre de soixante-sept mille Anglais à la bataille d'Hastings, et de six mille Normands du côté de Guillaume. Il est un dilême incontestable : si cent bons rois, avec toute leur puissance, ne peuvent pas créer un seul homme, et qu'un seul mauvais dans un caprice puisse en faire périr cent mille, il est clair que, dans la crainte d'en rencontrer un

B

semblable, il ne faut pas même s'exposer à en avoir cent bons.

L'ambition de Guillaume coûta, dans un seul jour, la vie à soixante et treize mille hommes. Une fade plaisanterie de son rival, le roi des Français qui s'intituloit son *seigneur*, fit incendier et ravager soixante ou quatre-vingt lieues de pays. Guillaume, dans sa vieillesse, devenu extrêmement gras et pesant, repassa la mer, et vint en Normandie essayer, par l'exercice et la diette, de se débarrasser de son embonpoint. Philippe premier demanda à ses courtisans quand Guillaume releveroit de couche, par allusion à son épaisseur. Cette bêtise alluma la haine de l'empâté conquérant, et, pour se venger des mauvais calambourgs d'un imbécille, il désola le Vexin et brûla la ville de Mantes. Voilà les rois.

Caen, sous l'ancien régime, passoit pour une ville délicieuse ; et pourquoi ? c'est qu'elle avoit tous les travers de Paris : c'est que les façades des hôtels étoient surchargées de marbres noirs qui annonçoient au peuple que c'étoit là que demeuroit le *comte* un tel, le *marquis* un tel, et que, par conséquent, il devoit un profond respect à la cage auguste qui renfermoit souvent le léopard dont la langue sanguinaire dévoroit, dans un souper, le produit du travail de vingt pères de famille sans leur en payer le salaire : c'est que les femmes, dites alors *de qualité*, y joignoient toute l'insolence des femmes de leur espèce à toute la lubricité des courtisannes du premier rang ; c'est que la finance y tenoit l'intermédiaire entre la *haute noblesse* et la *bourgeoisie*, et que méprisé de celle-là et méprisant celle-ci, elle cherchoit à les éclipser toutes deux en semant autour d'elle l'or que lui valoit les misères publiques ; c'est que la bourgeoisie bien basse, bien rampante, bien servile, encensoit à genoux les vices des *grands* et des riches parvenus, leur masquoit, sous l'ombre du dévouement, l'usure dont insensiblement elle minoit leur fortune, et les écrasoit à son tour avec orgueil lorsque la rapacité, la chicane, un procureur fripon, et des juges achetés, la mettoient en possession de la fortune de ceux qui, la veille, la voyoient prosternée à leurs pieds.

Voilà donc pourquoi cette ville passoit pour être charmante ? Dans cet éloge on ne pensoit guère à vous ; Peuple ! et je vous en félicite. On se seroit bien gardé de dire que cette ville étoit délicieuse, parce que l'ouvrier alloit, au péril de sa vie, exhumer des carrières dont elle est entourée, la plus belle pierre de l'Europe par sa blancheur et la finesse de son grain ; parce que le pêcheur alloit braver les tempêtes de l'océan pour doubler, par le tribut des mers, la nourriture de ses semblables ; parce que le jardinier y faisoit naître les meilleurs légumes de la France, etc. Là, comme ailleurs, on jouissoit, sans vous nommer, du bienfait de vos travaux, et vos vertus étoient comptées comme un vice de votre état ; mais Caen étoit une ville enchanteresse, parce que le sage n'auroit pu y vivre sans rougir : et telle étoit l'auguste opinion que l'on avoit de son excellente dépravation, qu'elle étoit devenue la garnison de prédilection accordée aux régimens qui, dans ces jours de calamité morale, avoient mérité, par l'arrogance de leurs chefs, le luxe de leurs officiers et l'indiscipline du soldat, les regards protecteurs du sultan, de ses maîtresses et de ses visirs.

Caen avoit deux fois dans l'année de ces espèces de marchés que l'on appelloit foires. L'ancien régime avoit la bénignité de permettre au commerçant de vendre sa marchandise sans l'accabler de droits onéreux; mais ce n'étoit qu'une ruse dont il se dédommageoit par la dépense qu'occasionnoit le transport des denrées, et le déplacement des marchands, qui, sans s'en appercevoir, *rétribuoient* en consommation ce qu'ils croyoient bénéficier en franchises.

Là se voyoit aussi un de ces grands magasins de préjugés, peu, mais toujours trop communs en Europe, que l'on nommoit universités, où la jurisprudence apprenoit l'art d'éluder et de tordre les loix; la philosophie, le talent de dénaturer toutes les opinions reçues; la théologie, le moyen de déshonorer l'être suprême; et la médecine, la méthode de tuer sans mériter l'échafaud. A l'exception de la nature, de l'équité, de la raison et de l'humanité, on y donnoit connoissance de tout aux jeunes gens. L'université de Caen eut ses jours de mode, comme nous avons vu celle de Gothingue avoir son époque de faveur. Il y a peu d'années qu'il étoit du bon ton pour *un grand seigneur* de dire : *mes enfans sont à l'université de Gothingue*. Ils trouvoient une sorte de gloire à les faire élever hors de France, tant fut grand dans tous les siècles le mépris des nobles pour leur patrie!

La foule de jeunes gens que cette université attira pendant long-tems à Caen, y fit former une de ces écoles d'équitation, que l'on appella, je ne sais pourquoi, académie; car il y a certainement loin du lieu où Platon présidoit, à celui où un palfrenier enseigne (3). Mais la dépravation des mots est communément la fille de la dépravation des mœurs; et nous avons vu l'opéra, ce temple où les sujets de la volupté adorent et fixent, sans rougir, *Vénus Anadiomène*, porter avec insolence le nom du portique où les sages de l'antique Grèce instruisoient l'homme à la vertu. Le célèbre la Guérinière honora cette académie. Mais afin que les hommes qui commencent insensiblement à oublier les ridicules de l'ancien régime, et que leurs enfans qui ne les auront pas connus ne s'y trompent pas, il est bon qu'ils sachent que ces académies n'étoient point instituées pour former des cavaliers à la défense de l'état. Les portes en étoient fermées aux pauvres qui composent seuls les armées. Le fils *d'un duc* eût été indigné que des cuisses roturières eussent pressé les flancs du coursier qu'il devoit honorer de son poids. C'étoit purement une instruction de luxe, où les merveilleux à parchemins venoient apprendre l'art de faire une courbette avec grace devant *les femmes de qualité* qui devoient un jour les admettre à la portière de leurs carrosses. Il falloit être *gentilhomme* pour tenir ces sortes d'académies: et la raison en étoit simple. Il étoit possible qu'une étrivière ou qu'une cravache mal-adroite caressât les reins ou les épaules de monsieur l'écolier titré; il falloit bien qu'une main *noble* fit excuser cette gaucherie de l'écuyer.

Non loin de l'académie des chevaux, se voyoit aussi à Caen l'académie des savans. Là où le ridicule de l'esprit est commun, les esprits ridicules doivent se réunir : et peut-être peu de cantons en France ont poussé plus loin cette fureur du bel esprit, que certaines petites villes de la ci-devant *basse Normandie*, dont on a fait long-tems justice sur les théâtres, sans parvenir à l'extirper : et Caen n'étoit pas exempt de cette folie. Les gens de *distinction*, (et cette épithète pouvoit s'entendre à merveille des gens qui cherchoient à se distinguer par leurs ridicules), auroient cru déroger, s'ils eussent assemblé les mots comme le vulgaire. Il falloit des titres de noblesse au langage d'un *noble* : et souvent ces messieurs eussent été aussi embarrassés de prouver les racines de leurs phrases que celles de leur arbre généalogique. Cette faim du bel esprit devenoit quelquefois une faim canine pour certaines gens : et cette faim forma les académies. On fut bien aise de pouvoir dire : je vous ordonne de croire que j'ai plus d'esprit que les autres. Je regarde maintenant, disoit l'abbé Segui, dans son discours de réception à l'académie française, je regarde, maintenant que je suis parmi vous, tous les beaux esprits de la terre qui ne sont pas académiciens, comme des atômes; et, plus heureux que l'illustre abbé Cotin, l'honneur de siéger dans ce portique attirera à mes sermons la foule des auditeurs. Les académiciens de tous les pays étoient bien loin de la sagesse de ce philosophe qu'un de ses amis félicitoit sur sa grande réputation de savant. « Hélas! répondoit-il, je ne suis connu que dans » l'une des quatre parties du monde, que dans un » royaume de cette partie, que dans une ville de » ce royaume, que dans un cercle de cette ville, » et encore j'entends dire tous les jours que l'amitié » est aveugle ». Ce sage avoit raison. A le bien prendre, voilà à-peu-près à quoi aboutissent toutes les réputations.

Caen a quelquefois éprouvé les malheurs de la guerre. Cet Édouard III, d'Angleterre, si connu par son despotisme militaire, par le siège de Calais, et par les extraordinaires louanges que l'adulation a prodiguées à son fils *le prince Noir*, qui ne paroissoit bon, aux yeux des hommes de son tems, que parce que tous les princes étoient méchans, Édouard, en 1346, s'en rendit maître. Philippe VI en avoit confié la garde à Raoul, *comte* d'Eu, *connétable* de France, et à Jean de Melun, *comte* de Tancarville. A l'approche d'Édouard, les habitans de Caen sortirent de leurs murailles pour lui livrer bataille. Peu de journées dans l'histoire sont marquées par plus de trahisons. Au premier choc les habitans ployèrent et se soumirent à Édouard. Il entra sans résistance comme sans défiance dans la ville. Les deux généraux français se rendirent à un nommé Thomas de Hollande. Ce Thomas, malgré la parole qu'il leur avoit donnée de ne pas les livrer au vainqueur, les vendit au *monarque* anglais vingt mille *nobles*. De leur côté, les habitans, manquant à la parole qu'ils avoient donnée à Édouard, assaillirent les Anglais à coups de pierre, de dessus les toits de leurs maisons. L'Anglais, furieux, voulut livrer la ville aux flammes. Un traître fameux, Geoffroi d'Harcour, intercéda pour elle. Édouard jura, à sa considération, de l'épargner, et dans le même moment donna ordre de la livrer au pillage. Il dura trois jours, et les exemples sont rares que le soldat ait jamais commis plus d'horreurs que pendant ces trois jours. Il semble que tous ces gens-là s'étoient donné le mot pour renchérir l'un sur l'autre de perfidie.

Cent quatre ans après, elle essuya un nouveau siège ; mais du moins la guerre s'y fit avec plus de loyauté. Le *fameux comte* de Dunois vint l'attaquer en 1450, et y trouva un rival digne de lui, le *duc* Sommerset, qui s'y étoit renfermé avec quatre mille hommes. Il y fit long-tems une généreuse résistance, et ce ne fut qu'à l'instant où la ville alloit être prise d'assaut, qu'il se décida à capituler. Il sortit avec les honneurs de la guerre.

Par-tout les hommes ont incrusté ce mot honneur sur leurs actions, et souvent il ne fut que l'indication de leurs foiblesses. Le *cardinal* Richelieu attachoit de l'honneur à despotiser un roi despote, ce Louis XIII qui despotisoit la France pour plaire à un ministre qu'il haïssoit. Il attachoit aussi de l'honneur à passer pour écrivain élégant, en plusieurs langues, et cet honneur étoit pointilleux sur la critique. La vue de l'université de Caen nous a rappellé une anecdote à ce sujet, qui prouve les puériles vengeances que l'amour-propre irrité du cardinal tiroit quelquefois de ceux qui ne l'encensoient pas. Le Bourbon, dont nous allons parler, avoit été professeur de langue grecque à l'université de Caen, avant de passer, en cette qualité, à la chaire dite *royale* de Paris. Richelieu avoit fait placer dans une galerie du palais Cardinal, un portrait de Blaise *de Montluc*, *maréchal de France*. Il écrivit au-dessous : *Multa fecit, plura scripsit, vir tamen magnus fuit*; et crut avoir enfanté un chef-d'œuvre d'éloquence. Après avoir savouré les louanges de vingt courtisans qui n'entendoient ni le latin ni le français, il voulut avoir l'assentiment de Bourbon, et jouir auprès de lui de l'incognito. Il le fit appeler et lui montra l'inscription. Voilà bien, dit Bourbon, du latin de bréviaire, il n'y manque qu'un *alleluya*, pour en faire une excellente antienne à la fin du *magnificat*. Il a raison, dit le cardinal, il s'y connoît, c'est un prêtre qui l'a faite. Il convenoit qu'il avoit raison ; mais *le roi* faisoit une pension à Bourbon, et cette année-là, elle ne fut pas payée. C'est bien là une vengeance *de grand seigneur*.

Bayeux et Lisieux sont après Caen les deux villes les plus considérables de ce département. Elles sont assez mal bâties, comme toutes les villes antiques. Les églises de la première, la cathédrale, entr'autres, méritent l'attention du voyageur : c'est un des beaux édifices gothiques que possède la France. Son portail est magnifique, et les trois clochers qui le surmontent, sont d'une élévation et d'une hardiesse admirables. Aujourd'hui, plus que jamais, on s'apperçoit combien de puérilités ont occupé les hommes qui se disoient autrefois savans Une chasuble d'un certain Rigobert, saint, à ce qu'on a répété depuis le premier hypocrite qui l'a dit, renfermée dans un petit coffre d'ivoire, a fait écrire plus de volumes que les sages n'en ont écrit sur le moyen de rendre les hommes meilleurs. Tandis que les prêtres occupoient les ignorans avec la chasuble, les savans occupoient les oisifs avec le coffre d'ivoire. D'où vient le coffre? comment la chasuble est-elle dedans? pourquoi lit-on sur une plaque d'argent autour de sa serrure cette inscription en langue Arabe? *quelque honneur que nous rendions à Dieu, nous ne pouvons l'honorer autant qu'il mérite, mais nous l'honorons par son saint nom.* Voilà les importantes questions dont s'occupoient les philosophes quand la chasuble de St. Rigobert leur crioit : au lieu de vous amuser à deviner des puérilités, voyez ces hommes crédules qui viennent se prosterner devant moi et demander des miracles à la misérable matière que j'ai couverte quand elle étoit animée. Vous cherchez d'où peut venir un coffre, quand l'esprit des hommes végète dans le sépulcre obscur des superstitions! Ah, laissez là cette folie! Soyez utiles d'abord, et s'il vous reste du tems, quand vous aurez éclairé vos semblables, livrez-vous à des bagatelles, puisqu'il en faut aux sciences pour la réputation des savans. La chasuble de St. Rigobert en savoit plus qu'eux. Elle étoit éloquente, puisqu'elle tomboit en poussière : mais les ignorans étoient aveugles, et les savans étoient sourds. Enfin le père Tournemine termina cette grande discussion. Il devina que Charles Martel, après sa victoire sur les Sarrasins, avoit eu ce coffre d'ivoire dans sa part du butin ; que Charles-le-Chauve depuis en avoit fait présent à sa femme Ermantrude, qui s'en étoit servie pour renfermer les reliques de St. Rigobert, par reconnoissance de ce qu'il avoit guéri le *roi* son mari. Le roman n'auroit pas eu de mérite, si quelques têtes à couronne n'y avoient figuré. Il s'agissoit d'un saint, et c'est un jésuite qui décidoit : il falloit bien qu'il se trouvât quelque diadème mêlé dans l'aventure.

Lisieux n'est pas plus riche en monumens que Bayeux, si l'on en excepte la maison qu'habitoit l'évêque. Partout les hommes de cette robe étoient bien logés. Les jardins de cette maison sur-tout sont superbes. Ornés de bosquets, de statues, de cascades, ils réunissent à tous les charmes de la volupté, ceux, plus aimables encore pour l'homme dont l'ame aime à s'aggrandir, ceux, dis-je, d'une vue superbe, dont l'étendue embrasse plus de dix lieues à la ronde. Ces deux villes tiennent un foible rang dans l'histoire, mais leurs prêtres, comme ailleurs, y tenoient une grande place dans le chapitre des ridicules. Rien n'étoit plus bisarre que la cavalcade annuelle des chanoines de Lisieux. La veille de la fête de St. Ursin, messieurs les chanoines créoient *deux comtes* parmi eux : sans tirer à conséquence, car ils ne l'étoient que pour quarante-huit heures. Au reste il n'y avoit point trop de mal à cette espèce d'annoblissement passager. Comme il s'agissoit d'une folie et d'un brigandage, il étoit assez décent que *la roture* ne s'en mêlât pas. Les deux élus montoient à cheval en soutane, en surplis, et je crois même en bonnet quarré.

Pour donner une tournure de galanterie à ce costume peu équestre, ces messieurs se bardoient de guirlandes de fleurs, et tenant des bouquets à la main, précédés de deux bâtonniers, de quelques chapelains et de vingt-cinq estaffiers, la cuirasse au dos, le heaume en tête, la hallebarde sur l'épaule, et suivis des officiers de la haute justice de l'évêque-comte de Lisieux, en robe de palais, également chevauchés sur des haridelles de louage, ils marchoient processionnellement jusqu'aux quatre portes de la ville, dont ils se faisoient remettre les clefs, et où les deux comtes à aumusse mettoient en sentinelle les goujats armés, qui leur servoient de licteurs. Jusques-là vous ne voyez dans cette cérémonie qu'une mascarade ridicule : mais ignorez-vous que les prêtres n'ont jamais rien fait sans que leur intérêt n'y jouât un rôle ? Ils s'emparoient des portes de la ville, parce que ce jour de St. Ursin étoit un jour de foire à Lisieux, et qu'ils s'arrogeoient le droit de prélever à leur gré un impôt sur l'entrée des marchandises qui devoit être franche. La meilleure plaisanterie de cette mascarade étoit de traîner après soi la justice pour être témoin du triomphe de l'injustice. Il est vrai que l'outrage portoit à faux, car jadis il étoit rare que la justice se trouvât où l'on rencontroit les officiers de la justice. Pour adoucir cette malice qu'ils faisoient aux marchands, ils avoient eu le soin de répandre que St. Ursin avoit tué un dragon fameux qui, tous les ans, dévoroit quelques douzaines de marchands qui venoient à la foire, et que si par hasard ils ne percevoient pas cet impôt, pour dire des messes à St. Ursin, il se pourroit que le dragon ressuscitât. On les croyoit ; que n'a-t-on pas cru ! Ils prenoient ; que n'ont-ils pas pris !

Lisieux et Bayeux figurent dans le catalogue des conciles, mais ces conciles sont de la petite espèce. Des conciles sans papes et sans cardinaux ! On devine assez que le St. Esprit ne se sera pas donné la peine d'y venir. Aussi ces prétendus conciles ne sont-ils en effet que de méchantes petites assemblées de curés de campagne. On fait par-tout l'honneur à Henri Ier, roi d'Angleterre, de prétendre qu'il a assisté à un de ces conciles de Lisieux ; mais la présence d'un roi ne prouve pas qu'il s'y soit traité quelque chose d'utile.

Il est assez plaisant que Lisieux, ville *d'une province* célèbre en hommes de génie, ait été stérile en gens de lettres. On n'en trouve qu'un qui lui appartienne, Pierre Vatier, conseiller de Gaston, *duc d'Orléans*, et médecin : encore fût-ce un esprit de travers. Il quitta l'art de guérir les hommes pour célébrer ceux qui les assassinent. Les bibliomanes lui doivent la traduction de la vie de Timur, et de l'histoire des Califes mahométans. L'humanité se seroit bien passée de ce travail.

C'est par de semblables ouvrages qu'à la longue on accoutuma les esclaves des cours à concentrer toutes leurs adorations sur un seul homme, et à répandre le persiflage et le mépris sur la classe utile de la société. N'avons-nous pas vu à la honte, non seulement du respect humain, mais encore de l'esprit et du bon goût, le nom de la ville de Falaise devenir le signal des insipides colibets d'un troupeau d'oisifs, parce que le nom agreste de Blaise ne sonnoit pas à leur oreille incivique, comme celui de duc ou de comte, et le ridicule s'attacher à ce nom? Si l'on n'eût pas proclamé les faits et gestes des conquérans, si des écrivains ne les eussent pas offerts comme des dieux dont on devoit chérir jusqu'à la foudre dont ils vous écrasoient, si les livres, les chaires et les spectacles n'eussent pas regorgé de leur éloge, eût il existé des hommes qui eussent présumé se faire un mérite en immolant par le sarcasme, aux pieds des tyrans, l'homme modeste et vertueux, qui, dans le fond des campagnes, mettoit sa gloire à en vivre ignoré? Ce n'est pas à l'imbécille automate, qui se délasse de sa nullité par un chapelet de mauvaises pointes contre l'homme honoré par sa simplicité qu'il faut en vouloir : c'est aux hommes d'esprit vif, mais de cœur corrompu, qu'il faut s'en prendre. A la faveur du talent, ils ont sanctionné l'adulation. Les cours n'étoient qu'une cage où des perroquets répétoient ce que l'écrivain confioit lâchement au papier; ces *jaquans* balbutioient quelques phrases de Fléchier, de Racine, du passage du Rhin, du poëme de Fontenoi. Savoient-ils un mot du *Contrat social*? Le crime fut donc dans les auteurs, et non dans leurs échos.

Cette ville de Falaise, que nos merveilleux persifloient, est pourtant une de celles dont l'industrie rapportoit le plus à l'état, proportion gardée avec sa capacité. La foire de Guibray, l'un de ses faux-bourgs, rivalisoit avec celles de Beaucaire, de Bordeaux, de Francfort, de Leipsick, etc. Ce département et ses voisins, possesseurs des plus beaux chevaux de la république, attiroient par ce commerce seul tous les Européens à certaine époque de l'année dans les murs de Falaise : et l'or immense qu'ils y portoient refluoit dans tous les canaux de la prospérité publique.

Cet animal superbe dont l'orgueil semble ne se soumettre à l'homme que pour accroître la fierté des humains, a reçu dans ces climats la force des mains de la nature, et l'élégance des formes des soins de l'éducation. La graisse et la vastitude des prairies invitent sa jeunesse au développement heureux de ses robustes facultés ; et l'attention caressante et cupide du maître fait circuler la grace et la santé dans ses membres agiles. C'est d'ici que dans sa servitude si fatale à l'humanité, il appelle la guerre, il présage la victoire, et semble dire à l'homme : pour te punir de m'avoir dompté, je te ferai verser du sang. Hélas ! les vices des mortels sont écrits sur cette race d'animaux. La beauté est destinée pour le crime, et la laideur pour l'utilité.

Pourquoi ne peut-on pas entendre le cheval pesant dont les vertèbres traînent lentement le soc qui tranche les sillons ? Que de choses n'auroit-il pas à dire à l'escadron fougueux que la trompette guide aux hasards ? Quelles réflexions il doit faire à l'aspect de ces coursiers qui font voler, sur la terre, les calamités assises dans le char des rois et des courtisannes ? Hommes ! tremblez, c'est à votre honte que les dieux ont condamné les animaux au silence. Ils ont voulu connoître la mesure de votre perversité. C'est le même animal qui traine la charrue de Triptolême qui vous nourrit, et le char de Tullie dont les roues écrasent le crâne de son père expirant.

Malheureux mortel! peut-être le sentiment de ton esclavage te fit-il naître l'idée de soumettre le cheval à ton joug. S'il est ainsi, tu t'abusas. On peut échapper à la poursuite des tyrans ; mais échappe-t-on à leur souvenir? qu'importe que la vélocité du Barbe ou de l'Arabe vous dérobe à leur glaive capricieux? Qu'importe même souvent que le tems ait déroulé les années entre leur ressentiment et votre existence? Leur rage dans des momens plus active que l'éclair, dans d'autres chemine comme la tortue. Comme le cerf imprudent vous vous réjouissez, parce que les vents n'apportent plus à votre oreille les cris sanguinaires de la meute. Endormez-vous ! la haine d'un roi viendra jusqu'à vous avec la lenteur de l'ay. Elle arrive, et vous touche. C'est la mort.

Le malheureux *Fargues* fit l'épreuve de cette vérité. Il vivoit caché dans les bosquets enchanteurs que le souffle des printemps a semés dans les champs fortunés du Calvados. Il s'étoit fait un nom dans les troubles de la fronde. Cette révolution imberbe, que l'on pourroit appeler le fœtus de la liberté, s'étoit épuisée faute de fibres. C'étoit une lampe qui s'étoit éteinte, parce que la philosophie dormoit à côté d'elle. Mais ce mouvement populaire, enfant débile que les caresses des intriguans avoient énervé et précipité dans la tombe, avoit du moins appris à l'homme que l'on peut lutter contre les despotes. Fargues l'avoit senti, l'avoit osé; mais l'Hercule Plébéïen ne fut alors modelé qu'en argille; il s'écroula, et la honteuse amnistie, cette perfide ressource des rois quand ils tremblent que les supplices ne réveillent le peuple, épancha son opaque vernis sur le tableau des actions commises. Fargues fuyant alors et la faveur du peuple, et l'hypocrisie des cours, se retira sous le toit de ses pères : et là, le calme bienfaiteur que porte avec elle l'estime de quelques gens de bien appaisa, par degrés, l'orage que le besoin de l'indépendance avoit amoncelé dans son cœur.

Plus de dix ans après, *le comte* de Guiche, *le marquis* du Lude, Varde et Lauzun s'égarent à la chasse. La nuit les surprend. Ils errent long-tems sans rencontrer d'asyle. Enfin une lumière lointaine frappe leurs regards. Ils y courent. Ils entrent : c'est Fargues qui les reçoit. Hélas! la France avoit un roi, et la plus sainte des vertus va conduire un malheureux à l'échafaud.

Rétrograde le sentier des heures, siècle qui te dis le roi des siècles! parce que ta bassesse superbe adopta le nom d'un roi. Siècle de Louis XIV! rétrograde et rougis. C'est de ton héros que je parle. Les quatre courtisans reviennent à la cour. Leur bouche est pleine des louanges de Fargues. Qui le croiroit! Dieudonné s'écrie, comment ce coupable est dans le royaume et si près de moi! si près! soixante lieues! comme la haine des rois efface les distances ! Mais l'amnistie...... Comment la violer ! comment Dieudoané ? et la France ne fourmilloit-elle pas alors de magistrats pervers vendus à vos caprices, avides d'or et d'opprobre ? montrez-leur l'innocent, ils l'égorgeront sans détourner la tête. L'inquiétude est-elle faite pour un roi quand il s'agit d'un crime ? ne vous fatiguez pas à le commander, ils le devineront.

Lamoignon, le premier président du parlement de Paris, fut chargé de rechercher toute la vie de Fargues. Etoit-il difficile de trouver un combat dans la vie d'un homme qui avoit guerroyé sous les drapeaux d'un parti ? On le trouva. Il passa pour un meurtre. Le procureur-général eut ordre de poursuivre. Il en eut l'ordre, et il obéit ! Fargues fut arrêté, condamné et décapité, malgré l'amnistie que ses défenseurs invoquèrent en vain. Ses biens furent confisqués. A qui les donna-t-on ? à Lamoignon. Siècle de Louis XIV ! voilà ton idole ! fuis maintenant dans les abîmes du passé. Tu es jugé.

Falaise est agréablement bâti sur une colline dont la forme figure assez bien la carêne d'un vaisseau retourné. Ses rues sont bien percées, ses bâtimens agréables; on y voit encore un vieux château commencé par les ducs de Normandie, habité, plus d'une fois, par les rois anglais, et terminé par le fameux Talbot. Ce fut la dernière place que les Anglais possédèrent en France, et celle qui coûta le plus à Charles VII pour la réduire.

En général, l'industrie est immense dans ce département; on y rencontre des manufactures de tout genre, de toiles, de serges, de dentelles, de coutellerie, de bonneterie, de ratines façon de Hollande, de draps fins, de velours de coton, de bas, de gants, de toiles peintes, de futaines, de coutils, de basins, de chapellerie, de papéterie, de taillanderie, etc. D'un autre côté, le sol y répond par son étonnante fertilité au génie de ses habitans. Les pâturages de Pont-l'Evêque, d'Orbec, de Blangy, les grains et les fruits de Bayeux et de Lisieux, les forges de Balleroi, la pêche de Honfleur versent toutes les espèces d'abondance dans l'intérieur de cette partie de la république. Mais par cela même que sa richesse est extrême, ses chemins sont détestables, et il est presque impossible qu'il en soit autrement. La rareté de la pierre empêche de les paver, et la bonté de la terre contribue à les rendre plus mauvais. L'immensité des bestiaux achève de les détériorer. L'habitude que les bœufs ont de mettre toujours le pied, à la même place que ceux qui les précèdent, coupe tous les chemins d'espèces de monticules parallèles et transversales dont les vallons sont autant de bourbiers indesséchables que les chevaux, et moins encore les voitures ne peuvent franchir sans danger.

Plusieurs hommes célèbres ont illustré cette terre. Marot, Malherbe, ces favoris des Muses; Mezeray, Segrais, Sarazin, Varignon, Huet, Madame Dacier et tant d'autres ont répandu le lustre de leurs talens sur ces heureuses contrées. Tu y naquis aussi, rare modèle de l'adulative complaisance, *abbé de Boisrobert*, dont les écrits sont moins fades encore que ton lâche asservissement aux caprices de Richelieu ; toi qui te rendis immortel en persécutant Corneille, comme Thersite se rendit fameux en fuyant à côté d'Achille.

Mais félicite-toi, Calvados ! tu possédas ce qu'on chercheroit vainement ailleurs : un prêtre homme de bien, un évêque sans fanatisme. Soyez béni, Jean Hennuyer, vous fûtes prêtre, et un homme libre peut vous louer.

O jours affreux de la Saint-Barthelemi ! est-il vrai que vous trouvâtes un pontife dont les cheveux se dressèrent d'horreur à votre aspect ? Quels hommes ont donc été les prêtres de tout tems ? L'esprit humain croit à toutes les abominations de ces jours de sang : il se rencontre un prêtre qui les déteste, et l'esprit humain doute que cela puisse être. Ils font pâlir encore la postérité, et l'on s'étonne qu'ils aient fait pâlir un prêtre. Qu'étoient-ce donc que les prêtres ?

Oui, l'on s'étonne de trouver de l'humanité dans un prêtre, et peut-être étoit-il impossible que cela fût autrement ; pourquoi ? Une ligne sur la vocation de cette classe d'hommes fera la réponse. Les préventions, les préjugés, les prédilections des familles faisoient les prêtres. Un cadet, communément le rebut des pères ambitieux et des aînés intéressés, étoit destiné à l'église. Son cœur s'endurcissoit par les mortifications qu'il éprouvoit dans son enfance. Privé des caresses de la nature, de la confiance fraternelle, de l'estime domestique, il s'accoutumoit à l'isolement. Son ame se desséchoit, parce qu'aucune jouissance ne l'humectoit; il s'habituoit à ne songer qu'à lui, parce qu'il étoit oublié de tous, et il arrivoit au sacerdoce avec un cœur racorni. Un enfant annonçoit il de la lâcheté? son intelligence étoit-elle bornée? avoit-il du penchant à la crédulité? on en faisoit un prêtre. L'homme borné, le crédule, le lâche ont tous le cœur dur; le lâche, parce que tout l'efiraie; le crédule, parce que tout l'allarme; le borné, parce que tout l'étonne. Une famille de campagne avoit-elle la folie de primer sur les paysans qui l'entouroient, elle réservoit son enfant chéri à la prêtrise. Dès l'enfance, il n'entendoit bourdonner à ses oreilles que ces mots: *notre abbé, mon fils l'abbé, monsieur l'abbé*; l'imbécille orgueil de ses parens pénétroit par tous ses pores, et il arrivoit au sacerdoce avec l'opinion que tout le monde étoit au-dessous de lui. Qui ne voit point d'égaux sur la terre, n'a point de foi aux malheurs de ses semblables; et qui ne croit point à l'infortune, ne peut avoir un cœur sensible. Or, je le demande, si ce n'est pas là la fidelle esquisse de la vocation de tous les prêtres? et s'il n'est pas naturel de s'étonner lorsque dans mille ans on en rencontre un humain et généreux.

Mais si l'on a droit d'être surpris quand on rencontre un pontife philosophe, de quel effroi n'est-on pas saisi quand on surprend l'excès de la barbarie dans le cœur de la beauté? Il étoit réservé au Calvados d'offrir au monde deux phénomènes si rares, un prêtre bon par excellence, une femme profondément scélérate. Charlotte Corday naquit à Saint-Saturnin.

Je vois la postérité incertaine laisser flotter son opinion sur cette femme un moment célèbre, moins encore par le crime que par le sang-froid du crime. Les écrivains du tems lui seront également suspects. Mais enfin que nos descendans se demandent, s'il peut exister une hypothèse où le crime cesse d'être crime. La négative est sûre, et dès-lors leur opinion sur Charlotte Corday est fixée. Il parut dans la révolution un homme extraordinaire. Etoit-il philosophe? des millions de voix s'éleveront contre cette question. Mais la philosophie cependant n'est-elle pas aussi de vivre toujours en avant de l'époque où l'on vit? Cet homme fut toujours dix ans, cent ans, peut-être, au-delà du jour où il respiroit. Comment ceux qui n'avoient que le courage de voir que ce qui se passoit autour d'eux, ou que la lâcheté de voir ce qui s'étoit passé derrière eux, pouvoient-ils penser comme cet homme ? Il voyoit ce qu'ils ne voyoient pas, il éprouvoit ce qu'ils n'éprouvoient pas : il étoit l'homme du siècle à venir et tout le reste étoient des hommes du siècle actuel. Il tenoit les deux bouts de la chaîne de la révolution. Pour que cette chaîne fût éternelle, il sentoit qu'il falloit la forger; et s'il en faisoit rougir les premiers anneaux, personne, après lui, n'osoit y toucher, dans la crainte de se brûler. Marat, disoient beaucoup de gens, est un homme de sang ; mais beaucoup de gens n'ont que la sensibilité de la minute, et Marat avoit la sensibilité de l'avenir. En est-il beaucoup de

Honfleur, du côté du bassin de la mature.

Porte de la ci-devant Lieutenance D'honfleur.

ces hommes qui sanguinoient ainsi Marat, dont le cœur se soit jamais refusé aux douceurs de la vengeance, dont le bras ne se soit plongé avec une joie barbare dans le sang de son ennemi, dont l'ame n'eût consommé avec allégresse le supplice de mille, de cent mille hommes, pour faire triompher son parti, son opinion, sa fureur? Eh bien ! Marat a vu les deux tiers de la France peut-être, et le reste de l'Europe, sans doute, le maudire sur parole : a-t-il jamais conjuré la perte d'un seul de ses ennemis? Les hommes cruels sont cruels à leur avantage, et jamais au bénéfice des autres. Il est une vérité que, peut-être, d'autres ont sentie mais que personne n'a développée, c'est que les aristocrates avoient besoin d'un homme qu'ils pussent charger de grands crimes, pour avoir un prétexte à devenir de grands criminels; c'est que les patriotes avoient besoin d'un homme à qui l'on pût supposer de grandes erreurs, pour empêcher le patriotisme d'en commettre. Cet homme fut Marat. La France lui devra une grande obligation, c'est de lui avoir tenu lieu d'expérience.

Une journée terrible arriva. Ce fut le 2 septembre. Je ne la décrirai pas. Donnons aux siècles futurs l'exemple du silence. Mais, dans le vrai, qu'est-ce que ce fut que le 2 septembre ? La première exhalaison putride du cadavre de six mille siècles d'esclavage qui gissoit sur la terre. La convention nationale, cette assemblée que l'on peut dire la première du peuple souverain, fut la chaux que l'on versa sur ce cadavre infect. La dissolution n'en fut consommée que le 31 mai (*) : et il n'en resta plus dans la république que quelques mouches enfantées par ses molécules pestiférées. Il leur falloit une pâture : Marat leur en servit. Le 2 septembre ne fut pas un jour ordinaire. Il eut plus de vingt-quatre heures : et, peut-être, la minute de l'assassinat de Marat fut-elle la dernière minute du 2 septembre.

Quoi qu'il en soit, Cassius se troubla, plus d'une fois, après avoir frappé César. Charlotte Corday fut impassible après avoir frappé Marat. Ce n'étoit point le fanatisme de la liberté. Il connoît la douceur des larmes quand il est satisfait. C'étoit le fanatisme religieux, dont le front est de marbre quand il est assouvi, elle marcha au crime la sérénité dans l'œil, elle marcha à la mort la paix sur les joues. Depuis Caïn, c'est le premier meurtrier qui ait eu la chasteté de l'assassinat. Elle fut l'admiration des ames foibles, l'étonnement des ames fortes, et la mesure de la puissance de la volonté.

O tems ! sois béni ! ton infatigable fouet chassoit, devant toi, les âges de la superstition. Jamais jour n'eût mieux servi ses mensonges. Corday montoit à l'échafaud, le soleil s'étoit retranché sous le voile épais des orages. Un vaste rideau, parsemé d'éclairs, déchiré par la foudre, mettoit, entre le ciel et la criminelle, l'appareil du courroux des élémens. La nature s'étoit cachée derrière les épaisses vertèbres

(*) Insurrection du 31 mai et 2 juin 1793, l'an second de la république une et indivisible.

des ouragans. Elle ne voulut voir ni le calme formidable de la Corday, ni l'audace dénaturée du bourreau qui souffleta sa tête ensanglantée. Elle mourut. Le bourreau fut puni. L'orage passa : le ciel devint serein.

NOTES.

(1) Lorsque Sabinus, lieutenant de César, soumit le pays long-tems appellé Neustrie propre, ensuite Normandie, et maintenant divisé en cinq départemens, dix peuples l'habitoient: les Ambilaxiens, les Abrincatuens, les Unelliens, les Sessuens, les Aulerciens, les Éboravices, les Caletes, les Lexoviens, les Bidocasses et les Bellocasses. Ces peuples, avec ceux des îles voisines, formoient ce que sous les Romains on appelloit la ligue des onze cités.

(2) Sur le champ de bataille même d'Hastings, Guillaume-le-Conquérant bâtit une abbaye qu'il dédia à Saint-Martin. Il lui donna le privilège de servir d'asyle et de franchise à quelque scélérat que ce pût être. C'étoit un besoin de reconnoissance : la force des armes lui procuroit un trône en Angleterre.

(3) Platon fut le chef de la première académie : elle porte le nom d'ancienne. Arcésilas fonda la seconde, et Carneades la troisième. Cicéron donna à sa maison de Pouzoles le nom d'académie, il y bâtit des portiques et y planta des jardins à l'imitation de l'académie d'Athènes. Il étoit défendu, sous peine d'expulsion, de rire à l'académie d'Athènes. Les académies de Paris se sont bien gardées, sous l'ancien régime, d'une semblable défense. Elles n'auroient eu personne à leurs séances.

(4) Le père Tournemine, l'antagoniste du père le Tellier, et le plus orgueilleux des jésuites. Ce littérateur se

plaignoit qu'on le confondit avec les religieux. Montesquieu se vengea de quelques-uns de ses sarcasmes, en demandant: qu'est-ce que c'est que le père Tournemine? je ne le connois pas. Ce mot pensa le faire mourir de chagrin. Le père Bessier le persifla dans ce dystique:

Quàm benè de facie versâ tibi nomen, amicis
Tam cito qui faciem vertis, amice, tuis!

Ordre que l'on suit dans les Voyages des 85 Départemens de la France.

1. Paris.
2. Seine et Oise.
3. Oise.
4. Seine inférieure.
5. Somme.
6. Pas-de-Calais.
7. Nord.
8. Aisne.
9. Ardennes.
10. Meuse.
11. Moselle.
12. Meurthe.
13. Vosges.
14. Bas-Rhin.
15. Haut-Rhin.
16. Haute-Saone.
17. Doubs.
18. Jura.
19. Mont-Blanc.
20. Ain.
21. Saone et Loire.
22. Côte-d'Or.
23. Haute-Marne.
24. Marne.
25. Aube.
26. Yonne.
27. Seine et Marne.
28. Loiret.
29. Loir et Cher.
30. Eure et Loir.
31. Eure.
32. Calvados.
33. Manche.
34. Orne.
35. Sarthe.
36. Mayenne.
37. Ille et Vilaine.
38. Côtes du Nord.
39. Finistère.
40. Morbihan.
41. Loire inférieure.
42. Maine et Loire.
43. Vendée.
44. Deux-Sèvres.
45. Vienne.
46. Indre et Loire.
47. Indre.
48. Cher.
49. Nièvre.
50. Allier.
51. Rhône et Loire.
52. Puy-de-Dôme.
53. Cantal.
54. Corrèze.
55. Creuse.
56. Haute-Vienne.
57. Charente.
58. Charente inférieure.
59. Gironde.
60. Dordogne.
61. Lot et Garonne.
62. Lot.
63. Aveiron.
64. Gers.
65. Landes.
66. Basses-Pyrénées.
67. Hautes-Pyrénées.
68. Haute-Garonne.
69. Arriège.
70. Pyrénées orientales.
71. Aude.
72. Tarn.
73. Hérault.
74. Gard.
75. Lozère.
76. Haute-Loire.
77. Ardèche.
78. Isère.
79. Drôme.
80. Hautes-Alpes.
81. Basses-Alpes.
82. Bouches-du-Rhône.
83. Var.
84. Alpes-Maritimes.
85. Corse.

VOYAGE

DANS LES DÉPARTEMENS

DE LA FRANCE,

Enrichi de Tableaux Géographiques
et d'Estampes;

Par les Citoyens J. LA VALLÉE, ancien capitaine au 46°. régiment, pour la partie du Texte; LOUIS BRION, pour la partie du Dessin; et LOUIS BRION, père, auteur de la Carte raisonnée de la France, pour la partie Géographique.

L'aspect d'un peuple libre est fait pour l'univers.
J. LA VALLÉE. *Centenaire de la Liberté*. Acte Ier.

A PARIS,

Chez Brion, dessinateur, rue de Vaugirard, N°. 98, près le Théâtre François.
Chez Buisson, libraire, rue Hautefeuille, N°. 20.
Chez Desenne, libraire, galeries du Palais-Royal, numéros 1 et 2.
Chez l'Esclapart, libraire, rue du Roule, n°. 11.
Chez les Directeurs de l'Imprimerie du Cercle Social, rue du Théâtre-François, N°. 4.

1793.

L'AN SECOND DE LA RÉPUBLIQUE FRANÇAISE.

Nota. Depuis l'origine de l'ouvrage, les auteurs et artistes nommés au frontispice l'ont toujours dirigé et exécuté.

Ouvrages du Citoyen JOSEPH LA VALLÉE.

Le Nègre comme il y a peu de Blancs.	3 vol.
Cecile, fille d'Achmet III.	2 vol.
Tableau philosophique du règne de Louis XIV.	1 vol.
Vérité rendue aux Lettres.	1 vol.
Serment civique, comédie en 1 acte.	1 br.
La Gageure du Pélerin, en deux actes.	
Départ des volontaires villageois, comédie en 1 acte.	
Voyage dans les 83 Départemens.	22 n°s.

DÉPARTEMENT DE LA CÔTE D'OR
ci-devant Partie de la Bourgogne

Remarque.

L'Étendue de ce Département est de 445 lieues quarrées.
Sa Population de 343 mille habitans.
Il est de la Métropole de l'Est ou de Besançon, de la 18.ᵉ Division Militaire, de la 15.ᵉ Division de Gendarmerie Nationale et de la 13.ᵉ Conservation Forestière.
Il se Divise en 7 Districts, comprenant 36 Cantons et 760 Municipalités.
Il envoye 9 Députés à la Convention Nat.ˡᵉ

VOYAGE
DANS LES DÉPARTEMENS
DE LA FRANCE.

DÉPARTEMENT DE LA CÔTE-D'OR.

EN quittant le département de Saône et Loire, mon cher concitoyen, nous vous avons promis quelques détails sur les anciens Bourguignons, dont nous parcourons, depuis que nous sommes entrés dans le département de la Haute-Saône, cette partie de leur empire, que l'on appeloit *Bourgogne transjurane*.

Vous serez étonné peut-être que le nom des *Æduens*, bien plus antiques que les *Bourguignons*, et peut-être origènes de ce pays, ait été effacé par le nom de ces derniers. Mais tel est par-tout le privilége de la force. Ces Æduens, dont Autun, comme nous l'avons dit, fut la capitale, comptèrent, au nombre de leurs sujets, ces Bourguignons; mais ces sujets indociles s'érigèrent en conquérans; et le fer, en moissonnant les Æduens, coupa la page où leur nom étoit inscrit sur le livre des nations. N'est-ce pas ainsi qu'en ont usé, dans un autre univers, six cents Espagnols; et les noms harmonieux des enfans du soleil n'ont-ils pas été plongés dans l'oubli par le sanguinaire orgueil des soldats castillans ? Déplorable manie des conquérans ! Est-il donc vrai qu'ils mettent de la fierté à éterniser la mémoire de leurs crimes. Ils craignent que la tombe ne les dérobe au souvenir de l'humanité indignée.

A travers les nuages de l'antiquité, voici l'opinion la plus accréditée sur l'origine des Bourguignons. Drusus et Tibérius Néro, Césars adoptifs d'Auguste, pénétrèrent dans la Germanie, toujours échappée à la fortune des Romains : et plus heureux que les triomphateurs de la république, y remportèrent quelques victoires, que les désastres de Varus devoient faire, par la suite, payer bien cher à la maîtresse du monde. Les deux Césars, pour conserver leur conquête, laissèrent leurs légions en Germanie. Suivant le régime militaire de Rome, les légions n'habitoient, soit en paix, soit en guerre, que des camps. Ces camps, dans la paix sur-tout, devenoient des espèces de forteresses, que les gens du pays nommoient *Burgts*; insensiblement les Romains se familiarisant avec ce mot, appelèrent ceux qui gardoient ces camps, *Burgundii*. Des soldats Romains furent donc, dans le fait, les premiers Bourguignons. Devenus presque Germains par l'habitude de vivre parmi ces peuples, s'alliant avec eux, oubliant par degrés leur origine, et quelques Germains de leur côté, se mêlant avec ces soldats romains, de cet amalgame, si je puis m'exprimer ainsi, de quelques hommes qui réciproquement oublioient leur patrie, sortit un corps de nation nouvelle, une sorte de peuple métis, dont la destinée étoit de s'établir par les ravages, de marquer sur la terre par le droit de la force, de succomber à son tour sous l'effort d'un conquérant nouveau, et de ne laisser sur l'Europe qu'elle opprima, qu'un nom qui, périssable lui-même, devoit, à son tour, s'écrouler dans l'oubli.

Une remarque assez singulière, c'est que le nom de Bourguignon soit né à la mort de la liberté romaine, et qu'il soit mort à la naissance de la liberté française ; comme si le monde eût été trop étroit pour contenir ce nom et la liberté. Les Bourguignons, accrus pendant près de trois cents ans à l'ombre des forêts de la Germanie, et devenus enfin trop pesans pour le sein de leur mère, se débordèrent comme un torrent, et sous le règne de Tacite, franchirent le Rhin, se répandirent dans les Gaules, s'emparèrent de soixante villes, et se virent maîtres, en peu de temps, d'une étendue immense de pays.

Cette première tentative ne fut pas heureuse : Probus, successeur de Tacite, marcha contre eux, les battit et les força de se renfoncer dans la Germanie. Ils passèrent ainsi deux cents ans en incursions plus ou moins malheureuses, mais sans parvenir toutefois à former l'établissement qu'ils méditoient, lorsqu'enfin les Gaulois, observateurs plus voisins de la décadence de l'empire romain, envieux de s'entourer d'assez de forces pour échapper eux-mêmes, sans crainte de retour, au joug que toutes les nations commençoient à secouer, leur permirent de s'établir dans ce que l'on appeloit alors la Germanie première, à condition qu'ils ne porteroient les armes que contre les Romains. Peu fidèles à ce traité, leur inquiétude naturelle leur fit bientôt envahir une partie de la Belgique. Ils s'en virent punis ; un général nommé Aëtius, mais non pas le même qui défit Attila, marcha contre eux, les battit à diverses rencontres, et les contraignit enfin à demander grace et la paix. Cependant leur caractère belliqueux les rendit à la longue tellement recommandables, que l'empereur Valentinien ne dédaigna pas d'avoir recours à eux pour tomber sur les Allemands qui menaçoient l'empire. Ce fut alors qu'ils prirent une véritable consistance. Mais depuis, leurs guerres interminables avec les Francs, les actions des rois qui les gouvernèrent, les époques où leur puissance s'étendit depuis Arles jusqu'à l'Escaut, sont tellement confuses, qu'elles ont presque toutes échappé à l'histoire ; et qu'excepté Gombaud, l'avant-dernier de leurs rois, et cependant leur premier législateur, tout le reste est, pour ainsi dire, méconnu. Tout ce que l'on en sait, c'est que leur empire se divisa en Bourgogne *cisjurane* et en Bourgogne *transjurane*, deux royaumes qui chacun eurent leurs rois ; mais cette division avoit été précédée par l'extinction de la race des anciens rois de Bourgogne, dont Clodomir, roi d'Orléans et fils de Clovis, fit périr le dernier qu'il avoit vaincu, en le faisant jeter lui et ses enfans dans un puits. Ce prince infortuné, qui se nommoit *Sigeric*, avoit un frère nommé *Gondomar*, qui chercha vainement à le venger et à lui succéder, mais qui fut vaincu lui-même, et mourut fugitif en Espagne. Telle fut la destruction première du royaume de Bourgogne, possédé par les premiers *rois* des *Français*, jusqu'au neuvième siècle, où Boson d'un côté, et Rodolphe de l'autre, en ayant chacun usurpé une partie, commencèrent les deux royaumes de Bourgogne, connus sous le nom de transjurane et de cisjurane.

Il nous reste peu de notions sur les mœurs premières de ce peuple; la loi gombette ou gombaud est le seul monument échappé à l'injure du temps; tout ce que l'on sait de leurs habitudes, c'est qu'ils n'habitoient point les villes; qu'ils ne vivoient que dans leurs camps, dont toutes les tentes se touchoient; qu'ils étoient de haute stature; plus sauvages que policés, et tels, à peu près, que l'on nous peint encore aujourd'hui les Hottentots, ils portoient leurs cheveux longs et plats, communément enduits de graisse, et ils ceignoient leurs corps presque nus, des entrailles des animaux dont ils se nourrissoient.

Quant au régime de leur gouvernement, ils furent, dans les commencemens, divisés en petites tribus. Chacune de ces tribus avoit un chef dont l'autorité n'étoit jamais héréditaire; et peut-être n'est-il pas indifférent, pour l'école des nations, d'observer en passant, que toutes les nations conquérantes et qui sembleroient annoncer plus de fierté dans le caractère, sont pourtant celles qui toujours ont obéi à des maîtres, ou à un gouvernement aristocratique: et cela s'explique par la nécessité d'un chef, quand un peuple fait son métier de la guerre : d'où l'on pourroit inférer que la paix est ou doit être la sauvegarde du régime démocratique.

Ces petits chefs furent bientôt asservis sous un maître commun ; et cela fut facile au premier ambitieux qui tenta de les diviser pour les détruire l'un par l'autre, et s'enrichir de leurs dépouilles. Cet ambitieux fut *Godegesile*, et c'est tout ce que l'on en sait.

Mais que les Bourguignons aient déserté la Germanie, qu'ils se soient répandus dans les Gaules, et qu'à travers le pillage, le meurtre et l'incendie, ils se soient nettoyé, pour ainsi dire, une place pour y reposer leur dégoûtante férocité ; c'est là, et vous ne le croiriez pas, le moindre reproche que l'humanité ait à leur faire. Maudissons avec elle cette nation barbare, dont l'ignorante démence et l'imbécille respect pour les décisions du sort, nous apportèrent le duel ; le duel ! ce monstre que l'outrage fait vivre, dont la vie est un outrage, et qui met sa gloire à déshonorer l'honneur.

Le mensonge lui donna naissance : la difficulté de prononcer entre l'homme qui nie, et celui qui affirme, fit inventer ce crime pour tenir lieu de justice ; et pour achever d'insulter à la nature, on donna le caractère de loi au forfait même que la loi auroit dû punir. Ce fut l'ouvrage d'un roi ; ce fut l'ouvrage d'un peuple féroce et barbare ; ce fut l'ouvrage d'un siècle d'ignorance et de superstition, que la nation la plus humaine, la plus généreuse, la plus compatissante, a conservé dans son sein, au milieu de toutes les lumières de la philosophie. Les assassins, par honneur, passent encore pour les premiers des Français ; et quand tous les temples des préjugés sont renversés, l'assassinat et la lâcheté ont trouvé l'art de conserver leurs autels.

Les premiers duels furent de vraies batailles. Un homme en accusoit un autre. Celui-ci se défendoit. Pour juger de la véracité de l'accusation, ou de la négative, on accordoit le combat ; et Gombaud consacra cet usage, en lui donnant force de loi. Alors l'accusateur et l'accusé, les témoins, les parens, les amis, et quelquefois même des officieux, enfin tous ceux qui prenoient quelqu'intérêt à l'un ou l'autre champion, se battoient à *outrance*, et le parti vaincu étoit le parti coupable. Un évêque de Vienne, nommé Avitus, écrivit à Gombaud, pour lui démontrer la féroce absurdité d'une semblable loi ; mais la démence sanguinaire de ce préjugé prévalut. La superstition s'en mêla ; l'on nomma ces combats, *jugemens de Dieu* ; et depuis, au nom du Dieu protecteur de l'innocence, on vit presque toujours cette innocence se traîner enchaînée au char du crime triomphant.

La religion chrétienne, que les Bourguignons reçurent, n'adoucit point cette coutume barbare. Au contraire, les prêtres l'enhardirent, en l'autorisant par leur exemple. Plus puissans à mesure que leur Dieu passoit pour être plus cruel, ils provoquoient au meurtre, parce qu'ils avoient part aux dépouilles ; et comptoient le duel au nombre des spécifiques dont usoit la divinité pour purger la terre des fléaux. Ainsi, dans les premiers temps de l'institution du duel, si la disette ou la famine désoloient un canton, si la peste faisoit quelques ravages, si des *sauterelles* dévastoient un territoire, *le jugement de Dieu*, ou le duel étoit ordonné ; la famine, la peste, les sauterelles avoient leurs champions, et le sang couloit, pour juger si l'homme avoit tort de se plaindre des fléaux.

Suivant l'historien Lauffer, une peste affreuse affligea l'Helvétie en 1384. Des prêtres inspirèrent à ce peuple si doux, si près de la nature dans ses mœurs, que le sacrifice le plus agréable à Dieu, pour faire cesser cette calamité, étoit la destruction totale des Juifs. Les bûchers furent dressés ; les feux s'allumèrent, et l'on précipita dans les flammes tous les Juifs que l'on put saisir. Bientôt cet épouvantable auto-da-fé s'étendit dans toute l'Allemagne. Un Albert d'Autriche, surnommé *le Sage*, le seul prince peut-être qui ait mérité ce nom, parce qu'il fit un acte d'humanité, osa recueillir quelques-uns de ces infortunés Juifs, dans son château de Kirbourg. Aussitôt l'excommunication l'atteignit, et *ses sujets* l'abandonnèrent. On lui refusa par-tout le feu et l'eau ; et pour échapper lui-même à la mort, il se vit obligé de livrer aux superstitieux deux cents de ces Juifs, qu'il avoit soustraits pendant quelques instans à leur aveugle fureur ; il auroit peut-être mieux fait de mourir en les défendant, et nul n'oseroit aujourd'hui lui contester l'épithète de sage. Quoi qu'il en soit, malgré les promesses des prêtres, la peste ne cessa pas, et peut-être le supplice même de tant de Juifs ne lui donna-t-il qu'une plus forte activité. Alors, si le combat ne fut pas ordonné, si le duel ne fut pas chargé de chasser la peste, les moines au moins en soufflèrent l'esprit. L'on vit les malheureux Helvétiens sortir de leurs maisons, se répandre dans les forêts, sur les montagnes et dans le fond des précipices, se déchirer le corps à coups de verges, implorer à grands cris la miséricorde céleste, se heurter, se battre, se tuer, s'égorger lorsqu'ils se rencontroient, et s'abymer réciproquement dans les tombeaux, pour éviter la peste qui peut-être les eût épargnés.

Insensiblement la race bourguignonne s'éteignit, ou pour mieux dire, se fondit dans la race des Gaulois et des Francs ; et lorsque les deux royaumes de la *cisjurane* et de la *transjurane*, furent détruits, il ne restoit plus guère de famille bourguignonne dont le sang fût sans mélange.

Quand nous voyagerons dans le département des Bouches du Rhône, nous vous reparlerons de ce royaume de la cisjurane. Rodolphe III, dit le *Fainéant*, d'autres disent Conrad le *Salique*, fut le dernier roi de la transjurane. Ce fut par haine pour les enfans de sa sœur, que ce Rodolphe transporta aux empereurs d'Allemagne la couronne de la *transjurane*. Cette sœur, nommée Berthe, encore enfant, en badinant avec lui, l'avoit rendu impuissant par un coup qu'elle lui avoit porté dans certaine partie du corps. La haine que le souvenir de cet accident lui laissa pour sa sœur, le détermina à se choisir des héritiers dans une autre famille.

Cependant ce que l'on appela long-temps le duché

de Bourgogne, et dont l'étendue forme le département où nous voyageons, fut démembrée de la *transjurane*, et devint l'apanage de Robert de France, troisième fils de Robert *roi*, qui fut la tige des premiers ducs de Bourgogne. Par la suite, il retourna à Jean *roi*, qui le donna à Philippe son fils, et ce fut là que commença la seconde race des ducs de Bourgogne, dont l'orgueil et le nom vinrent périr pour jamais dans la personne de Charles-le-Téméraire, sous les murs de Nancy.

Ce département de la Côte-d'Or, l'un des plus beaux de la république, par son étendue et sa richesse territoriale, est aussi un de ceux où l'amour de la liberté s'est déployé avec énergie. Les bataillons de la Côte-d'Or, justement célèbres, n'ont conservé du caractère des anciens Bourguignons, que ce courage qui leur fit fonder une patrie loin des forêts où la nature les avoit placés. Ces dignes soldats, adoucis aujourd'hui par l'amabilité française, semblent se rappeler encore cette fierté que leurs pères avoient puisée dans le commerce des Romains; et pour faire triompher la république, n'ont gardé de la férocité de leurs ancêtres, que l'activité qui brise les obstacles ; n'ont retenu des Romains que l'incorruptible germe de l'amour de la liberté ; et n'ont disputé à leurs concitoyens français, que le premier rang en générosité.

La grande richesse de ce département est l'inestimable don que lui fit la nature dans l'excellence de ses vins ; breuvages délicieux, dont l'ame sensible, dont la piété filiale ne doivent parler qu'avec respect, puisqu'il embellit et prolonge la vieillesse ; puisque le salubre parfum de ce falerne gaulois peut réchauffer les veines glacées de l'homme que la maladie poursuit. Le passage des mers est interdit à sa délicatesse, et le créateur, partial pour cette fois, semble doter ses côteaux d'un bienfait qu'il leur défend de partager avec la terre.

Hélas ! paisiblement assis sur les gradins des autels de Comus, nous voyons les rubis de Nuits et du Volney jaillir des amphores de cristal dans nos coupes d'agathe ; la folâtre joie vient humecter nos lèvres de l'essence que les pampres de Beaune déposèrent dans l'urne aux vastes flancs. Le plaisir et l'aimable oubli des maux voltigent autour de nous ; et les infortunés, dont la bêche laborieuse va solliciter la terre d'épancher la sève dans les seps délicats de la vigne timide, ne portent jamais à leurs langues desséchées par le travail, la liqueur bienfaitrice que leur art nous procure. Le front couvert de mirthe, nous buvons nonchalamment sous nos lambris dorés, le nectar dont la pourpre colore nos regards amoureux : souvent alors notre cothurne superbe glisse étonné sous nos pas chancelans ; et la main qui pressure pour nous la grappe diaprée, n'a pas même de l'eau pour détremper son pain que le soleil dessèche dans sa chaumière ouverte aux rigueurs des saisons. O liberté ! foule à tes pieds cet usage impie ; rends au pauvre les dons de la nature ! C'est pour lui qu'elle couvrit la terre, et de fleurs et de fruits ; et qu'à son tour, Anacréon soit le philosophe des hameaux.

Avant de vous parler des villes, dont l'élégance pèse sur les plaines fertiles de ce département, rappelons à votre souvenir celles que le temps a détruites. C'est là, citoyens, que les regards surpris admiroient jadis les superbes remparts de la Thèbes gauloise. Là gisoit cette Alexia (1), où César, ce vainqueur de l'univers, douta quelques instans de l'immortalité de la victoire. Cette forteresse immense couronnoit le front d'une montagne de cent cinquante toises d'élévation. Elle n'est plus ; la montagne lui survit : mais la montagne aussi s'usera à son tour : car tout périt sur la terre, excepté la vertu.

Quatre-vingt mille hommes défendoient Alexia ; mais quatre-vingt mille hommes ne purent ébranler la fortune de celui qu'attendoit le poignard de Brutus. Vous le savez, les dieux alors s'étoient tous déclarés pour l'injustice. Caton restoit seul, sur la terre, du parti de l'équité. Alexia ne fut point distinguée du sort de l'univers. César triomphant y pénétra les torches à la main. Les torrens du sang des habitans crevassèrent les flancs de la montagne, dont la croupe supportoit cette ville que les siècles avoient élevée ; les ruines des palais, des temples, des murs, s'éboulèrent sous la flamme ; et leurs cendres dispersées par les vents, furent au loin couvrir les prés que l'Ozerein arrose.

La fable, souvent complice des despotes ; la fable, créatrice de dieux imaginaires, pour pallier les vices des méchans ; la fable adulatrice, qui souvent accorde plus à l'homme puissant, que de puissance

Dijon

aux hommes, donne Hercule pour fondateur à cette ville d'Alexia. Mais que sert d'avoir un demi-dieu pour père, quand la terre est la proie des tyrans? Hercule ne sauva pas Alexia du joug de César. Que ne fut-elle une chaumière! Que les vertus de Palémon ne dérobèrent-elles sa destinée sous un toit de roseaux! Elle n'eût pas fixé les regards dédaigneux d'un conquérant. Alexia n'eût été qu'un hameau, mais Alexia fût demeurée libre.

Dijon, chef-lieu de ce département, est une des belles villes de la république. Elle doit son origine à la superstition. On en douteroit presque : la superstition détruit et n'édifie jamais. Aurélien (2), dans la guerre qu'il fit à Tétricus, et que nous vous avons déja citée à l'article d'Autun, fut obligé, dans une manœuvre de guerre, de détruire un village appelé *Burgus Deorum*. Ce nom lui laissa des remords qu'accrut encore sa mère, que Vopiscus prétend avoir été prêtresse du soleil. Par ses conseils, il bâtit un temple sur le sol qu'avoit occupé ce village, le nomma *Divio*, dont on a fait Dijon par corruption. Les enfans de Hugues Capet, successeurs des anciens ducs de Bourgogne, y firent presque tous leur séjour, l'agrandirent et l'embellirent.

C'est delà que sortit ce mot vide de sens, inventé par la vanité, pour marquer la distance entre les peuples et les hommes à couronnes; mot enfanté dans la cour des rois, détruit avec elle, déja même oublié; que la postérité n'entendra pas, parce qu'elle sera moins près que nous des sottises de nos aïeux; je veux dire l'étiquette, titre général de quelques usages bizarres des alentours des rois, objet du mépris du sage, unique et importante affaire des oisifs de cour, et désespoir des petits tyrans de province, gentilshommes à colombier, qui l'invoquoient sans cesse, n'en embrassoient que l'ombre, et prescrivoient ses loix aux Jasmins à sabots, écuyers mal-adroits de leurs grandeurs à savonnette.

Les ducs de Bourgogne, les plus fastueux des princes à tournois, calculèrent les distances d'apparat que, dans les cérémonies, il falloit mettre entre le prince et l'homme. Ils étoient loin de penser que l'égalité entre les humains ne cesse qu'à la mort; que l'étiquette n'appartient qu'aux tombeaux; que la vertu la marque, et qu'il n'est sur la terre de *noblesse* et de *tiers-état*, que parmi les cercueils. Le nombre de révérences, de pas, de regards, de paroles; la manière de se vêtir, de s'asseoir, de se moucher, de passer, d'entrer, de reculer, tout eut ses loix et ses limites, et l'ennui accourut de la pompe des églises siéger dans le palais des grands; la contrainte prit le manteau du respect, et la grandeur décréta que par vénération l'homme devoit bâiller.

Plus les usages sont ridicules, plus ils se propagent : un prince dont la droite à table eût été remplie par le laboureur utile, n'eût point trouvé d'imitateurs. Un prince dont le *génie* règle la hauteur du tabouret où quelqu'un doit s'asseoir, est un modèle pour ses semblables. Les femmes de la maison de Bourgogne portèrent l'étiquette à Madrid; les *couvennés* de la Castille la transmirent à la maison d'Autriche,

triche, et la maison d'Autriche en cadeauta toute l'Europe. Delà, ce cérémonial ridicule que le bourgeois de Paris alloit, par les bateaux de Saint-Cloud, admirer à Versailles à certains jours de l'année, avant que la liberté eût épuré les têtes. De là mille articles pour la gazette de France, lorsqu'il étoit défendu aux gazettes de dire quelque chose. Delà cet honneur, si cher à nos femmes de haute condition, et cependant de *mince* qualité, de se dire femmes *présentées*, terme dont la signification à Jérusalem étoit bien différente qu'à Paris ; puisqu'à Jérusalem la femme présentée étoit celle qui s'étoit purifiée; au lieu qu'à Paris, la femme présentée étoit celle qui s'étoit corrompue. De là la gloriole de monter dans les *carrosses du roi*, et tant d'autres imbécillités que la sottise diadémale inventa, pour amener insensiblement l'homme à s'appercevoir que les journées des rois n'étoient qu'un tissu de misères.

C'étoit à Dijon que s'assembloient, tous les trois ans, les états de la province de Bourgogne ; assemblée ridicule, vaine représentation des droits du peuple, où ce peuple humilié venoit par députés recevoir les ordres du tyran qui le dépouilloit, et donner au clergé superbe et à la noblesse insolente le spectacle d'hommes utiles opprimés pour entretenir leur luxe et leur oisiveté. Chaque ordre avoit son privilége : la noblesse de ne rien donner, le clergé de tout refuser, et le *tiers-état* de tout payer. Tandis que maintenant dix députés de la Côte-d'Or suffisent à la Convention nationale, pour maintenir les droits de leurs commettans, il en falloit quatre

B

cents cinquante aux états de l'ancien régime, pour les sacrifier.

Ne répétons point ici ce que tant d'écrivains inutiles et morosifs ont écrit sur le cérémonial *pompeux* de l'ouverture, de la tenue, et de la clôture de ces états. Disons seulement qu'ils commençoient par une messe du Saint-Esprit ; c'est-à-dire, qu'on supplioit l'esprit de lumière de frapper d'aveuglement cette assemblée célèbre ; de la rendre docile aux usurpations d'un despote ; d'éclairer de ses rayons le luxe insolent des ministres inhumains du dieu sensible au foible don du denier de la veuve ; de protéger l'abrutissement de ces hommes à trente-deux quartiers de noblesse et d'ignorance ; et d'incendier par ses feux le reste de raison dont le tiers-état pourroit user pour sentir l'injustice de son sort et l'iniquité de ses despotes. Disons encore que la table du gouverneur, celle du président des états, celle de l'intendant, les fêtes données à leurs maîtresses, les sommes englouties dans les gouffres du jeu, les étrennes aux valets, les *pour-boire* aux commis, les tours du bâton pour les syndics, etc., coûtoient plus en deux semaines, qu'un an de la législature moderne ne coûte à la république. Et pour qui ces tables, ces jeux, ces fêtes ? Non pas pour le tiers-état qui les payoit ; une femme de *qualité* auroit rougi de danser avec un bourgeois ; mais bien pour le *monsignor* à simarre violette, dont la tête appesantie par les fumées du vin et les fatigues de la digestion, se penchoit sur les coussins oiseux où son épiscopal embonpoint discutoit, en ronflant, les intérêts de la province ; mais pour le *grand seigneur* à casaque dorée, dont les lèvres dédaigneuses faisoient l'honneur à la nature de s'enivrer avec le vin que le pauvre a foulé ; mais bien aussi pour ces gentils-hommes à sabots qui, l'épée au côté, le sarreau sur le corps, un écu dans la poche, accouroient aux états se nourrir pendant quinze jours pour le reste de l'année, prenoient pour auberge la salle à manger d'un intendant, pour lit les banquettes de son antichambre, et pour égout le parquet de son palais. O temps ! ô mœurs ! ô dégradation de l'espèce humaine ! malheureuse patrie ! telles étoient donc les espèces avilies dont les vices prétendoient à l'honneur de faire tes destinées. Un immonde troupeau de Vitellius étoit la caste par excellence, et se prétendoit du sang des dieux, quand ses veines ne receloient qu'une vase fétide, semblable à celle que les flots de la mer laissent avec mépris sur la grève qu'elle infecte. Cette vase, quand le soleil la frappe, n'enfante que des vers. Telle est l'image du sang de ces nobles et de ces prêtres, quand l'astre de la liberté les a couverts; des milliers de vices, comme autant de reptiles, ont fourmillé dans la fange dont ils étoient pétris.

Aujourd'hui tout est effacé. Les places de Dijon, que le poids des statues des tyrans faisoit gémir, ses rues indignées des noms méprisables qu'elles portoient, ses palais si long-temps déshonorés par le séjour des sangsues publiques, se sont purifiés. Dijon a donné l'exemple ; la première, elle donna le saint nom d'*Egalité* à la rue de *Condé*: il n'est plus d'effigies de rois, plus de palais des états, plus d'hôtel de Bourbon ; et l'air, heureux de ne plus frotter sur le bronze des oppresseurs, arrive pur à votre haleine.

Il y reste des églises. Pourquoi pas ! O Dieu de l'univers, tant mieux qu'il t'en reste : c'est sur la terre où la tyrannie n'existe plus, que tu mérites des temples. Que l'on t'en élève encore ; que tout l'art des humains s'y déploie pour y rassembler une ombre de ta majesté ; il est si doux de t'adorer dans un temple où le prêtre ne vit plus.

Parmi ces temples élevés à la superstition, bien plus qu'au moteur des éternelles destinées, la *Sainte Chapelle* a fixé notre attention. Son architecture gothique, mais hardie et légère, la flèche délicate qui la surmonte et s'élance avec audace, amusent l'œil et plaisent au génie. Là se garde une hostie dite miraculeuse, donnée par Eugène IV à Philippe-le-Bon, duc de Bourgogne. Le vrai miracle est la réunion des plus méchans hommes pour honorer ce *don du ciel*. L'esprit humain auroit vainement cherché pour rencontrer si juste ; il faut bien que le ciel s'en soit mêlé. Eugène IV, que l'église, au concile de Bâle, déclara symoniaque, parjure, incorrigible, schismatique, hérétique, fut celui qui l'envoya. Philippe-le-Bon, qui, près de descendre an cercueil, se fit porter au siége de Liége, pour repaître encore ses yeux expirans du spectacle d'une ville en cendres et de ses habitans égorgés, fut celui qui la reçut. Le duc d'Epernon, le plus insoutenable, comme le plus insolent des Gascons, fut celui qui donna le coffre d'or, enrichi de pierreries, dans lequel on la conserve. Et Louis XI qui fut...... Louis XI, donnna la couronne d'or, que l'on pose sur l'ostensoir de même métal, du poids de cinquante et un marcs, dans lequel on l'expose.

Là une abbaye fameuse reposoit en paix, à l'ombre du grand arbre de l'oisiveté que le monachisme avoit planté sur le monde chrétien, avant le réveil de la raison en France; c'étoit Saint Benigne. Là d'heureux bénédictins couloient *saintement* leurs jours uniformes à l'abri de cent mille livres de rente, et de la table au chœur, du chœur à la table, devenoient mûrs pour le ciel, et passoient doucement du sein des voluptés dans le sein du père éternel. Les bénédictins étoient les grands seigneurs parmi *le peuple moine*, comme les Bernardins en étoient les fermiers généraux, et les enfans de Saint François le tiers-état. Quand on se présentoit chez les Bénédictins, ils vous recevoient avec cette politesse *capable*, symptôme de la protection. Ils sembloient toujours vous tenir à une certaine distance d'eux, et vous dire : Nous sommes plus que vous, et nous en savons plus que vous. Les Bernardins, au contraire, étoient les Turcaret de l'aventure : chaque moine étoit M. Rondon, vous frappant sur l'épaule, vous tutoyant, riant et parlant haut, et vous citant la cave avant les pères de l'église. Cordeliers, Récollets, Capucins étoient les bourgeois des cloîtres, petits détails, petites confidences, petits jardins, petites maîtresses. Les premiers enfin vous traitoient en princes, les seconds avoient des tables à la Baujon, et les troisièmes vous invitoient au café. Telles étoient les nuances distinctives de ces originaux, qui se méprisoient plus entre eux que le monde ne s'en moquoit.

Ce roi d'Orléans et de Bourgogne, *Gontran* dont je vous ai déja parlé quelquefois, fut le fondateur de cette abbaye de Saint-Bénigne. Ce *bon* roi, qui passa sa jeunesse dans les bras d'une courtisane; qui fit mourir les médecins de la reine *Austrechilde*, parce qu'elle n'avoit pas eu la complaisance de guérir par leurs remèdes; qui fit généreusement lapider un *seigneur* de sa cour, pour avoir tué un daim dans une forêt : ce *bon* roi fut saint; et il le méritoit bien ! il avoit donné quelques milliers de marcs d'or en croix, en couronnes, en vases, à cette abbaye qu'il appela Saint-Bénigne, du nom d'un homme que ni vous, ni moi ne connoissons, mais que le sage Marc-Aurèle connoissoit pour être un méchant valet de Saint Policarpe, et qu'il exila de l'Italie, afin sans doute que, pour la plus grande gloire de Dieu, il vînt prêcher dans les Gaules qu'il falloit manger du poisson le vendredi, pour n'être pas damné comme Aristide et Solon. Ce Gontran donc, qui n'étoit ni *Titus*, ni *Antonin*, mais qui fondoit des abbayes et leur donnoit de l'or, monta tout droit au ciel; il est vrai que, dans le onzième siècle, lorsqu'une famine générale força de vendre toutes les riches dépouilles des nations, dont Gontran avoit doté nos enfans de Saint Benoît, on fut tenté de désanctifier un roi qui n'étoit plus utile; mais l'habitude l'emporta, et les honneurs de l'*ora pro nobis* lui furent conservés. Chaque abbaye avoit, comme cela, les saints de sa domesticité. L'église comptoit les saints martyrs, les saints confesseurs, les saints docteurs : elle auroit pu compter aussi les saints de reconnoissance.

L'église de cette abbaye est d'une belle architecture, et mérite d'être vue, ainsi que celle de la cathédrale ; il en est peu dont le style soit plus léger, et la coupe plus hardie. Plaignons les siècles d'erreur ; gémissons sur les atrocités qu'enfantent l'esprit ; et loin de nous extasier sur la magnificence des temples, souvenons-nous que c'est à ce luxe, à cet orgueil des cultes, que l'on dut la moitié des maux de l'humanité. Telle étoit notre réflexion, en parcourant ces superbes parvis, quand nous songions que cette ville donna l'exemple à la France de chasser les protestans. Dès le commencement des troubles de religion, Tavannes, digne confident de Charles IX, fit désarmer tous les protestans à qui l'on venoit de défendre, par un édit, de prier Dieu ; et comme la tyrannie s'accroît à mesure qu'elle tombe en des mains plus subalternes, le maire et les échevins, pour renchérir sur Tavannes, les firent chasser de Dijon, eux, leurs femmes et leurs enfans.

Qu'il est doux cependant pour un François de rencontrer, au milieu de ces monceaux de cendres que le fanatisme a laissés sur l'histoire de la France, des étincelles de ce courage, de ces vertus héroïques qui ne s'éteignent jamais dans le cœur de ses habitans. Nous allons retrouver, dans un autre siècle, le pendant de ce siége de Thionville, dont la première campagne de l'égalité vient de s'honorer. Que falloit-il à nos pères pour nous égaler ? être libres. Vous avez vu, dans l'histoire de ce département, quatre-vingt mille Bourguignons dans Alexia, ployer sous le joug de César. Vous allez voir, dans Saint-Jean-de-Lône, cent soldats et quatre cents habitans, tenir tête à quatre-vingt mille Espagnols et Impériaux, et parvenir à les chasser. Cinq-cents François vainqueurs de quatre-vingt mille hommes ! ce calcul plaît au moment où tous les tyrans se liguent contre la liberté.

En 1636, les armées combinées de l'empire et de l'Espagne, commandées par le général Galas, les marquis de Saint-Martin et de Grave, et le duc Charles de Lorraine, assiégèrent Saint-Jean-de-Lône. Depuis le 25 octobre jusqu'au premier novembre, leur formidable artillerie battit la muraille, et parvint à faire une brèche de cinquante pieds, qui facilita l'assaut. Cet assaut fut terrible, dura trois heures, et prouva ce que l'esprit humain n'auroit jamais pu croire : cinq-cents hommes repoussant quatre-vingt mille hommes.

Le lendemain, le général de l'empereur envoya un trompette sommer la ville de se rendre. On le renvoya sans réponse, et à l'instant même, les cent hommes de garnison et les habitans s'assemblèrent, et jurèrent, entre les mains du maire, ,, de sacrifier leurs vies pour la défense de la place, ,, et en cas qu'ils se vissent prêts à être forcés, ,, de mettre le feu chacun à sa maison, ainsi

« qu'aux poudres et aux munitions de guerre, afin
« que l'ennemi n'en profitât pas, et ensuite de mou-
« rir l'épée à la main; ou s'ils pouvoient se faire jour
« à travers l'ennemi, de se retirer par le pont de
« Saone, en brûlant après eux une arche dudit
« pont. »

Le moment de signaler cette généreuse résolution se présenta bientôt. A trois heures d'après-midi les ennemis remontèrent à l'assaut : cette fois la résistance fut plus terrible encore. La mort moissonnoit-elle quelques-uns de ces intrépides défenseurs ? soudain leurs épouses, ou leurs mères, ou leurs filles s'emparoient de leurs armes, vengeoient leur trépas, ou périssoient sur leurs corps. Enfin, l'ennemi plus étonné que fatigué d'une lutte si inégale par le nombre, et dont on lui vendoit si chèrement le spectacle, se retira en désordre, et le lendemain, dans la nuit, leva le siége. Comment un roi, que l'histoire osa nommer le juste, récompensa-t-il cet incroyable dévouement ? par une exemption du droit de franc-fief, s'il prenoit fantaisie à quelques roturiers de Saint-Jean-de-Lône d'acheter un bien *noble*. Quelle pitié ! mourez donc pour les rois ! Ah ! les chênes dont on fait les couronnes n'étoient pas encore semés sur la France !

Quand on compare le peu d'estime qu'un roi fait de cinq cents hommes de cette espèce, à la grande considération qu'il accorde à des hommes comme les moines de Cîteaux, par exemple, on se demande si l'homme est vraiment né pour se rendre utile à son semblable. Mais en approfondissant la question, on démêle bien vîte que ce sont les rois qui sont nés pour être inutiles, puisque la distinction des vertus et des vices leur est tellement étrangère, que leurs bienfaits tombent presque toujours sur les vices. Dans le *règne animal* des abbayes, ce Cîteaux étoit un éléphant : il en avoit au moins la soif et la faim, s'il n'en avoit pas l'intelligence. Il est des royaumes moins grands que n'étoient les possessions des moines de Cîteaux, et telle ville consomme, dans un an, moins de vin que ces *bonnes* gens n'en recueilloient dans une automne. La foudre d'Hédeilberg est moins fameuse que n'étoient les caves de Cîteaux. Enfin, cette abbaye offroit en grand tout ce que l'on retrouve dans ses semblables, du vin, des cardinaux, des papes, des saints, des richesses, de l'ennui, de l'ignorance et de l'oisiveté (3). Un certain abbé de Molême, appelé Robert, enrichi par un Hugues, duc de Bourgogne, détacha quelques enfans de Saint Benoît, et vint s'emparer, avec eux, des déserts de Cîteaux. Mais Saint Bernard, plus entreprenant qu'équitable, jeta les yeux sur cette retraite, dont la situation plaisoit à son ambition, et suivi de vingt de ses disciples, accourut, non pas la conquérir, mais y porter ses opinions, qu'il appeloit sa règle : et Cîteaux, transformé tout-à-coup en ville, par la religieuse magie d'un homme profond dans l'art de séduire, devint le gouffre où toutes les richesses des nations vinrent s'engloutir. Je dirois presque, si l'expression n'étoit trop triviale, que cette abbaye, grace au génie de cet homme, devint la maison de banque du paradis, où chaque imbécille, entraîné par la folie du temps, venoit, en partant pour les croisades, tirer, avec son argent, des billets à vue sur le ciel.

Quel homme que ce Saint Bernard ! qu'il étoit au-dessus de son siècle ! et quelle adresse il mit à tourner au profit de son ordre la démence des peuples et des rois ! Doué des charmes de la figure et des graces de l'éloquence, tour-à-tour souple et opiniâtre, austère et courtisan, modeste et superbe, caressant et irascible, sensible et impérieux, magnanime et vindicatif, enfin, vertueux par nécessité, intrigant par habitude, il fut l'homme de tous les temps, et le seul homme de son temps. Souverain dans le cloître, religieux parmi les peuples, courtisan auprès des rois, ministre auprès des papes, nul ne justifia mieux cette expression mystique des histoires des saints: *il se fit tout à tous*. Cet homme extraordinaire étoit né dans ce département, à Fontaine près Dijon. Jamais Saint ne fit plus de bruit; jamais conquérant ne dépeupla plus le monde ; jamais imposteur ne fit plus de prosélytes : ambitieux avec raffinement, il eut l'art extrême de ne pas monter au premier rang de l'église, mais d'y placer son disciple Eugène III ; et gouvernant sous son nom, il sut ainsi, par une adresse extrême, rapporter à lui tout le bien que faisoit ce pape, et charger ce pape de tout le mal qu'il commettoit. C'est en vain que toutes les voix de l'église se sont élevées pour proclamer la sainteté de Bernard : on n'en impose point aux humains : Bernard sera toujours le prédicateur des croisades ; Bernard sera toujours le persécuteur du déplorable Abailard ; Bernard sera toujours le fondateur de dix-huit cents couvens d'hommes, et de quatorze cents couvens de filles. Que de générations égorgées ! Dix hommes comme Saint Bernard auroient dépeuplé le monde.

Comment le même département a-t-il enfanté Saint Bernard et Buffon ? L'un feroit haïr le séjour de la terre ; l'autre le fait aimer. O Buffon ! la race des Atrides a trouvé un homme pour la chanter. Achille et les fils de Télamon et d'Oïlée vivent encore, parce que les vers du chantre des rives du Melès sont immortels ; et la lyre des dieux n'a pas célébré tes travaux ! Créatures innocentes, animaux qui peuplez les terres et les mers ; vous ! dédaignés par l'homme, et qui valez mieux que lui ; vous ! qui n'avez ni rois, ni prêtres, ni poignards, vous le vengez de cet oubli. L'histoire de vos mœurs est tout ensemble, et l'éloge de Buffon, et la critique des humains. Si l'homme eût été meilleur, nous n'aurions pas peut-être l'histoire naturelle de Buffon.

Mais que dis-je, ô Buffon ! quel philosophe a mieux peint le caractère de l'homme que toi ? Quand tu nous décris le lion ensanglanté, déchirant sa proie sur le sable brûlant de l'Afrique, ou le nonchalant Aï traînant son oisive existence sur les rives de la Plata, ne retrouvé-je pas l'homme dans la rage de l'un et dans l'égoïsme de l'autre ? entre l'aigle superbe dont l'aire est teinte de carnage, et l'oiseau-mouche dont l'aile de saphirs caresse la fleur nouvelle, tous les anneaux intermédiaires ne sont-ils pas en effet la généalogie des ridicules de l'homme? Depuis l'astre lumineux dont tu devinas la création, jusqu'au marbre dont la lente végétation fut surprise par ton génie dans les entrailles du globe, n'est-ce pas toujours l'homme? orgueil et splendeur d'un côté, insensibilité, froideur et dureté de l'autre. O vérité désastreuse! Végétaux, minéraux, animaux, il n'est donc rien dans la nature qui ne soit marqué du sceau des vices des mortels! et tandis que la lumière d'emprunt dont se brillante le front des planètes, est l'image de la vanité de l'homme, l'imperceptible point dont le ciron fait son univers, n'est-il pas l'emblème de sa foiblesse?

Repose en paix, ô Buffon! dans le cercueil où l'immortalité t'enchaîne! Tu te détachas de la masse des êtres, voilà ta gloire: ton cerveau pesa et les cieux, et la terre; l'homme fut la créature dont tes regards s'occupèrent le moins; c'étoit juger en Dieu. Que méritent, en effet, les êtres insensés dont les mains assirent Saint Bernard dans les temples (4), et profanèrent tes écrits par le fer de la censure imbécille?

Non loin de cette abbaye de Cîteaux, dont l'abbé joignoit au ridicule de gouverner un peuple d'espèces ignorantes et inutiles, le scandale d'être le chef des ordres de Calatrava, d'Alcantara et de Montèze en Espagne, et de l'ordre d'Avis ou du Christ en Portugal, se voyoit cette chartreuse de Dijon, si renommée par son luxe, sa somptuosité, sa bonne-chère, ses palais, sa basilique, et ses jardins enchanteurs ; une maison de mort étoit devenue le spectacle des vivans ; on alloit voir la chartreuse de Dijon, comme on court ailleurs contempler la magnificence des cirques, et l'élégance des théâtres: fondée par Philippe-le-Hardi, duc de Bourgogne, en 1383, elle est devenue la sépulture de ces ducs. Pourquoi pas ? une chartreuse peut bien être la sépulture des *souverains* chimériques des nations ; il y a si long-temps que toutes les chartreuses possibles sont le tombeau de la raison, cette véritable souveraine du monde.

En quittant Dijon, nous avons vu successivement Auxonne, Beaune, Arnay, Semur et Châtillon.

Auxonne, que son école d'artillerie rend recommandable, est célèbre dans l'histoire par un trait de fermeté qui l'honore. François Ier. qui, par le traité de Madrid, avoit cédé ce qui ne lui appartenoit pas, avoit compris Auxonne dans cette cession. Le comte de Lannoy vint au nom de Charles-Quint pour en prendre possession. Les habitans fermèrent les portes : il fallut en faire le siége ; mais leur résistance fut si vigoureuse, que Lannoy fut obligé de renoncer à s'en emparer, et de se retirer à Dôle, après avoir perdu la moitié de ses troupes. Heureux si les habitans d'Auxonne s'étoient contentés de cette gloire, et n'avoient pas cru l'accroître par un fanatisme déplacé, qui leur valut le titre, toujours trop cher acheté, de défenseurs de la religion.

Si nous avions eu besoin de nous convaincre du

Beaune

ridicule des préventions, Beaune auroit suffi pour nous en guérir. L'amabilité de ses habitans, leur honnête franchise, leur cordialité fraternelle prêtent un charme à leur esprit. Faut-il que le mot insolent d'un homme, mot que l'on dit bon, parce qu'il partoit de la bouche d'un roi, faut-il que le sarcasme d'un poëte acrimonieux, flétrissent la réputation d'une ville ? Rien de si spirituel que le propos du maire de Beaune, dans un banquet civique : " Nous avions bien raison de ne pas offrir notre meilleur vin à Louis XIV, nous le gardions pour ce moment-ci. " Beaune est une ville charmante, et le refus d'esprit que lui font les méchans est plutôt un éloge qu'une satyre.

La justice d'Arnay-le-Duc appartenoit au *prince de Lambesc*. Quelle justice que celle qui dépendoit d'un tel homme ! C'est bien le temple de l'iniquité sur le fronton duquel on avoit gravé l'effigie de Thémis. Elle étoit malheureuse, la justice de cette petite ville. Pendant trois cents soixante et trois jours de l'année, elle relevoit du plus méchant des hommes, et pendant les deux autres jours, elle appartenoit au prieur de Saint-Benoît : il seroit curieux de calculer qui faisoit le plus de mal, ou du prêtre, ou du grand seigneur, chacun respectivement pendant le cours de sa jurisdiction, s'il n'étoit pas question de Lambesc; je parierois volontiers pour le prêtre. Arnay fut l'un des théâtres de la gloire de l'amiral Coligni ; il y battit le maréchal de Cossé.

La crédulité, qui ne lira point notre livre, ne nous reprochera donc pas de n'avoir point vu à Semur l'anneau conjugal de la Vierge-Marie, dont son église est la dépositaire. Mais vous nous reprocheriez de ne vous rien dire du tombeau de Genebrard, ce fameux archevêque d'Aix, travailleur infatigable, et qui, semblable à ce héros de l'antiquité, que la crainte du sommeil avoit armé d'une boule d'or dont la chûte le réveilloit, avoit élevé un petit chien à lui rendre le même service. Comment se peut-il qu'à travers les épaisses ténèbres dont la tête d'un ligueur étoit obscurcie, il se glissât quelques étincelles de raison ? Ce Genebrard fit un traité volumineux pour prouver que les évêques devoient être élus par le peuple; et il faut le dire, à la honte de l'humanité, ce fut le seul de ses ouvrages que l'on fit brûler par la main du bourreau. Son épitaphe est un chef-d'œuvre de latinité.

Urna capit cineres, nomen non orbe tenetur.

Semur, ainsi que Châtillon, intéresse peu le voyageur. Cette dernière ville est la première qu'arrose l'onde paisible de la Seine dont nous avons vu les sources. La nature est formidable dans ces quartiers, et le Val-Suson, que l'on traverse avant d'arriver à Saint-Seine, rappelle à la mémoire l'image des précipices des Alpes. C'est non loin de ces montagnes que nous avons respiré, dans Montbar, l'air pur qui jadis portoit la vie dans les veines de Buffon. C'est là que mes larmes redemandoient le grand homme dont l'indulgente bienveillance enhardit mes pas chancelans encore, dans le sentier épineux de la littérature. Buffon n'est plus ! dispensez

Ancien Monument à Nolay

pensez ma douleur de la peinture de Montbar. On écrit mal, on voit mal, quand le cœur est oppressé et quand le voile des pleurs s'étend sur notre vue.

Des ruines que nous avons admirées dans le village de Nolay, nous ont offert assez d'intérêt pour les dessiner et vous les envoyer. Que ne pouvons-nous de même vous transmettre les portraits de tous les grands hommes que ce département a produits ; c'est un des plus riches de la France en écrivains fameux. On croiroit que les filles de mémoire ont secoué les flammes du génie sur ces heureux climats. Crébillon, Longepierre, Piron, la Monnoye, Bossuet, Saumaise, Rameau, Boursault, Jeannin. Quel étonnant assemblage de talens divers, que Dijon réclame presqu'en totalité (5) !

Si l'abbé Prevôt ne naquit pas dans ce département, au moins ce fut là qu'il naquit au génie, et qu'il entra dans cette carrière des lettres qu'il fournit avec tant de gloire, et qu'il sema d'une telle abondance d'ouvrages, que l'on douteroit presque qu'un seul homme ait pu les concevoir. L'immortalité s'est emparée de tous ces grands hommes, dont plusieurs sont chers à la philosophie. Un hommage de plus n'ajouteroit rien à leur renommée. Remplissons un devoir plus doux et plus sacré, en garantissant, s'il se peut, de l'oubli la vertu modeste. L'honorable emploi de l'homme de lettres républicain, est moins de louer les grands hommes, que de chercher ceux qui ne l'ont pas été. Maret est peu connu, mais doit-on s'en étonner? c'est l'ordinaire et triste effet de la dédaigneuse indifférence

C

de l'ancien régime pour la chose publique. Maret mourut pour la patrie ; est-il étonnant qu'on n'en ait pas parlé ? Secrétaire perpétuel de l'académie de Dijon, Maret, savant estimable, étoit médecin. Une maladie épidémique attaqua quelques cantons de la Bourgogne en 1786. Maret, avec la confiance intime de son talent, n'écouta que son humanité; les représentations de ses amis, les larmes de sa famille ne l'arrêtèrent point; le bien public, le salut de ses frères, l'emportèrent dans son cœur sur ses propres dangers. Il partit. Hélas ! la mort le frappa au milieu de ses succès. La mort ! étoit-ce là la récompense que le ciel devoit à son dévouement ? Mais peut-être la providence en permet-elle quelquefois de semblables, pour apprendre aux humains le prix qu'elle attache aux grands efforts, par les périls dont elle les accompagne (6).

J'ai commencé, citoyen, la relation de mon voyage dans la ci-devant Bourgogne, par les fureurs d'un tyran ; je les finis par les bienfaits d'un citoyen : au moins aurai-je rempli une partie de ma mission, celle de prouver qu'un homme du peuple vaut toujours mieux qu'un grand; et vous conviendrez que j'aurai du moins retiré de mes courses quelque fruit pour l'humanité.

NOTES.

(1) Cette ville d'Alexia s'appelle Alise aujourd'hui ; ce n'est plus maintenant qu'un village; la superstition attiroit chaque année, dans ses environs, une foule immense de pélerins à la chapelle de Sainte-Reine. Une procession fameuse étoit le grand spectacle que les prêtres donnoient

à la multitude complaisante dont l'argent répandu pendant quelques jours dans le canton, faisoit vivre le reste de l'année le curé, sa gouvernante, les capucins, leurs enfans, etc. Rien n'étoit plus plaisant que la bonhommie de tout ce peuple, prompt à se faire écraser pour faire toucher des chapelets, des mouchoirs, des lambeaux de linge, et mille autres misères semblables, à la châsse de Sainte Renne. Et quelle étoit l'heureuse vertu attribuée à la sainte? la faculté de guérir la gale. Une équivoque valut à notre sainte cette bienfaisante qualité. Dans le onzième siècle, une femme étoit à confesse à un Bernardin, dans une église des environs de la chapelle de Sainte Renne; cette femme s'accusoit sans doute de quelques peccadilles au moine décent, mais peu discret, qui lui répétoit un peu trop haut peut-être d'avoir recours à Sainte Renne, pour étouffer cette démangeaison. Non loin delà se trouvoit la servante d'un château qui, *bénitement*, attendoit son tour d'absolution; cette fille, par malheur, avoit la gale. Ces mots de démangeaison et de Sainte Renne qui frappèrent souvent son oreille, lui persuadèrent qu'il étoit question, entre le confesseur et la pénitente, d'une maladie semblable à la sienne, et mettant à profit l'avis indiscret que le hasard lui fournissoit, elle courut à la chapelle de la sainte, se prosterna devant la châsse, et pour rendre le remède plus efficace, coupa un petit morceau de la robe dont l'image étoit ornée, et le mit religieusement dans son sein. Par un effet de la circonstance, le maître de cette servante étoit grand chasseur et très-avare, grand ami de ses chiens: il avoit toujours chez lui de l'huile mêlée avec du soufre, toute prête à leur faire prendre, lorsqu'ils étoient menacés de la rage, ou de quelqu'autre maladie. Or, il advint que le jour même où la servante avoit visité Sainte Renne, une salade la tenta le soir. Mais comment demander de l'huile à un maître avare? c'étoit le moyen de se faire chasser *ipso facto*; le danger d'en dérober étoit moins grand. Elle en déroba donc, et tomba par hasard sur la pharmacie des chiens de monseigneur, sans le savoir. Tout ce qu'on prend paroît toujours meilleur; telle est la malice du cœur humain. Elle y retourna une fois, deux fois, et tant enfin que la bouteille se vida. Le soufre fit son métier, il guérit la gale: la sottise fit aussi le sien; elle persuada à la bonne fille qu'il entroit de la Sainte

Renne dans sa guérison. La miraculée parla : les faveurs des saintes ont toujours fait des indiscrets. Les prêtres ont le tact sûr en fait de miracles lucratifs. Celui-là fut de ceux qu'on ne dut pas révoquer en doute. Dès-lors Sainte Renne eut le département des galeux, et les prêtres l'argent des imbécilles.

(2) *Lucius Domitius Aurelianus*, empereur. La flatterie fait commettre un mensonge à Vopiscus, quand il dit que la mère d'Aurélien étoit prêtresse du soleil. Aurélien étoit de la Pannonie, et né de l'une de ces familles que l'on nommoit improprement *obscures*.

(3) Cîteaux a fourni quatre papes, Eugène III, Grégoire VII, Célestin IV et Benoît XII.

(4) On ne sera pas fâché de savoir que le grand Saint Bernard a été excommunié une fois dans sa vie. Ces petites choses-là consolent les mondains.

(5) Il ne faut pas non plus oublier un homme célèbre par la déraison, c'est *Palliot*, imprimeur de Dijon, qui passa sa vie à écrire sur le blazon et les généalogies. Quel homme utile ! Une circonstance bizarre, c'est qu'il écrivit et imprima ses livres, et grava lui-même les nombreuses planches dont il les orna.

Explique-moi, lui dit *le Monnoie* dans ses vers,

Comment, sans cesse à lire appliquant ton esprit,
Tu sus trouver le temps d'écrire ?
Et comment ayant tant écrit,
Tu sus trouver le temps de lire ?

(6) *Menestrier*, savant antiquaire, étoit aussi de Dijon. Il a laissé des recherches importantes sur les médailles. On lisoit autrefois sur un des vitraux de Saint Médard de Dijon, cette épitaphe singulière :

Ci gît Jean le Menestrier.
L'an de sa vie soixante et dix,
Il mit le pied à l'étrier
Pour s'en aller en paradis.

A PARIS, de l'Imprimerie du Cercle Social, rue du Théâtre-Français, N°. 4.

VOYAGE
DANS LES DÉPARTEMENS
DE LA FRANCE,

Enrichi de Tableaux Géographiques et d'Estampes;

Par les Citoyens J. LA VALLÉE, ancien capitaine au 46ᵉ régiment, pour la partie du Texte; LOUIS BRION, pour la partie du Dessin; et LOUIS BRION, père, auteur de la Carte raisonnée de la France, pour la partie Géographique.

L'aspect d'un Peuple libre est fait pour l'univers.
J. LA VALLÉE, *Centenaire de la Liberté*, Acte Iᵉʳ.

A PARIS,

Chez Brion, dessinateur, rue de Vaugirard, N°. 98, près le Théâtre-Français.
Buisson, libraire, rue Hautefeuille, N°. 20.
Desenne, libraire, galeries de la maison de l'Egalité, Nᵒˢ. 1 et 2.
Lesclapart, libraire, rue du Roule, n°. 11.
Et au Bureau de l'Imprimerie, rue du Théâtre-Français, N°. 4.

1794.
L'AN SECOND DE LA RÉPUBLIQUE.

AVIS.

L'assassinat de LEPELLETIER et de MARAT, deux Estampes faisant pendant, gravées d'après les tableaux de Brion, peintre, éditeur et dessinateur de cet ouvrage. A Paris, chez BRION, rue de Vaugirard, N°. 98; et chez BANCE, rue Saint-Severin, N°. 115; prix 6 livres chaque en noir, et 12 livres en couleur.

VOYAGE

DANS LES DÉPARTEMENS

DE LA FRANCE.

―――――

DÉPARTEMENT DES COTES-DU-NORD.

Si le département d'Ille et Vilaine conservoit encore quelques vestiges de cette richesse agricole que l'industrie française a semée sur toute la surface de la République, s'il présentoit encore à nos regards quelques lambeaux de cette draperie superbe dont la France semble s'enorgueillir aux yeux des autres nations : ce charme de l'agriculture dont l'étonnante variété délasse le voyageur et fait couler dans son ame cette douce mélancolie qu'enfante l'active paix des campagnes, cette aimable magie a tout-à-fait disparu pour nous. C'est une vaste solitude, ce sont des déserts immenses que nous croyons parcourir. Ici les plaines nébuleuses des airs, que le corbeau traverse lentement en signalant les tempêtes, sont de loin en loin frappées par le son aigre de la musette rustique, dont les accens aigus arrivent en gémissant jusqu'à l'oreille attentive ; elle écoute, le silence succède. Il semble que la mort a suspendu le souffle, et vainement alors le cœur demande des êtres vivans à la nature. L'œil se prolonge sous l'horison; la pensée portée sur les ailes du regard, s'élance au loin sur les routes blanchâtres qui se déroulent dans les vallons. La grisâtre bruyère, ou les bois ténébreux, ou les mornes étangs qui baignent de leur onde fétide les glayeuls qui vacillent sur leur surface, l'attristent dans sa course. Le tems s'écoule, le soleil roule sous les cieux, le char du voyageur fournit sa carrière, nul homme ne se présente : et l'on diroit que d'un village à l'autre c'est un tombeau de trois lieues que vous venez de parcourir.

En effet, moins habiles, moins actifs, moins industrieux, les habitans de ce département se montrent moins jaloux qu'ailleurs du luxe champêtre. Si le soc quelquefois y trace les sillons, ils se couvrent de sarasin dont le verd sombre ne rappelle jamais l'abondance des moissons. Ici l'oreille n'est point frappée du tumulte intérieur des manufactures, et le bruit des métiers n'invite pas le génie du commerce à se fixer dans ces asyles. Mais gardons-nous de blâmer les habitans de ces cantons : peut-être portent-ils le bonheur dans leur sein. Souvent notre imagination, plus brillante que raisonnable, demande aux champs plutôt un bonheur romantique qu'une félicité champêtre. Nous aspirons plutôt les décorations de nos théâtres que les sites de la nature. Les campagnes de la Crète, ou les rives d'Alphée, se sont peintes sur le rideau de cette imagination. Quand la main de la vérité le tire, et que nous voyons les champs tels qu'ils sont, nous croyons que le vol fugitif du bonheur l'entraîne loin de nous : ce n'est que la réflexion qui nous ramène lentement aux pieds de la vertu rustique, où nous trouvons ce bonheur que nous croyons éloigné pour jamais. Oui, le bonheur est ici, car il est par-tout où les besoins ne sont pas.

Cependant il ne faut pas croire que ce département soit totalement inculte. Le territoire de Port-Brieuc, ci-devant Saint-Brieuc, qui en est le chef-lieu, rapporte du blé avec une sorte d'abondance ; et peut-être même les habitans n'auroient qu'à vouloir pour qu'il disputât de fertilité avec d'autres cantons célèbres à cet égard dans la République. Mais la *routine*, cette éternelle proscription de l'industrie, la *routine*, dont le sceptre coagule tous les arts, et semble sur-tout décrire autour des habitans de la campagne un cercle qu'ils frémissent de franchir, la *routine* amortit ici plus qu'ailleurs le génie, repousse les conseils et glace les facultés. Nos pères, vous disent-ils, ont travaillé de la sorte, ils n'ont défriché que ce champ ; nos pères en savoient plus que nous, nous devons faire comme eux. Ainsi, le respect pour la vieillesse, mal interprété, devient pour les enfans un brevet d'absurdité. Ils ne conçoivent pas que les inventions humaines meurent, si elles cessent de grandir, et que là où l'on fixe un terme à l'art de l'agriculture, on creuse le tombeau de ceux qui professent cet art. L'homme ne commence à vivre que quand il cesse de grandir ; les arts quand ils cessent de croître, commencent à mourir.

Les toiles et les fils sont le principal commerce de ce pays, et sont peut-être une entrave de plus à l'agriculture. Lorsqu'un champ de lin promettra à une famille l'existence, que cet espoir enchaînera l'homme au bout d'un métier, la femme en face d'un rouet et les enfans autour des fuseaux, et qu'ils pourront, avec l'argent que cette occupation leur rapporte, aller dans les marchés chercher le blé nécessaire à leur nourriture, il est clair qu'ils n'iront pas le demander à la terre, et que les entours de la maison du tisserand se tapisseront de landes et de genêts, sans que l'on puisse accuser la nature d'injustice. Il n'est pas sans doute du génie républicain de contrarier aucun genre d'industrie, mais peut-être seroit-il de la sagesse du gouvernement d'ordonner qu'un seul homme par chaque famille de paysans s'occupât du défrichement, et de consacrer ainsi dans chaque foyer champêtre un autel à l'agriculture.

Ces toiles qu'on fabrique, et ces lins que l'on file dans le département des Côtes-du-Nord, n'ont pas la même destination. Les toiles ne sont pas pour le compte de la République; elles s'exportent presque toutes en Espagne, par le commerce de Port-Malo, qui va les déposer à Cadix, d'où elles passent aux Indes : et c'est sur la consommation qui s'en fait ainsi dans les possessions espagnoles, que l'on règle chaque année leur plus ou moins de valeur. Les fils prennent un autre débouché ; ils se vendent dans les marchés du pays, à Port-Brieuc, à Montcontour, à Lamballe, etc., d'où ils passent aux fabriques de Léon : et cet excédent même de matières premières suffit pour prouver que l'industrie est ici au-dessus des productions de la nature.

Le cidre est la boisson commune des habitans de ce département, et les arbres fruitiers s'y trouvent avec assez d'abondance. Les vins de Bordeaux de qualité inférieure y sont ceux que l'on y trouve fréquemment, parce que le voisinage de la mer y rend leur arrivage plus facile et moins coûteux. Nous avons déjà remarqué ailleurs que l'ivresse est plus commune dans les cantons où la vigne est étrangère que dans ceux où on la cultive. Ici, nos observations nous ont confirmé dans cette opinion : mais elles se sont portées plus loin ; c'est que le caractère moral de l'ivresse reçoit des nuances diverses de la qualité de la liqueur. L'ivresse met en délire la faculté de l'homme, et transforme en cahos toutes les affections que la main de la raison s'étoit plue à classer, si l'on ose le dire, par rang de taille. Ainsi, dans un homme ivre l'on n'est point étonné de voir la colère et la tendresse se tenir sous le bras, l'indifférence et la sensibilité marcher de compagnie, et la folie et la fureur du raisonnement se disputer le pas. Mais ce groupe de contrariétés, toujours uniforme dans l'homme que le vin égare, ne marche pas cependant sous le même dais. Là, il s'avance follement sous le pavillon de la gaieté bruyante ; ailleurs, il semble marcher avec la gravité de la réflexion sous l'étendart de la mélancolie. Ainsi, les vins de Champagne et de Bar font un peuple de fous du grave Hollandais et du Belge pesant ; ainsi, les vins de Porto font un assemblage de brutes de l'ouvrier anglais, tandis que le Bourgogne fait un peuple de silphes des mal-adroits milords ; ainsi, le Bordeaux, indigestif et froid, fait un monde d'automates du Breton ouvert et franc. Le philosophe excuse les jouissances que les plaisirs indiquent, mais il gémit des plaisirs qui n'indiquent pas des jouissances, et l'ivresse est de ce nombre. Peut-être ne se présente-t-elle pas ailleurs sous un aspect plus révoltant que dans la ci-devant Bretagne. La déraison, la fureur, la soif du sang, le carnage, découlent ici de la coupe des Ménades ; et le Breton, si franc, si loyal, voit son caractère se noyer dans les humides rubis du Bordeaux décevant : et si les victimes manquent à l'égarement de sa raison, c'est sur lui-même que sa rage s'exerce, et l'air gémit souvent des coups effrénés que sa tête en délire assène contre les murailles insensibles.

Le régime monarchique avoit dû incruster à la longue la passion de l'ivresse. Il faut des instans d'oubli à l'homme que les tyrans fatiguent. Le sommeil n'est pas toujours un délassement dans l'esclavage: les rêves avertissent souvent des maux de la journée. Où donc chercher le repos ? Dans le simulacre de la démence, et le plus grand crime des despotes fut d'amener l'homme à renverser le trône de sa raison pour oublier que le trône des rois étoit debout. Espérons que les jours des mœurs républicaines rendront au vin son aimable chasteté. Il étoit pardonnable qu'en sortant des temples du mensonge, le champêtre habitant, excédé des momeries d'un prêtre dont il ne devinoit ni le sens ni l'objet, courût au fond d'une cave chercher de plus douces chimères. Mais aujourd'hui, quand il quittera les autels de la raison, il craindra de blesser dans ses jeux la déesse qu'il a vu lui sourire dans son temple. Tendrement assis en présence de ses Lares, il verra sa femme, ses enfans, son ami, presser de leurs lèvres caressantes la place où ses lèvres se seront reposées sur le bord de la coupe hospitalière. Il boira assez pour aimer davantage, il boira assez peu pour se voir mieux chérir. Ses sens doucement réchauffés descendront de la gaieté aux chansons, et des chansons aux caresses. Le sommeil viendra pour lui lentement sur les ailes de la paix; et le soleil à son retour ne trouvera point empreinte sur ses paupières appesanties l'histoire des orgies de la veille.

O mœurs républicaines! mœurs des premiers âges du monde! mon cœur s'embrase, mon génie s'aggrandit à votre aspect! C'est aujourd'hui que je pressens l'immortalité des humains. Avenir! soulève de tes mains obscures le voile qui nous dérobe les destins. Oh! console mon ame encore meurtrie par le souffle des tyrans. Que je voie la vertu s'avancer majestueuse à travers la galerie des siècles. Ces siècles sont les colonnes du tems, montre-moi la félicité de ma patrie, suspendue à ces colonnes mobiles; montre-moi l'intrigue, l'ambition, la tyrannie et la guerre abîmées dans ce précipice où descend la minute qui se déroule de l'axe du monde. O avenir! montre-les-moi, tu le dois, car j'aimai ma patrie? Eh bien! que crains-tu? de m'indiquer l'heure où je me reposerai dans le sommeil de la tombe. Eh! qu'importe? si je vois que le globe se couchera dans la félicité comme il s'est levé dans la nature.

Saint-Brieu, ou *Brieuc*, ou *Brieux*, car on le trouve écrit de ces trois manières, aujourd'hui Port-Brieu, est le chef-lieu de ce département. Cette ville reçut ce nom de saint Brieu de son premier évêque. On l'appella dans la basse latinité, *Briocum fanum S. Brioci*. Quoique cette commune porte le titre de port de mer, elle est cependant éloignée de l'Océan d'une demi-lieue. Elle est située dans un fond, entourée de montagnes assez élevées pour lui dérober la vue de la mer, à laquelle elle communique par un canal que forme la petite rivière appellée *Goet*. Cette ville est passablement bâtie, ses rues sont assez larges et ses places assez belles. Elle n'a ni fossés ni murailles, ensorte qu'il n'y a nulle ligne de démarcation entre la cité et les fauxbourgs, excepté du côté de celui que l'on appelloit Saint-Michel, où l'on avoit commencé à élever un mur ou rempart, dont il n'existe qu'un pan à peu près de cinquante toises de long. Le couvent des cordeliers étoit un des beaux bâtimens de cette commune, et avoit un jardin assez agréable et fort spacieux, où ces moines, qui prétendoient vivre d'aumônes, ne laissoient pas toujours entrer ceux qui leur faisoient la charité. Aujourd'hui la raison en a ouvert la porte, et la nation est rentrée dans un bien que l'oisiveté politique avoit dérobé à l'industrie crédule.

Nous sommes entrés dans ce département par Dinan, la première commune qui se présente sur la route quand l'on vient de Dol. Cette ville étoit jadis la

maison de plaisance des *ducs* de Bretagne. Elle est située sur une montagne escarpée de tous les côtés, et étoit défendue par un antique château dont les murailles tomberont, si elles ne le sont déjà, devant le décret sage qui a ordonné la démolition de tous ces antiques repaires de la féodalité. Les murailles de Dinan sont si épaisses, qu'un carrosse pourroit sans danger rouler dessus. Les environs de cette commune, arrosés par la petite rivière de *Rance*, sont fertiles en grains, et sur-tout en lins, dont se font la majeure partie des fils et des toiles dits de Bretagne ; ces toiles se vendoient communément à une foire célèbre de Dinan, qui se tenoit tous les ans la première semaine de carême, et leur produit se montoit à plusieurs millions. C'est une des communes de la ci-devant *Bretagne* où les états se sont tenus le plus fréquemment.

Nous n'avons fait, dans le département d'Ille et Vilaine, que vous indiquer ces états. Il est bon de fixer un moment votre attention sur leur antiquité et sur la manière dont ils se tenoient, pour vous rappeller combien les droits du Peuple y étoient négligés, quoiqu'ils eussent l'air d'être consacrés au maintien de ces mêmes droits.

Les états, dits de Bretagne, se tenoient jadis tous les ans ; mais depuis 1630 on ne les assembla plus que tous les deux ans. Il sembleroit que cette assemblée intéressant les droits de la nation bretonne, ou, pour mieux dire, étant conservatrice des droits de la nation bretonne, ce seroit elle qui, par sa volonté, auroit dû convoquer cette assemblée ? Point du tout.

la convocation en étoit annexée à celui dont l'intérêt étoit d'atténuer et d'anéantir, s'il lui avoit été possible, ces mêmes droits. Ainsi, *le roi* avoit le pouvoir de retarder et même de suspendre à son gré cette convocation ; aussi, lorsque la cour prévoyoit quelque mécontentement de la province de Bretagne, la menace d'annuller la forme de gouvernement de pays d'états étoit-elle mise en avant; et l'on se servoit du désir même que la Bretagne avoit de conserver ce qu'elle appelloit ses privilèges pour attaquer ces mêmes privilèges, et on ne lui rendoit ses états que quand on étoit sûr qu'elle ploieroit un cou obéissant sous le joug, et que ces mêmes états, loin de lui être de quelqu'utilité, serviroient au contraire à confirmer l'oppression dont on prétendoit l'accabler.

Cette convocation se faisoit par lettres de cachet, c'est-à-dire, dans la même forme dont le gouvernement arbitraire de la monarchie française usoit pour plonger ses victimes dans les cachots. Ces lettres de cachet étoient adressées premièrement aux évêques, abbés et chapitres de la province ; car vous n'ignorez pas que le clergé avoit l'orgueil d'être compté pour le premier corps de l'état ; ensuite aux *barons* et à certains gentilshommes, et enfin à toutes les communautés de Bretagne. Cette distinction constituoit les trois corps, du *clergé*, de la *noblesse* et du *tiers-état*. Ces lettres de cachet étoient des ordres auxquels le gouverneur joignoit une circulaire d'invitation de se trouver au lieu et jour désignés pour la tenue et l'ouverture des états.

L'ordre du *clergé* qui assistoit aux états, étoit composé de neuf évêques de la province, des députés des neuf chapitres des cathédrales, et de quarante-deux abbés; les évêques et les abbés y assistoient en rochet et en camail, et les capitulaires en bonnet carré et en soutane. Comme on le voit, on s'inquiétoit peu du peuple de prêtres appellés curés ou vicaires, qui sacerdotalement ne valoient guère mieux que tous les monseigneurs, mais qui par état plus rapprochés du Peuple, eussent au moins été de quelqu'utilité dans une assemblée où l'on faisoit semblant de s'occuper de lui. Mais comme le haut clergé ne venoit là que pour accorder au *roi* l'argent qu'il lui prendroit fantaisie de demander, et que ce haut clergé étoit bien dans l'intention de faire payer ce don, qu'il avoit l'air de faire, au clergé inférieur, il étoit tout simple de l'éloigner d'une assemblée où il auroit pu trouver cette générosité peu de son goût.

L'ordre de la *noblesse* étoit composé de neuf barons et de tous les gentilshommes appellés ou non appellés, pourvu qu'ils fussent originaires de la province, ou qu'ils y possédassent des biens; et c'en est assez pour deviner quelle nombreuse tourbe de hobereaux accouroit à ces états, où le privilège de boire, manger et s'enivrer sans qu'il lui en coûtât un écu, n'étoit pas celui dont la *noblesse* bretonne fût le moins jalouse.

Enfin, *l'ordre* du *tiers-état* étoit composé des députés des quarante communautés de la *province*. A l'exception de quelques-unes de ces communautés, qui avoient le droit d'envoyer deux députés, toutes les autres n'en envoyoient qu'un; et, certes, quoiqu'ils représentassent le Peuple, le choix en étoit communément mauvais. C'étoient presque toujours des gens de robe et de chicane, dont l'égoïsme, la mauvaise foi et la vénalité étoient le partage. Quoi qu'il en soit, ce *tiers-état* n'avoit qu'une seule voix.

Jadis le plus ancien évêque présidoit l'assemblée; mais comme le frivole orgueil de cette prérogative faisoit faire souvent des mensonges à ces messieurs, ou occasionnoit entr'eux des rixes violentes, dont le résultat étoit d'envoyer ces *saintes* gens tout droit en enfer, pour enlever à l'avenir de si précieuses recrues au prince des ténèbres, on décida que le président des états seroit désormais l'évêque du diocèse dans lequel ils seroient tenus. Mais le diable n'y perdit rien, et l'intrigue, remplaçant les coups de poing, les *saints* évêques se damnèrent en cabalant pour faire donner la préférence aux lieux de leur pontificat. Les *barons* de Vitré ou de Léon étoient de droit présidens *de l'ordre* de la *noblesse*; en leur absence, c'étoit le plus ancien des *barons*, et, en l'absence de celui-ci, celui que la noblesse choisissoit; enfin, les *sénéchaux* ou *présidens* des quatre grandes *sénéchaussées* présidoient *l'ordre* du *tiers-état*.

C'étoit peu de chose que la ridicule composition de cette assemblée, en comparaison de l'épouvantable multiplication de la tyrannie royale. Le *roi* n'assistant pas en personne à cette assemblée, il s'y reproduisoit de cent manières différentes, et vingt tyrans de tous costumes venoient représenter la tyrannie d'un seul. On appelloit ces gens-là les commissaires du *roi*. D'abord le gouverneur de la province, les deux lieutenans-généraux, les trois lieutenans de *roi* de la province, voilà pour l'épée; ensuite deux commissaires du conseil, le premier, le second et le troisième présidens du parlement, le premier, le second présidens de la chambre des comptes, les gens du *roi* du parlement, le procureur - général de la chambre des comptes, voilà pour la robe; enfin, les deux présidens et le procureur du *roi* du bureau des finances, le grand-maître des eaux et forêts, le receveur-général du domaine et les contrôleurs généraux des finances de la province, voilà pour le fisc. On peut dire que c'étoit bien du monde pour représenter un *roi*; aussi l'étoit-il à merveille, car il étoit rare qu'il se trouvât un honnête homme parmi tous ces gens-là.

Dans la salle où devoit se tenir l'assemblée, on bâtissoit une sorte de théâtre élevé de sept à huit pieds, qui occupoit la moitié de la salle. Au fond de ce théâtre, sous un dais magnifique, on plaçoit deux fauteuils égaux en dimension, qui se joignoient, et étoient occupés par les présidens de l'*église* et de la *noblesse*; à côté du président d'église, les évêques; plus bas qu'eux et séparés par une cloison à hauteur d'appui des abbés et des députés des chapitres; et plus bas encore, les députés du *tiers-état*, dont le président, comme on l'imagine bien, ne partageoit pas les honneurs du dais. O Peuple! et voilà l'estime que l'on faisoit de vous dans une assemblée où l'on se vantoit que vos droits étoient conservés, et dont l'orgueil monarchique s'indignoit souvent encore, malgré le mépris que l'on vous y marquoit.

Du côté du président de la *noblesse*, étoient les *barons*, et après les *barons*, le reste de la *noblesse*.

L'assemblée ouverte, on nommoit dix-huit députés, présidés par un évêque, pour aller chercher les *commissaires du roi*. On les introduisoit, et par un ridicule bisarre, ces gens tournoient le dos précisément à ceux à qui ils venoient parler. Le gouverneur, dans un fauteuil, les pieds sur un tapis de velours, tournoit le dos aux deux présidens du *clergé* et de la *noblesse*, et les autres commissaires successivement aux autres *nobles* et prêtres, ensorte qu'ils formoient un double rang en dedans du théâtre. Je vous ai dit que parmi ces commissaires étoient nommés le second et le troisième présidens du parlement, mais ces messieurs ne s'y trouvoient jamais, et vous ne vous douteriez pas pourquoi? C'est que l'*étiquette* vouloit qu'ils n'eussent que des chaises sans bras, tandis que le premier président en avoit une à bras; et cette distinction étoit la *sublime* raison que leur orgueil appelloit pour excuse de leur absence.

La première séance se commençoit à lire la commission générale, ou les *pouvoirs* donnés par *le roi* à ses commissaires; la seconde, à demander le don gratuit; et la troisième, à l'accorder. Voilà le sommaire des graves occupations de ces assemblées si fameuses. Cette besogne ne valoit guère la peine d'être précédée par une intercession solemnelle au saint Esprit, que l'on appelloit *messe*. On sent que l'esprit, sous quelque forme qu'on le suppose, n'étoit
pas

pas fort nécessaire en pareille circonstance. On ne s'inquiétoit guère si le don gratuit étoit onéreux, oui ou non, à la province ; mais l'important étoit de cabaler pour se faire nommer de la députation qui devoit porter les cahiers *au roi*, parce que cette députation valoit douze mille francs à chaque député du clergé et de la noblesse, et huit mille francs au député du tiers-état ; car quoiqu'il eût besoin, comme les deux autres, pendant sa députation, d'avoir des chevaux et une voiture pour faire sa route, de faire les quatre repas par jour et d'avoir un lit à Paris ou à Versailles pour dormir, il falloit cependant bien que quatre mille francs de moins lui rappellât qu'il étoit de la classe du Peuple, qui donnoit dans ce don gratuit quatre millions de plus que les deux autres classes. Il est vrai qu'il avoit l'honneur de voir son nom couché alors dans l'importante gazette de France, où les chiens blessés à la chasse du *monarque* partageoient souvent avec les *duchesses* l'honneur d'être cités.

Ce n'est pas sans raison que je me suis appesanti sur la puérilité de ces détails. Ce n'est que par le souvenir des grandes enfances de nos pères que nous garantirons nos descendans de ces misères d'appareil ; c'est en leur racontant ces comédies empesées que la monarchie faisoit jouer pour amuser et prolonger l'engourdissement du Peuple, que nous leur apprendrons que parmi les acteurs et les spectateurs, il n'existoit pas un homme. Dans le département d'Ille et Vilaine, je vous ai peint l'immoralité de ces hommes, et peut-être devois-je consoler l'humanité en les représentant tels qu'ils étoient en effet, d'insipides mannequins que le despotisme faisoit mouvoir à son gré.

Dinan fut le théâtre de l'une de ces grandes catastrophes, ou, pour mieux dire, de l'un de ces forfaits que l'on ne trouve que dans les races de ces hommes que l'on appelloit *souverains*, et dont les crimes sembloient se mesurer sur l'opinion que le reste des hommes avoit eu la foiblesse de concevoir de leur prétendue élévation. L'amour, ce consolateur du pauvre, cet ami du philosophe, ce corrupteur et ce bourreau *des grands*, prépara cette épouvantable tragédie ; elle se passa entre des esclaves et des tyrans : est-il étonnant qu'elle portât un caractère exécrable ? Gilles de Chantocé étoit le second fils de Jean IV, *duc* de Bretagne, et de Jeanne, dite de France, sœur de Charles VII. Son frère aîné succéda à leur père, sous le nom de François Ier. Une des grandes maladies dont le républicanisme a guéri les hommes aujourd'hui libres, c'est sans doute l'habitude de ces vœux indiscrets que le vulgaire formoit à l'aspect de ces hommes accablés de leurs grandeurs. Le vil penchant que l'on avoit à comparer sa fortune, que l'on osoit dire obscure, parce qu'elle n'avoit ou ne devoit avoir que la vertu pour éclat, avec l'apparente félicité que l'on supposoit à ces mortels élevés, étoit un cancer rongeur que le frottement de l'esclavage avoit attaché au corps des nations. Chantocé, fils et frère de deux ducs de Bretagne, neveu *d'un roi*, puissant en richesses, et paré des dons de la figure ; quel homme de son tems n'auroit dit, je voudrois être Chantocé ? Que lui manquoit-il pour être heureux ? Les sentimens de la nature que l'on ne trouva jamais dans les palais, la médiocrité du sort qui met à l'abri des envieux et des rivaux, et l'accoutumance à l'infortune qui bronze les vertus contre l'atteinte des revers. Il crut entrevoir le bonheur dans les charmes d'*Alix de Dinan*, et ne se doutoit guère qu'en lisant dans ses yeux les faveurs de l'amour, il y lisoit l'arrêt d'une longue mort, la sentence d'un supplice de trois ans et dix mois. Quand Alix de Dinan se laissa charmer par Chantocé, elle étoit aimée par Arthus de Montauban. Ce rival s'apperçut bientôt de la préférence qu'un amant fortuné obtenoit sur lui, et dès-lors toutes les fureurs dont la jalousie peut tourmenter un cœur que la fierté et l'ignorance disposent à la férocité, s'emparèrent d'Arthus de Montauban. Cependant, il faut l'avouer, cette espèce de respect gigantesque que dans ces tems de chevalerie féodale on portoit aux femmes de *haute qualité*, et qui, s'il répandoit des glaces sur l'amour, les garantissoit aussi des emportemens d'un amant dédaigné ; ce respect, dis-je, fut un voile dont se couvrirent les amours d'Alix et de Chantocé, et qu'Arthus n'osa lever. Les *ducs* de Bretagne s'étoient arrogé le droit de casser, non-seulement dans leur famille, mais encore parmi *les grands* de la Bretagne, les mariages qu'ils jugeoient disproportionnés. Alix et Chantocé, craignant les effets de cette loi, avoient soigneusement dérobé à tous les yeux les nœuds chéris d'un hymen que l'amour avoit assemblé. Cependant

Arthus, éclairé par les froideurs d'Alix, trop jaloux pour ne pas deviner la cause de son indifférence, mais trop peu délicat pour supposer que la vertu fût d'accord avec les sentimens de préférence qu'elle accordoit à un autre, cherchoit tous les moyens de se convaincre d'une vérité qu'il redoutoit et brûloit de savoir. Enfin, il parvint à s'assurer par ses propres yeux du bonheur de son rival, et sans s'inquiéter si l'hymen avoit ratifié une union qui déchiroit son cœur, il courut dévoiler cette intrigue au duc François 1er, frère de Chantocé. L'orgueil de celui-ci allarmé ordonna à son frère de renoncer à un attachement qu'il regardoit comme déshonorant pour son sang. Il n'étoit plus tems. Alix portoit dans son sein les fruits de l'hymen le plus tendre. La fureur de François fut au comble quand Chantocé lui avoua cette alliance, et n'écoutant que sa rage, il le fit plonger dans un cachot. Le cruel Arthus devint alors son plus cher confident. Ce monstre, l'aigrissant sans cesse contre son malheureux frère, parvint à écarter tous ceux qui cherchoient à s'intéresser à lui. Ni ses amis, ni les larmes d'une épouse infortunée, ni les caresses innocentes d'un enfant au berceau, ne purent arriver jusqu'à lui. Le barbare fratricide et son exécrable complice tentèrent de justifier leur scélératesse en prêtant à Chantocé des intelligences avec les Anglais, alors ennemis du duc, et en lui supposant des crimes bien étrangers à la douceur de son caractère. Enfin, après trois ans et dix mois de captivité, ces monstres, fatigués de la longue agonie qu'ils faisoient souffrir à leur victime, la firent étouffer entre deux matelats. Ainsi fut traité le neveu *d'un roi*, le fils et le frère d'un *souverain*. A quoi servoient donc les grandeurs, et devoit-on être si jaloux de les posséder, lorsqu'elles ne mettoient pas à l'abri de l'infortune ? Que dis-je ? quand elles triploient leur poids.

Les siècles d'ignorance sembloient prêter encore une teinte plus tragique à ces grands attentats de ces hommes puissans, et la superstition les entouroit, aux yeux des peuples, d'une sombre magie de divinité. Ce François de Bretagne ne craignit pas de faire étouffer son frère, il auroit cru commettre un crime de ne pas lui donner un confesseur pour le préparer à se laisser assassiner. Le confesseur de Chantocé fut un capucin, et tel étoit l'ascendant politique que les prêtres avoient pris sur les princes, qu'ils ne s'opposoient jamais à leurs forfaits, pour ne pas devenir les ennemis de leurs passions, mais qu'ils leur laissoient le loisir de les commettre, pour en imposer au peuple, en s'arrogeant le droit de les leur reprocher en public ; accord perfide entre le sceptre et le sacerdoce, qui laissoit au sceptre toute l'extension du crime, et qui prêtoit au sacerdoce l'autorité de la parole sur le foible, par la feinte autorité du reproche envers le puissant. Ce capucin, témoin des derniers momens de Chantocé, cita le duc à comparoître dans l'année au tribunal de la Divinité, et le duc, dit-on, mourut en effet peu de tems après. L'histoire cite quelques traits à peu près semblables ; mais c'est précisément parce que quelques prophéties de ce genre se sont réalisées, qu'elles ne méritent aucune créance. Il semble que l'homme soit né pour le merveilleux, et qu'il préfère de se créer des raisons surnaturelles pour expliquer les événemens, plutôt que de permettre à sa réflexion de se promener sur les causes physiques. Est-il bien difficile d'annoncer une mort prochaine à l'homme dévoré de remords, et sur-tout si, l'ignorance l'environnant de préjugés, vous avez entouré son imagination des foudres d'un Dieu vengeur? L'église adroite effrayoit de loin en loin les tyrans au nom de Dieu, parce qu'elle avoit besoin de morts fameuses pour faire trembler le peuple. Mais quand elle le vouloit, elle faisoit vivre les criminels en leur prêchant un Dieu miséricordieux, parce qu'elle avoit besoin de saints pour se déifier elle-même aux yeux du peuple. L'homme parvenu au point de croire qu'un Dieu lui parle par la bouche de son semblable, meurt ou vit au gré d'un prêtre. Tous les saints ont vécu vieux, c'est l'effet de l'espérance; quelques tyrans sont morts, après leur crime, c'est l'effet de la peur. L'erreur est égale : elle émane du prêtre, et non de la Divinité. La providence est juste; que l'on meure quarante jours ou trente ans après que le crime fut commis, ce crime a-t-il moins existé? Comme ce capucin, comme ce prêtre a parlé au *duc*, a parlé au *roi*, disoit le Peuple d'alors ! il l'a cité au tribunal de Dieu, et le *roi* et le *duc* sont morts au bout de quarante jours. C'est un saint homme que ce prêtre ! La politique avoit fait son effet, et il ne venoit pas dans l'esprit de dire à ce capucin, puisque vous avez bien eu l'audace de lui reprocher son crime, que n'aviez-vous la fermeté de lui conseiller de ne pas le commettre ?

Eh ! comment dans les siècles d'ignorance les peuples auroient-ils eu la force d'échapper à ces pièges de l'église ! N'avons-nous pas vu de nos jours, quand l'orgueil des lumières étoit monté au point de seconder pour ainsi dire tous les autres orgueils; n'avons-nous pas vu jusques dans les cercles mêmes de nos philosophes prétendus, chercher une prophétie de la mort ignominieuse de Louis XV, dans le texte d'un sermon de *l'abbé de Beauvais !* Encore quarante jours, et Ninive sera détruite, *adhuc quadraginta dies*, etc. Tel fut le texte d'un sermon sur les jugemens de Dieu, le dernier que ce prédicateur prononça devant ce monarque voluptueux. Ce prêtre appellé à faire l'oraison funèbre d'un homme maudit par l'humanité, reprend avec adresse le même texte pour cet éloquent tissu de mensonge, de bassesse et de flatterie. Tous les esprits s'exaltent, et chacun se dit, *l'abbé de Beauvais* avoit prophétisé la mort de Louis XV. Ainsi, encore quarante jours, et Ninive sera détruite, vouloit dire, la Dubarry, d'Aiguillon, etc. fourniront aux plaisirs du sardanapale français un enfant de quatorze ans, cet enfant aura la petite vérole, cette petite vérole prendra au *roi*, et le *roi* en mourra. Certes, en expliquant ainsi un passage de *l'écriture*, il n'y a point d'homme qui ne fût prophète à bon marché. On pourroit également dire que le curé de Pantin, en chantant à vêpres, *montes exultaverunt sicut arietes*, a prédit le tremblement de terre de Lisbonne.

Nous avons dit que les *ducs* de Bretagne s'étoient arrogé le droit de défendre les mariages inégaux parmi la *noblesse* de leur pays, et en effet l'histoire cite encore une Françoise de Dinan, comtesse de Laval, qui, pour échapper à la punition portée par cette loi ridicule, cacha son mariage avec un simple *gentilhomme* nommé Jean de Piofit; de sorte que le duc François I.er avoit fait mourir de douleur une Dinan, pour avoir épousé un homme au-dessus d'elle, et qu'un autre duc auroit pu faire mourir une autre Dinan, s'il eût su qu'elle avoit épousé un homme au-dessous d'elle : et, certes, il est difficile de trouver un exemple d'une contrariété semblable. Du moins ce droit bisarre ne tomboit que sur la bisarrerie de l'orgueil ; mais ils en avoient d'autres qui outrageoient d'une manière directe l'humanité, c'est que, d'après leur code, la loi répressive n'atteignoit que le coupable né parmi le Peuple, et qu'elle n'arrivoit jamais jusqu'à l'homme appellé *noble*. L'assassinat n'étoit puni que par une amende dans *l'homme de qualité*, e cette amende ne tournoit pas encore au profit des parens de l'assassiné, mais au bénéfice du *seigneur* sur les terres de qui l'assassinat s'étoit commis. Nous n'en citerons qu'un exemple. En 1378, Eon de Beaumanoir, *comte* de Lesley, assassina Alizette de Berguz ; il en fut quitte pour quatre cens francs d'or que le vicomte de Rohan mit dans sa poche.

Ces tyrans à couronne ducale mettoient à contribution jusqu'aux désastres, enfantés par le courroux des élémens, ils furent les inventeurs du droit de *bris*, droit exécrable qui mettoit dans les coffres d'un despote nonchalamment couché dans son palais, loin des allarmes et des dangers, les tristes débris que de malheureux naufragés pouvoient ravir à la fureur des flots. Ainsi, quand l'Océan repoussoit sur ses plages la frêle planche sur laquelle le marin désolé avoit sauvé ses jours de la furie des tempêtes, un despote barbarement avare s'emparoit de cette foible ressource que le courroux des élémens sembloit avoir respecté, et le fléau de la tyrannie disputoit de primauté sur les fléaux de la nature. Par cette détestable loi, si les habitans des rivages de la mer sauvoient quelque chose d'un navire naufragé, non-seulement il n'étoit pas permis à leur humanité de le remettre à ceux à qui il appartenoit de droit, mais encore ils ne pouvoient pas écouter leur intérêt qui leur auroit dit de le garder. Ils étoient obligés d'en tenir compte aux *officiers* du *prince*, qui ne les récompensoit que foiblement, et souvent point du tout, à moins qu'ils ne se fussent exposés eux-mêmes aux dangers de la mer pour recueillir quelque chose du naufrage ; et alors le tiers de ce qu'ils avoient sauvé leur appartenoit par la loi. Les marins cherchèrent à se soustraire à cette tyrannie, en prenant des *ducs* des espèces de passe-ports que l'on appelloit *brefs* ; mais ils retomboient sous une autre vexation, car on leur faisoit payer ces passe-ports au poids de l'or. Les *seigneurs* d'un moindre rang imitoient à cet égard la tyrannie des *ducs*. Les anciens *vicomtes* de Léon traitoient également en ennemis tous les vaisseaux qui s'arrêtoient sur leurs parages, à moins qu'ils n'eussent pris chez eux de ces passe-ports qu'ils avoient nommés *sceaux* de conduit, d'où par corruption s'est fait sans doute le mot de sauf-conduit.

Mais si leur avarice leur avoit fait concevoir cette loi vraiment criminelle de lèze-humanité, leur orgueil maîtrisoit aussi quelquefois ce penchant à la rapacité, et c'étoit à ce sentiment d'orgueil que l'on pouvoit rapporter une autre loi par laquelle les ducs s'étoient interdit à eux-mêmes la faculté d'acquérir aucuns biens des *nobles* de *Bretagne*. Les prédécesseurs du *duc* Jean IV avoient acheté le fief de Pelmorvan, et jusqu'à lui personne ne s'étoit avisé de leur en contester la suzeraineté. Le *sire* de Monfort, dont les terres enclavoient ce fief, fit par fierté ce que ses devanciers n'avoient osé faire par bassesse, et, mécontent du *duc* Jean qui, dans une cérémonie publique, l'avoit traité avec hauteur, le fit sommer, pour s'en venger, de lui prêter foi et hommage pour ce fief qui relevoit de lui. Cette prétention si humiliante pour le duc, fut vivement contestée par lui, mais les droits du vindicatif Monfort étoient si clairs, que *le duc*, malgré sa puissance, fut condamné, et obligé de nommer un homme pour aller en son nom prêter serment de fidélité à celui qu'il traitoit de sujet. Ce fut pour éviter à l'avenir à ses successeurs une semblable humiliation, qu'il porta cette loi dont nous parlions tout à l'heure.

Cette cérémonie de foi et hommage étoit en effet marquée du cachet de l'esclavage, et devoit cruellement mortifier un homme qui se croyoit comme duc de Bretagne bien au-dessus de celui qui l'exigeoit de lui. La postérité croira-t-elle que pendant tant de siècles, tels hommes, pour avoir le droit de jouir d'un bien qu'ils avoient acheté, ou dont ils avoient hérité, étoient obligés de venir tête nue, sans épée, ni éperons, se mettre à genoux devant un autre homme qui les recevoit assis et couvert, et qui n'avoit d'autre droit sur leur bien et leur personne que celui qu'il tenoit de la force sur l'ignorance. Dans cette honteuse posture, on juroit à cet homme de le servir *envers* et *contre tous*, c'est-à-dire, par exemple, que l'homme juste, pour posséder son bien, étoit obligé de promettre à un scélérat souvent de devenir complice de toutes ses injustices et même de ses crimes, de s'arracher à sa famille, de renoncer à tous les soins de la nature et à tous les sentimens d'humanité, pour partager les fureurs que le caprice ou la vengeance pouvoient inspirer à l'esprit d'un tyran, et se voyoit contraint d'entrer dans cette indigne carrière par une formule déshonorante. L'insolente arrogance avoit mis des nuances de mortification plus ou moins fortes, suivant la qualité du personnage qui descendoit à cette étrange abjection de demander à genoux à un tyran la gloire de partager ses forfaits. Le *seigneur* ne donnoit le baiser qu'aux *nobles* de sang; il ne baisoit pas les nobles de fief, et par suite il ne daignoit pas recevoir en personne l'hommage d'un serf : c'étoit un valet, car on peut conserver ce titre à des hommes de leurs justices, c'étoit, dis-je, un de ses valets qui tenoit sa place. On voit par-là combien l'orgueil du protégé et du protecteur raisonnoit mal, car le feudataire le plus noble étoit le plus maltraité, puisqu'il avoit de plus que les autres le supplice d'embrasser son oppresseur, et le seigneur, parce qu'il embrassoit celui des trois qui à coup sûr le détestoit le plus, parce que l'envie et la jalousie entre *seigneurs* s'accroissoient en raison du moins de distance de rang. Nos descendans auront de la peine à croire que ces usages aient existé. Le seul moyen de les empêcher de renaître, c'est de leur en transmettre le tableau. Ce seroit une idée contre-révolutionnaire, que de tirer un impénétrable rideau entre les mœurs barbares de la féodalité et la race future. On n'apprend point à se prémunir contre la peste, quand on n'a point d'idée que la peste puisse exister; et c'est en sauvant de l'oubli le tombeau même de la féodalité, qu'on peut empêcher la féodalité de resortir du tombeau.

Ces différens genres d'hommages qui comme ailleurs étoient en usage dans la ci-devant Bretagne, sont une preuve que, malgré le germe de liberté que l'on retrouve toujours dans l'histoire de ce peuple, il s'y trouve des serfs comme dans le reste de la France, et même plus tard; car on voit que Louis Hutin et Philippe-le-Bel abolirent en France ce genre de servitude, tandis que du tems de Charles V il en existoit encore en Bretagne, notamment dans les *domaines* des *vicomtes* de Léon, où ils étoient tenus de passer un an et jour à Lesneven et à Châteaulin, pour le servage de corps. Un receveur du duc Jean IV, nommé Thomas Melbourne,

Site Pittoresque de la Lavanderie à Lambale.

voulut le porter à affranchir ces infortunés de cette servitude, et ce fut ce Bertrand-Duguesclin, ce héros si vanté, et dont l'histoire adulatrice a tant célébré la prétendue humanité, pour avoir distribué quelqu'argent à des prisonniers, qui s'opposa à cet acte de justice éternelle. Et voilà quels étoient ces hommes que l'on se plut à présenter au respect de la postérité !

Quoique ce département ne renferme que de petites communes, il en est quelques-unes dont l'aspect est agréable. Lamballe est de ce nombre. Le paysage des environs est gai, et les nombreux bestiaux dont cette commune fait un commerce considérable, le rendent extrêmement vivant. Lamballe est au rang des communes anciennes, et on la regarde comme la capitale des *Ambiatites* dont César fait mention. Les bestiaux, comme nous venons de le dire, et ensuite les manufactures de toile et la fabrication du parchemin, la rendent opulente. En général, ce commerce de toiles est fort important dans ce département. Les toiles de Dinan, de Lamballe, de Quintin, de Loudéac; les fils de Guingamp, de Châtelaudren, de Tréguier, etc. sont estimés. Il est permis d'assurer cependant que ces manufactures et ces filatures ne sont pas poussées à leur perfection.

La population, comme je l'ai dit plus haut, n'est pas ici aussi considérable qu'elle pourroit l'être. C'est l'agriculture qui peuple les pays, et quoique plusieurs cantons ne jouissent que d'un sol ingrat, il en est beaucoup aussi de fertiles dont on ne tire pas tout le parti que l'on pourroit, et c'est peut-être moins faute d'intelligence que faute de bras. Je le répète;

ici la mer dépeuple la terre : les habitans y naissent avec le goût de la marine, et la pêche de la morue sur le banc de Terre-Neuve en occupe une grande quantité; une infinité de branches d'industrie y sont ignorées. On n'y connoît ni la tannerie, ni la papeterie, ni la bonneterie, ni la taillanderie : les matières premières s'y trouvent pourtant en abondance; les débouchés y sont faciles, il ne faudroit donc y encourager que la main-d'œuvre. Plusieurs cantons ont toutefois des richesses qui leur sont particulières; c'est ainsi, par exemple, que les chevaux de Tréguier ont assez de renommée pour que les marchands du Calvados viennent avec empressement les chercher pour achever de les perfectionner ; c'est ainsi que Mur a des carrières inépuisables d'ardoise de la première qualité. Usel est une des communes les plus agréables de ce département; c'est là que presque tous les négocians qui l'habitent ont des maisons de campagne, ou, pour mieux dire, d'immenses magasins des toiles qu'ils font fabriquer, dont l'aspect semble annoncer que toute l'opulence et toute l'activité de cette contrée de la République s'y sont concentrées. C'est là que l'on admire avec reconnoissance les bienfaits que le génie plébéien répand sur l'humanité, tandis que, par un contraste frappant, la petite commune de Plouha, qui n'étoit habitée que par de la *noblesse* d'une indigence superbe, se ressent encore de l'orgueilleuse misère dont leurs oisifs parchemins l'avoient incrustée. Rien d'aussi grotesque. On y comptoit cent cinquante familles toutes nobles depuis le déluge. *Maîtres* et *valets* d'écurie, bergers et bouviers, tout étoit *chapitral*. On n'avoit pas de pain, mais on avoit une épée ; aux grands jours, les monseigneurs en sabots mangeoient le pied de bœuf au retour de la grand'messe, où l'étiquette du *banc*, ou de l'*eau-bénite*, ou de la *fabrique* les avoit gravement occupés ; et par-ci par-là, pour délassement survenoient entre les augustes manans quelques jolis duels. C'est alors que chacun se rengorgeoit au souvenir de ses *nobles* aïeux, et que ces messieurs causoient sérieusement avec le maître d'école, ou monsieur le vicaire, des fameux exploits de leurs ancêtres ; cependant parmi ces taupes à blason dont ce département étoit inondé, il se trouvoit quelques êtres qui s'ennuyoient de l'honneur de demander l'aumône. Et ce qui va vous paroître une plaisanterie, et qui pourtant n'en est pas moins vrai, c'est que le commerce dérogeant selon les us et coutumes des gens à seize quartiers, les *gentilshommes bretons*, que la fantaisie de s'enrichir tourmentoit quelquefois, avoient eu le talent d'inventer une formule commode pour leurs petits préjugés : ils se présentoient à la *maison de ville*, ou à la *chambre des comptes*, déclaroient qu'ils vouloient faire tel commerce, et annonçoient *solemnellement* à l'univers que leur noblesse alloit se reposer. Alors on suspendoit à un clou la *durandal* rouillée, qui depuis cinq ou six cens ans étoit descendue de hanche en hanche jusqu'au très-haut et très-puissant misérable qui vouloit gagner du pain, afin que s'il plaisoit à quelque arrière petit-neveu de venir la décrocher, il pût à son loisir devenir un magnifique inutile sur la surface du globe.

Trop heureuse en effet l'humanité, si ces hommes s'étoient bornés à ce titre d'inutiles ! Mais la soif du carnage, mais la fureur de la guerre s'emparoient d'eux souvent, et leur montroient la chimère de la gloire dans le métier des armes. Quand j'entends les poëtes traiter Bellone de déesse, je crois entendre des dieux traiter une courtisane de divinité. Lamballe doit sa renommée à la mort d'un de ces *nobles* fameux, qu'un fleuve de sang fit aborder au temple de mémoire. Ce fut ce François de la Noue, surnommé *Bras-de-fer*, que tous les historiens ont vanté, et que la raison ne présente au sage que comme un brigand plus terrible que ceux de son espèce. Ce surnom de Bras-de-fer n'est point une idée métaphorique née simplement de ses exploits dans les batailles. Il eut en effet pendant les deux tiers de sa vie un bras de fer véritable, fait avec assez d'art pour qu'il pût s'en servir à la place du sien, qu'un coup de feu lui avoit ravi au siège de Fontenai. Un bras de fer pour un guerrier est, à mon sens, une chose bien moins étonnante que de lui voir un cœur de chair. Ce François de la Noue étoit né en Bretagne ; soldat dès l'enfance, il fut en Italie, où il fit ses premières armes. Un amour pour le changement, bien plus qu'un penchant pour la vérité, lui fit embrasser le calvinisme. Dès-lors, mieux servi par la fortune que par le talent, il devint la terreur des catholiques. Il prit Orléans, commanda l'arrière-garde à la bataille de Jarnac, se rendit maître de Fontenai, d'Oléron, de Marennes, de Soubise et de Brouage. On ne parla bientôt plus que

de

de ce la Noue. Mais qu'étoit-ce en effet que cet homme ? On va en juger. Il avoit servi les calvinistes, il avoit combattu pour eux, il étoit calviniste lui-même ; eh bien ! il se trouve à Paris lors de la S. Barthelemi ; il est spectateur de cet épouvantable attentat : il en est lui-même l'objet, et est assez heureux pour y échapper. Qui le croiroit ? ce héros, cet homme *de bien* ne rougit pas, ne frémit pas d'entrer au service de ce roi, de ce tigre qui venoit de se baigner dans le sang de tous ses amis ; on le vit accepter le commandement de l'armée qui devoit exterminer ce peu d'infortunés échappés au poignard d'un monarque, et marchant de trahisons en trahisons, d'inconséquences en inconséquences, trahir le nouveau tyran qu'il s'étoit donné, faire égorger les soldats qu'il lui avoit confiés, et soudain repentant de cette faute, que l'horreur justement due à Charles IX eût fait excuser, si l'amour de la vertu l'eût inspirée, se précipiter comme un furieux au milieu des rangs ennemis, et y chercher la mort, que ce long tissu de perfidies lui méritoit sans doute. Son heure n'étoit pas arrivée. Ce fut dix ans après, en 1591, qu'il la reçut au siège de Lamballe. Plus fou que brave, il s'avisa de monter au moyen d'une échelle sur le rempart, pour examiner ce qui se passoit dans la place. Il ne fut pas difficile au premier soldat qui l'apperçut de le renverser d'un coup de mousquet. Ainsi périt cet homme dont on vanta la modération, parce que le ministre protestant la Place lui donna un soufflet, et qu'il ne se vengea pas. Mais la Place lui reprochoit sa lâche trahison avec l'énergie d'un plébéien qui ne voit la vertu que dans la constance à la vertu, et je ne vois, dans l'action de la Place et la confusion de ce la Noue, que l'ascendant de la probité sur la mauvaise foi. Ainsi périt cet homme dont on vanta la générosité, parce qu'il vendit une terre pour faire entrer des munitions dans Senlis (1), que les traitans ne vouloient pas livrer à crédit. Mais qu'est-ce qu'une générosité qui n'avoit pour objet que la conservation d'un parti, auquel étoit attachée celle de ce la Noue; car après la prise de Senlis, Henri III pouvoit être anéanti, et alors la Noue, qui successivement avoit trompé les deux partis, n'eût trouvé grace auprès d'aucun, quand l'homme qui le soutenoit auroit été perdu.

L'histoire, que nous consultons sans cesse en voyageant, nous offre, dans la ci-devant Bretagne bien plus qu'ailleurs, des hommes du genre de ce la Noue, que nous vous ferons connoître à mesure, en parcourant les départemens qui l'ont remplacée. Tel encore ce Pierre Mauclerc, que la folie du tems entraîna au-delà des mers, pour guerroyer au nom de Dieu, qui, de retour de ce *pieux* voyage, rossa *saintement* le *très-saint roi* Louis IX, à Saint-Aubin-du-Cormier, et toujours pour la *plus grande gloire* de l'Eternel, fut secourir Amaury de Montfort dans la guerre des Albigeois. Ce Mauclerc, ce Breton si célèbre au gré du père Lobineau (2), commandoit au siège de Marmande, dont les habitans se rendirent à discrétion. Il ne faut pas oublier de dire en passant que l'évêque de Xaintes, qui se trouvoit à ce siège, donna le charitable conseil de faire massacrer tous ces malheureux, parce qu'ils n'avoient pas la politesse de penser sur le compte de la Vierge comme *monseigneur*. Le massacre étoit assez du goût du Pierre Mauclerc, qui dans sa vie avoit passablement massacré de Sarasins, parce qu'ils avoient le malheur d'avoir Jérusalem dans leur pays, ce qui étoit un grand crime pour eux aux douzième et treizième siècles. Heureusement pour les pauvres Marmandois, le *duc* de Bretagne et *le comte* de Saint-Paul ce jour-là n'avoient pas soif de sang, et on leur fit grace, au grand regret de l'évêque de Xaintes. *Cet évêque*, disent les chroniqueurs du tems, *avoit moult grandement la crainte de Dieu, si tellement qu'il soudoyoit un clerc pour dire la messe en son lieu, quand il n'étoit en grace avec le Seigneur*. Pourquoi pas? l'abbé de Pompadour payoit bien un valet pour dire le bréviaire à sa place.

Un de ces Bretons, non moins fameux, fut, sans contredit, Arthus III, plus connu sous le nom de *comte* de Richemont, qui fut, avant d'être *duc* de Bretagne, connétable de France, et ministre du foible Charles VII, qui fut par excellence surnommé *le Grand-Justicier*, parce qu'il fit jetter *Giac* dans la rivière, et assassiner *le Camus Beaulieu*, sous les yeux *du roi*, qui avoit eu la foiblesse de laisser voler, tant qu'ils avoient voulu, ces deux hommes qu'il traitoit de ses amis, et eut la bassesse d'approuver qu'on les eût égorgés plutôt que de les livrer à la rigueur des loix. Ou je ne connois pas l'idée que l'on doit attacher aux mots, ou il me semble que le *Justicier* étoit assez mal nommé : mais il faisoit porter deux épées nues devant lui, et cela paroissoit bien beau à ceux qui ne savent pas que *les princes* ne font porter des épées devant eux que dans la crainte de rencontrer des hommes, tandis que ce devroit être au contraire les hommes qui devroient se faire précéder par des épées, dans la crainte de rencontrer *des princes*.

Lamballe étoit le chef-lieu du *duché* de *Penthièvre*. Les bâtards ne coûtoient aux rois que des plaisirs, c'étoient les peuples qui en supportoient la peine. Bien peu de gens savent que le père Daniel n'a entrepris son histoire de France que pour flatter lâchement l'insolent desir que Louis XIV avoit de faire déclarer ses bâtards habiles à succéder au trône. Il eut soin, non pas de dire que Louis XIV avoit raison, il se garda bien d'en parler, mais de cumuler les exemples de *rois* de la première et seconde races, qui avoient eu plusieurs femmes à la fois, et dont les enfans avoient été également légitimés. Ainsi, par un contraste bien plaisant, ce fut l'esprit de mensonge qui présida à un ouvrage qui par sa nature devroit être toute vérité, et ce fut un prêtre qui l'entreprit, dont le métier étoit de prêcher que le mensonge étoit un *péché mortel*. Mais assurément ce qui n'est pas moins contradictoire, c'est que Louis XIV, qui fit tant d'efforts pour appeller ses bâtards au trône, avoit dans un autre tems chargé M. *Seguier* d'offrir au duc de Longueville, qui prétendoit que sa postérité étoit devenue habile à succéder à *la couronne*, toutes les graces qu'il desireroit, pourvu qu'il renonçât à ce prétendu droit.

Un de ces mensonges ridicules que de tout tems la superstition religieuse inventa pour asservir l'esprit humain, et dont le plus grand crime est de faire oublier à l'homme l'auteur éternel de la nature, pour ne l'occuper que des créatures, avoit jetté de profondes racines à Lamballe. Jadis, un prêtre de cette commune avoit été condamné au supplice pour quelque méchef. Un prêtre criminel pouvoit jetter du louche sur la masse du sacerdoce dans l'esprit du peuple, il fallut bien parer par l'imposture à cet inconvénient.

Un ouvrier de Lamballe étoit dans l'usage d'aller chaque soir faire sa prière dans telle église. Un jour il s'y rend, s'agenouille, prie, et le sommeil le surprend, il s'endort; l'église se ferme, la nuit s'avance, tout dort dans Lamballe, le silence règne ; une heure du matin sonne, l'ouvrier s'éveille.

Il est facile de se faire une idée des diverses impressions qu'une situation pareille peut faire sur un homme par état même peu instruit, imbu de préjugés, et dont l'ame timorée est en conséquence ouverte à toutes les illusions fantastiques. La sombre profondeur d'un temple gothique, la religieuse horreur des ténèbres qui semble envelopper la lampe suspendue, dont l'incertain lumignon répand sa mourante lueur à travers le cristal qu'obscurcit une antique poussière; l'épouvante qui plane autour des tombeaux, sous le dais funèbre dont les couvre la nuit; le formidable silence troublé par le grain de ciment que la vétusté détache de la voûte et fait tomber au loin sur l'orgue gémissante ; l'idée de la mort et de l'éternité, qui semblent se heurter dans cette solitude sacrée sous les yeux de la foiblesse humaine ; l'involontaire frisson que les phantômes, créés par les phantômes créateurs, font rapidement glisser de l'extrémité des membres jusqu'à la cime des cheveux, les sens épouvantés par les objets qu'ils touchent, et l'ame glacée par ceux qu'elle invente ; telles furent les sensations qui vinrent assaillir cet homme à son réveil, tel fut le prélude dont l'erreur usa pour ouvrir son cœur à la crédulité.

Tremblant, respirant à peine, il écoute ; une porte s'ouvre, c'est celle de la sacristie, il regarde. C'est un prêtre qui s'avance : il marche lentement, une bougie est dans ses mains, ses yeux sont éteints, ses joues sont décharnées, une pâleur livide est sur son front ; il marche, ses pieds sont nuds, il monte à l'autel en silence, les cierges s'allument, il se revêt des habits sacerdotaux. C'est la messe qu'il va dire. Avant de commencer, il se retourne. Au nom du Dieu vivant, dit-il, d'une voix sépulcrale, si quelqu'être respire dans cette église, qu'il s'approche et vienne m'aider au sacrifice.

L'ouvrier, stupéfait, interdit et frémissant, crut entendre la voix de l'Eternel ; il se lève, s'avance. Le prêtre commence, l'ouvrier se prosterne, et la cérémonie s'achève. A la dernière bénédiction, que Dieu vous bénisse, lui dit le phantôme ; vous m'ouvrez aujourd'hui la porte du séjour éternel. Il y a vingt ans que la malice des hommes m'a conduit au supplice. Le Tout-Puissant m'a reçu dans sa grace, et, pour l'expiation de quelques péchés de ma vie, il voulut que je vinsse chaque nuit à pareille heure dans cette église, jusqu'à ce que j'y trouvasse quelqu'un pour me servir la messe. Sa volonté sainte s'est accomplie. Adieu, révérez les prêtres du Seigneur, et ne me suivez pas. Il dit, et disparut.

Il disparut pour aller se reposer sans doute de cette comédie. Le jour vint, l'ouvrier sortit. L'histoire se répandit bientôt : on la crut. Quelques dévotes la croient encore. On devine aisément comment a pu s'opérer ce prétendu prodige, combien il fut aisé de provoquer cet ouvrier au sommeil, et quel parti l'on put tirer de l'effrayant appareil dont on enveloppa son ignorance. Il fut convaincu. C'est ce qu'on vouloit. Mais ce qu'on ne devine pas, c'est comment l'homme fut si long-tems la dupe de semblables jongleries.

Nous avons observé quelques étangs dans ce département, que l'on n'a pas encore desséchés. La situation de quelques-uns d'entre eux est dangereuse. Il y a vingt ans qu'un de ces étangs, situé au-dessus de Chatelaudren, rompit ses digues pendant la nuit, et inonda de la manière la plus désastreuse tout le pays des environs. Tout-à-coup Chatelaudren fut enseveli sous les eaux, et plusieurs autres bourgades eurent le même sort. Une infinité d'infortunés furent victimes de ce fléau, et l'on se figure aisément le désordre épouvantable qui dut régner dans une ville plongée dans le sommeil, et dont les rues se trouvèrent en moins d'une demi-heure couvertes de six pieds d'eau. Peu de maisons résistèrent à la violence du torrent, et celles qui eurent le bonheur d'y échapper, furent presque également perdues par l'énorme couche de vase que les eaux y laissèrent en se retirant.

Les environs de Tréguier nous ont paru fertiles. C'est-là que les magasins de Brest et les armateurs de Port-Malo se fournissent. Un tiers des chevaux qui sortent de la Bretagne sont élevés dans ce canton, et ce n'est pas le moindre objet de sa richesse. Le chanvre qui y croît est également employé pour la marine, et l'on élève à trois millions de livres pesant la quantité qu'il en fournit pour cet objet. Cette petite commune de Tréguier avoit jadis un évêque qui prenoit le tire de *seigneur et comte* de Tréguier. Cette commune est ancienne. Elle fut détruite de fond en comble dans le neuvième siècle par un pirate danois, nommé Hastan, et rebâtie dans la vallée de *Tricor*, par un nommé Néomène.

Guingamp, si l'on en excepte ses toiles, ne nous a rien offert pour la curiosité. C'est plutôt un bourg qu'une ville. Il en est de même de Pontrieu, Lannion, Rotrenen et Loudéac. Point de monumens, point d'arts; mais, au contraire, une sorte de teinte sauvage. Tel est en deux mots le tableau de ce département, où le fanatisme et la crédulité conservent encore de profondes racines.

NOTES.

(1) Ce fut le *duc* de Longueville qui délivra Senlis, que le *duc* d'Aumale assiégeoit en 1589. Ce la Noue servoit dans l'armée du *duc* de Longueville, et s'y distingua plus qu'un autre par le massacre qu'il fit des assiégeans. Consultez les historiens; tous vous vanteront la clémence de ce héros, qui servit tour-à-tour les calvinistes, les royalistes et les ligueurs.

(2) *Dom* Lobineau, (ce titre de dom, diminutif de seigneur, étoit une des plaisantes sottises de quelques moines), Gui-Alexis dom Lobineau étoit bénédictin et natif de Rennes : comme tous les érudits de son ordre, il n'a écrit que par *in-folio* ; il écrivit l'histoire de Bretagne ; il écrivit l'histoire des Saints de Bretagne ; il écrivit l'histoire des deux conquêtes d'Espagne sur les Maures ; il écrivit après dom Félibien, l'histoire de Paris. Voilà de compte fait huit *in folio* de neuf cens pages chacun. Vous croiriez d'après cela qu'il a beaucoup écrit : eh bien ! point du tout ; il n'écrivit rien, peu d'auteurs sont plus romanesques et plus menteurs. Il eut à soutenir une forte lutte polémique contre les abbés de Vertot et Moulinet des Tuileries. Il s'agissoit de quelques prérogatives de *ducs* de Normandie que Lobineau avoit attaquées, discussions *bien importantes* pour des *sages*. O malheureuse humanité ! voilà ce que long-tems on appella des savans, ils disputoient pour des droits de *ducs* : si vous

eur eussiez demandé compte d'un seul droit de l'homme, ils n'auroient pu vous répondre.

(3) Cet Arthus III étoit un véritable tyran. Cependant, il eut le bon esprit de classer les gens de guerre en compagnies. C'est ce que l'on appella les compagnies d'ordonnance; et dès-lors l'agriculture et le commerce commencèrent à renaître.

www.ingramcontent.com/pod-product-compliance
Lightning Source LLC
Chambersburg PA
CBHW050806170426
43202CB00013B/2585